地球科学入門

カラー図解

地球の観察

地質・地形・地球史を読み解く

平 朝彦・海洋研究開発機構
（JAMSTEC）

はじめに
観察の重要性

私たちは、科学技術を用いて、宇宙の果てから太陽系、分子、原子、そして物質の最小単位まで、広大な時空と生命の謎を解き明かしてきた。近年、コンピュータとそれをつなぐネットワークの発達によって莫大なデータを処理できるようになり、これまでの帰納、演繹という伝統的な手法から、データサイエンス、予測科学、そして人工知能という未知の領域開拓を可能とする手法も使えるようになった。それらを用いての経済発展、社会改革、そして人間の進化に繋がるあたらしいイノベーションが起こってきた。

一方、私たちは今、地球史における最大の規模の変化をこの惑星に引き起こしている。地球創成期に、惑星どうしの衝突による月の形成、原始生命の誕生、光合成生物の発達による酸素大気の発生、隕石の衝突による恐竜の絶滅など、地球史では劇的なイベントが幾つも起こった。しかし、人間（ホモサピエンス）の発展がここ100年ほどの間に地球に与えてきたインパクトは、質的に全く異なるものであり、新しい地質時代の到来（これを人新世という）として理解されつつある。これから、地球と私たちの未来に何が起こるのか、新たな俯瞰的な科学の視点で見直す必要が生じている。そして、私たちの住処である地球とは一体どういう星なのか、深く理解することが今、強く求められている。

本書は、科学の原点である「観察」という最も基本的な手法を基軸に、主に固体地球と呼ばれる部分、特に地殻の地形、地質、地球物理的な特徴、そして地球史の解読について、豊富な映像資料と写真、地形図などを用いて、学生諸君、教育現場の方々、そして自然に興味のある人々に向けて解説したものである。地球で起こる現象は複雑であり、現在起こっていることは、過去を解く鍵でもあり、また時には、全く通用しない偏った知識でもある。地球で起こる現象の本質に迫るには、深い洞察が求められる。深い洞察は、注意深い、また、時に発想の転換を背景とした、鋭い観察から得られる。私は、推理小説などで見かける“現場百度”（事件の現場は百回訪れて、見逃しがないか、また、仮説は立証できるのか、粘り強く推理を組み立てる）という言葉が好きである。特に、地層の露頭における観察は、さまざまな見方ができるので、何度も現場に足を運び、また人に説明することによって、考えをまとめたり、問題点を洗い出したりすることができる。観察という手法は、データを解釈したり、画像を読み取ったりする際にも基本となる。例えばGoogle Earthは、全地球の観察を可能とするツールであり、実に興味深い情報がそこに存在している。太陽系の他の天体においては、探査機による画像の観察が最も重要な科学の基礎となっている。

本書の構想は、15年以上前から私のなかに芽生えており、特に地層の観察をビデオで撮影し、電子媒体を利用して、できるだけ多くの学生諸君や学校の先生方の役に立つものにしたいと考えていた。2001年から2007年にかけて執筆した3冊の大学生向け教科書、『地質学1　地球のダイナミックス』、『地質学2　地層の解読』そして『地質学3　地球史の探求』の副読本として、映像や写真で書籍の記述と現場のフィールド体験とを合体させる、という構想でもあった。したがって、本書と上記3冊は今でも相補的な関係にあることに変わりない。

本書の制作の道のりは簡単ではなかった。まず、同時進行的に起こったデジタル撮影技術の進歩があり、インターネットの急速な普及、そしてパソコン、タブレット、スマートフォンなど利用する電子機器の大きな変化である。一方、本書の内容も、海陸の境界を無くして、地球全体を眺めるという目的を達するために、カバーする領域も増え、だんだんと膨大なデータ量となっていった。全体を簡潔に俯瞰できるという紙媒体の特徴と、動画や多数の写真データを有機的に組み合わせるために、紙冊子体（カラー図解と用語解説）、特設サイトにアップロードした補足部分（コラム、補足写真、収録動画リスト、引用と参考文献）、YouTubeにアップロードしたビデオ動画と、異なる媒体を使うこととなった。本書の使い方の手引きは、P 8にまとめてあるので、それを参照しながら活用して頂きたい。

私の高校の先輩である電子通信工学の碩学西澤潤一先生は、「真実は、机上にあらずして、実験室にあり」と教えたという。私もこの言葉を借りて、本書の目標を次のようにまとめたい。「真実は、机上にあらずして、フィールドにあり」。本書が、読者自らの地球観察の旅の良きガイドとなれば、それ以上の喜びはない。

2020年11月

平朝彦

7章 地球史と日本列島の誕生

8章 海洋・地球を調べる

column

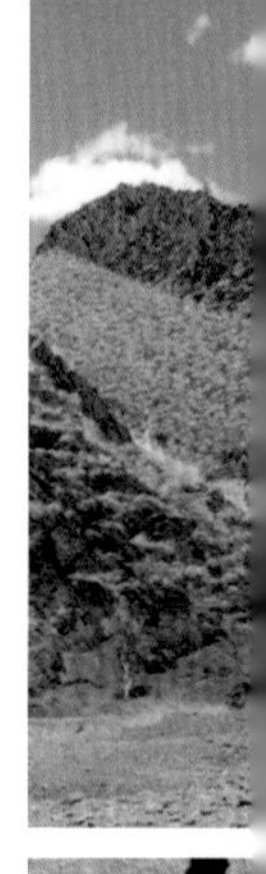

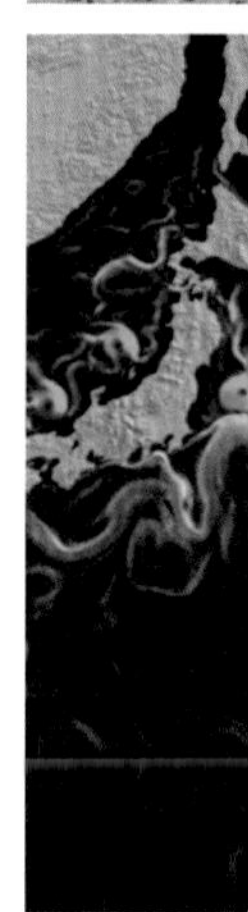

本書の使い方

本書は、紙媒体の冊子（カラー図解と別冊・用語解説）とYouTubeにアップロードされている動画（QRコードで示す）そして特設サイトにアップロードされているコラムや補足写真などから構成されており、かなり複雑な構造となっています。したがって、本書を手にされた読者においては、構成の意図と全体像を理解していただくことが読み進める上で効率的ですので、以下にやや詳しく解説します。

まずは、下記に示した特設サイトにアクセスして頂きたいと思います。そこには、下に付記した内容が掲載されており、本書の冊子体以外の部分の全体像を知ることができます。

カラー図解の本文を開くと、文章の中に青字の用語が出てきます。これは、主著者が特に解説を必要とする重要用語であると考え、後付けの別冊・用語解説に収録したものです。用語解説は、単なる“辞典”としての役割だけでなく、図を豊富に使い関連事項が有機的に繋がるように工夫しました。

カラー図解の図や写真は、収録動画や補足写真と密接に関連するようにアレンジされています。例えば、「chapter3.7 海岸、干潟、浅海の堆積環境」を開くと図3.10（写真3枚）と図3.11三崎層群の堆積環境図と動画QRコードが示されています。図3.10の写真は、このチャプターの代表的な内容を示すものであり、動画や補足写真の導入となるものです。「動画3.11.a三崎層群の堆積環境~土佐清水松崎01」では、筆者が地層の解説をしています。この動画の中で特に強調しているポイントについては、特設サイトの補足写真第3章「chapter3.7 三崎層群の堆積環境［動画3.11a］01三崎層群の堆積環境　養老層」の4枚の写真で示しています。地形や地名については、Google Earthやその他の地図検索サイトを参照にできるので、スペースの問題もあり、本書では省略してある場合が多くありますことをご承知ください。

空撮動画には直接の解説が入っていませんが、補足写真と比較することで、場所や動画の内容が理解できるようにアレンジしてあります。例えば、「図4.13マウナロア火山の50km長大溶岩流　動画4.13.a」は、4つの空撮動画から構成されています。対応する補足写真では、割れ目噴火の火口や溶岩チャンネルなどキーポイントとなる点が示されています。また城ヶ島にてドローンによる空撮を行った図7.11.bでは5つの動画が掲載されていますが、全体を合成した大型の写真画像を補足写真の最後に同時に掲載してあります。これらと、フィールドでの観察をまとめた動画7.11.cを合わせると、城ヶ島の地質が理解できるように配慮しました。本書を読み進めるには特設サイト、特に補足写真を常に参照することをお勧めします。

〈特設サイト〉
https://bluebacks.kodansha.co.jp/books/9784065216903/appendix/

コラム

それぞれに分野の専門家による最先端の知識やその分野の意義などについて解説してあります。本文では、要旨が掲載されているので、QRコード、あるいは特設サイトから直接に読み出すことができます。

補足写真

主著者と海洋研究開発機構が長年にわたって蓄積した写真と動画撮影時に同時撮影した写真からなります。本文中では（補足写真）として関連した部分を示しています。

収録動画URLリスト

動画のYouTubeサイトのリストです。本文中のQRコードだけでなく、このリストからも直接に動画リンクに入ることができます。

図版引用および参考文献一覧

ここでは、関連するYouTubeのサイトやホームページも掲載してありますが、この部分は常に変わっているので、読者においては自らも検索されると良い動画を発見できると思います。

第3刷までの加筆・修正リスト

第1刷から第2刷、第2刷から第3刷までの加筆・修正をリストしています。

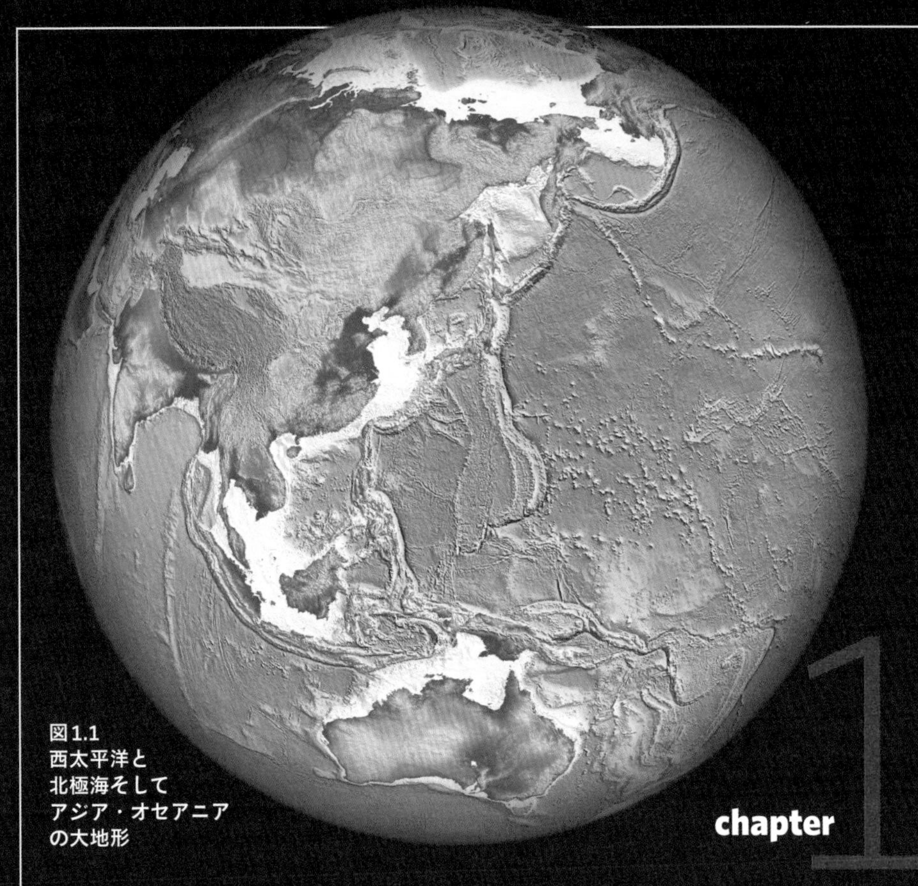

図1.1
西太平洋と
北極海そして
アジア・オセアニア
の大地形

chapter 1

地球を眺める
海洋底と大陸の大地形

人間が初めて別の天体から地球を眺めたのは、
アポロ11号による月面着陸の時である。
荒涼とした月面から見えた美しい青い星、それが地球である。
雲や海を取り除くと、地球の別の姿が現れる。地球の表面大地形である。
大地形は、大きく大陸と海洋底に区分できる。
両者の平均的な高度の違いは明瞭であり、また、地形の様相も大きく異なる。
日本列島は、最大の大陸と最大の海洋底の境界域に存在している。
このような大地形は、大陸と海洋底の根本的な成り立ちの違いを表しており、
プレートテクトニクスによって説明できる。

chapter 1.1

大地形の概観

地球の地形は、大きく大陸と海洋底に分類できる（図1.2）。両者は高度に大きな違いがある。地形の高度のヒストグラム（高度ごとの面積頻度分布）を見ると、大陸と海洋底の2つの高度をピークとしたバイモーダルな分布をなしているのが分かる（図1.3）。大陸の平均高度は海面から約800m、海洋底は海面下約3800mである。この分布の原因は、大陸と海洋底では地殻の厚さと密度が異なることによる。大陸地殻は花崗岩質（密度約2.75g/cm^3）で厚さが約40km、一方、海洋地殻は玄武岩質（密度約2.90g/cm^3）で厚さが約6kmである。このため、軽くて厚い大陸地殻がより大きな浮力を受けて、高い高度が保たれている。このことが地球大地形の最大の特徴である。他の地球型惑星や衛星、たとえば、月、水星、火星、金星の地形高度分布は、ピークが1つであり、地球と異なる。これらの星では、花崗岩質大陸地殻が広く分布してはいないと考えられている。花崗岩質大陸地殻の起源は、長い地質時代におけるプレートテクトニクス（P12図1.4）の結果であり、それについては、第7章で述べることとする。

図1.2
地球の大地形
海洋底と大陸で地形が大きく異なる。

詳しく見ると、海洋底と大陸では、地形の様相が大きく異なる。まず、海洋底で目立つのは、次の5つの地形である。

①中央海嶺
②トランスフォーム断層と断裂帯
③海溝・火山弧と背弧海盆
④海山列と海台
⑤深海平原

地球で最も広大な地形は中央海嶺から深海平原へ続く平坦な面である。海山の一部や火山弧状列島の一部は、陸地となっていることがある。

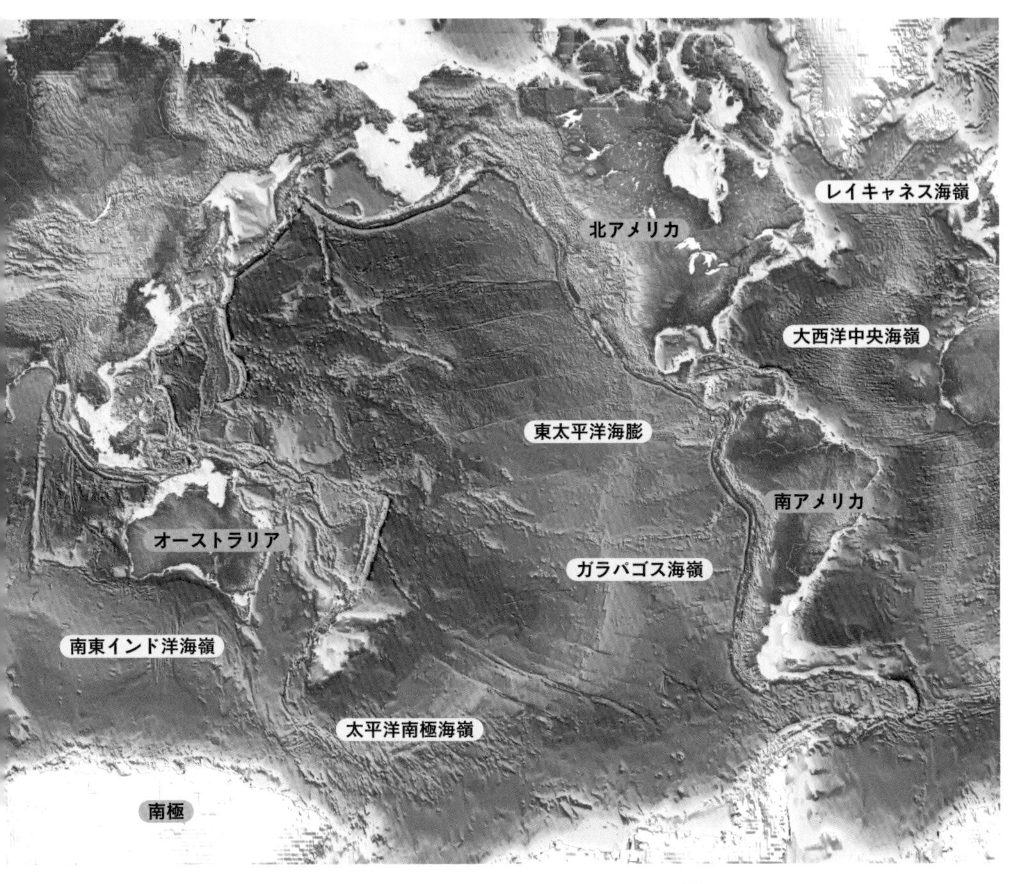

一方、大陸は大きく見ると、次の4つの地形に区分できる。

①平原

②盆地・凹地・湖

③高原・台地

④山地・山脈

大陸大地形の形成も、過去あるいは現在のプレートテクトニクスで説明でき、盆地・凹地・湖には、地殻に働く引張応力による地溝帯（リフト帯）、山地や山脈には、プレートの衝突帯が係わっている（P68図3.2も参照）。

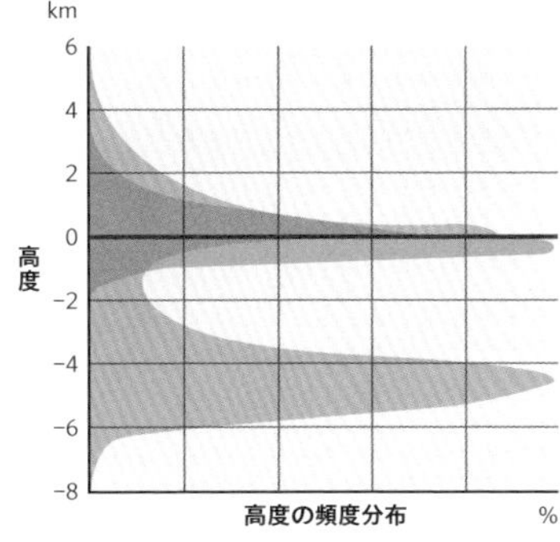

図1.3
地球と金星の地形高度分布
地球（青色）は大陸と海洋底の2つの高度面があり、地殻の密度と厚さの違いを表している。0mは平均海水面。金星（ピンク色）の表面高度分布は1つのピークである。金星の平均高度を地球の海水面に合わせてある。分布の%スケールは地球と金星で異なる。地球は1目盛り5%、金星は10%。　平（2001）より

chapter 1.2

プレート テクトニクス

図1.4
プレートテクトニクスの模式図
3つのタイプのプレート境界（発散型・収束型・トランスフォーム型）とホットスポット、海山列、火山弧を示す。

動画1.4

プレートテクトニクスのムービー。テキサス大学ダラス校による
https://youtu.be/pXaNXyYZXT4

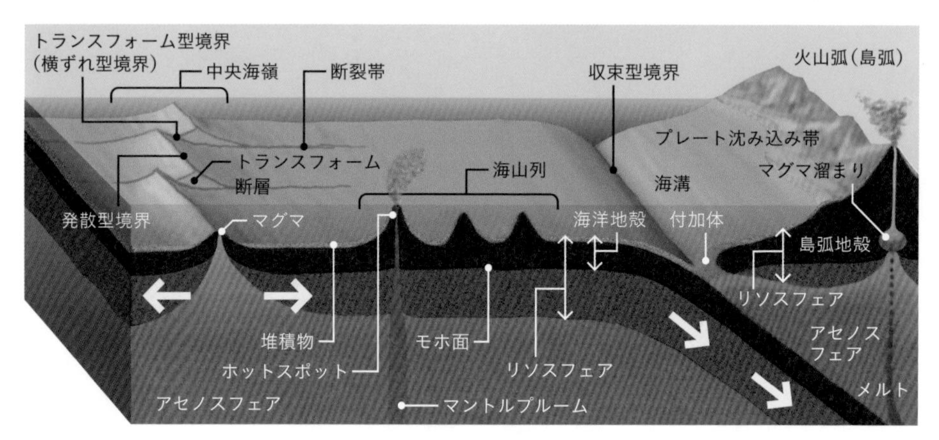

過去100年間の世界の地震震源と活動した火山の分布を見てみると（図1.5b）、それらは、地球全体で一様に起こっているのではなく、主に帯状に集中していることがわかる。その場所は、中央海嶺の周辺、海溝・火山弧、地溝帯などである。

このような地形の形成と地震そして火山活動は、プレートテクトニクスによって説明できる。地球表層は、表面から深さ100km程度の部分は剛体（リソスフェアと呼ぶ）であり、その下の変形しやすい部分（アセノスフェアと呼ぶ）の上を板状の形態（プレートと呼ぶ）をなして運動している。プレート同士は、お互いに発散型境界、収束型境界、横ずれ型（トランスフォーム型）境界によって互いに接しており、相互運動をしている（図1.4）。地球には十数枚のプレートがあるが（図1.5a）、小さいプレートが隣接する地域、たとえば、インド、アラビアから地中海にかけては、プレート境界の位置やプレートの数について、種々の議論がある。プレートがマントル内部へと沈み込んでゆく場所（プレート沈み込み帯）では、マントルに水がもたらされてその一部が融解し、マグマが発生して弧状の火山帯（火山弧あるいは島弧という）が形成される。火山活動はプレートの内部でも行われており、マントルの上昇流（マントルプルーム）の影響

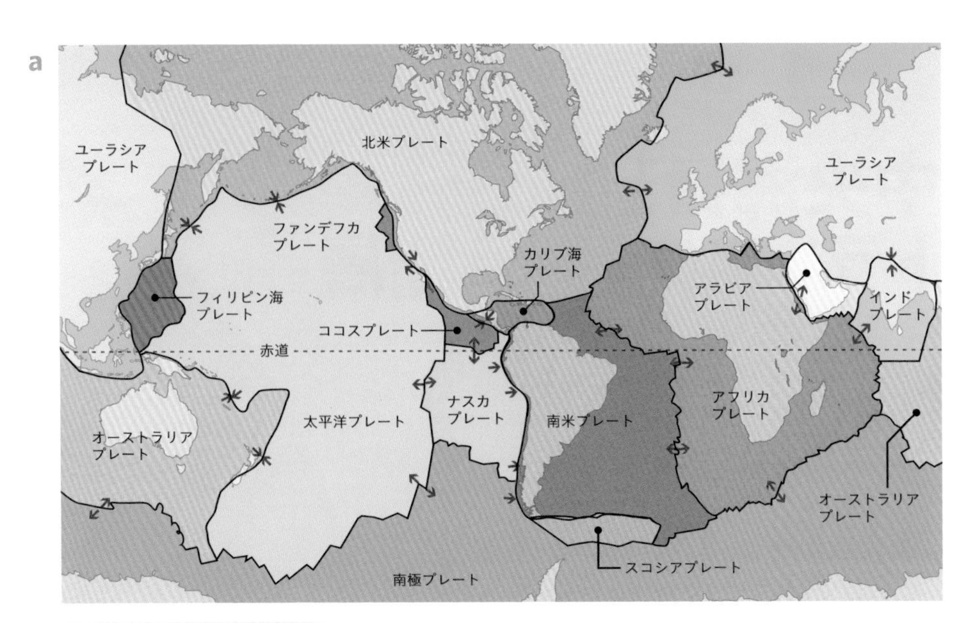

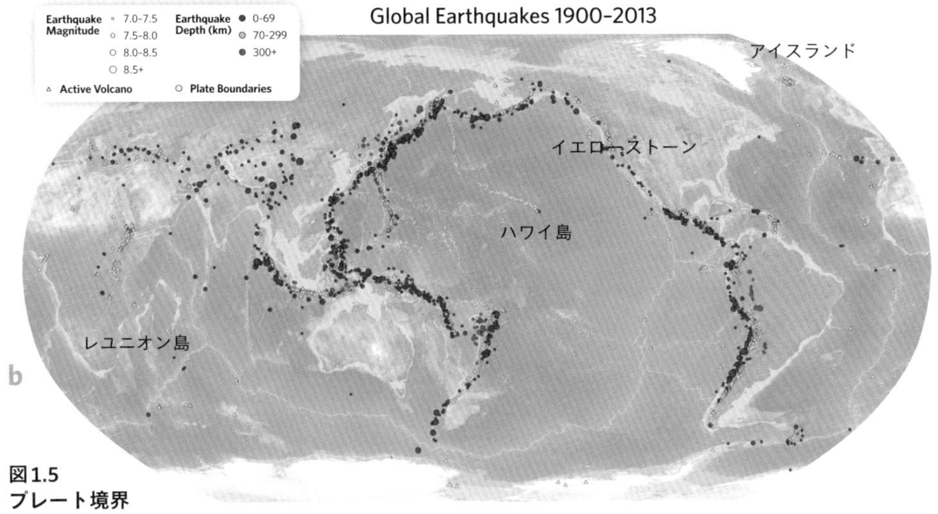

図1.5
プレート境界

a　プレートの分布図。赤い矢印はプレート境界における運動方向。
b　地震震源と活火山分布。a、bともにアメリカ地質調査所（USGS）ホームページより

を受けた場所は、ホットスポットと呼ばれる。現在活動的なホットスポットとしては、ハワイ島、北米大陸のイエローストーン国立公園、インド洋のレユニオン島、アイスランドなどがある（図1.5b）。地球内部トモグラフィー（P30chapter1.7）の発達によって地球内部の対流の全体像や沈み込んだプレートの行方（滞留スラブ）がわかってきた。

地球の地形とプレートテクトニクスに関して、特に活動的な地域を以下に観察してゆくことにしよう。

chapter 1.3

中央海嶺とトランスフォーム断層

中央海嶺は、総延長7万kmにおよぶ地球で最大の地形である(図1.6)。拡大速度の速い(片側10cm/年以上)東太平洋海膨では、マグマが大量に供給され、海嶺は直線的であり、拡大軸に深い中軸谷は発達しておらず、全体として幅広い高まりをなす(図1.7)。一方、拡大速度の遅い中央海嶺(片側10cm/年以下)、たとえば大西洋中央海嶺などでは、マグマ供給が少なく、拡大軸に中軸谷が発達し、正断層によるリフト地形が明瞭である(図1.8)。また、トランスフォーム断層がより密に発達している。

中央海嶺の拡大軸は、しばしば連続せずに、トランスフォーム断層でオフセットしている(図1.8)。トランスフォーム断層沿いでは、比高にして2000mを超す断層崖が存在する。また、拡大軸のオフセットも100kmを超すものがある(図1.6のロマンシェ断裂帯付近の拡大軸)。トランスフォーム断層付近では、地震活動も活発である。

トランスフォーム断層の延長部は、断裂帯とよばれ、断層活動はないが、年代の異なる海洋プレートが接するので大きな地形段差をつくっている。

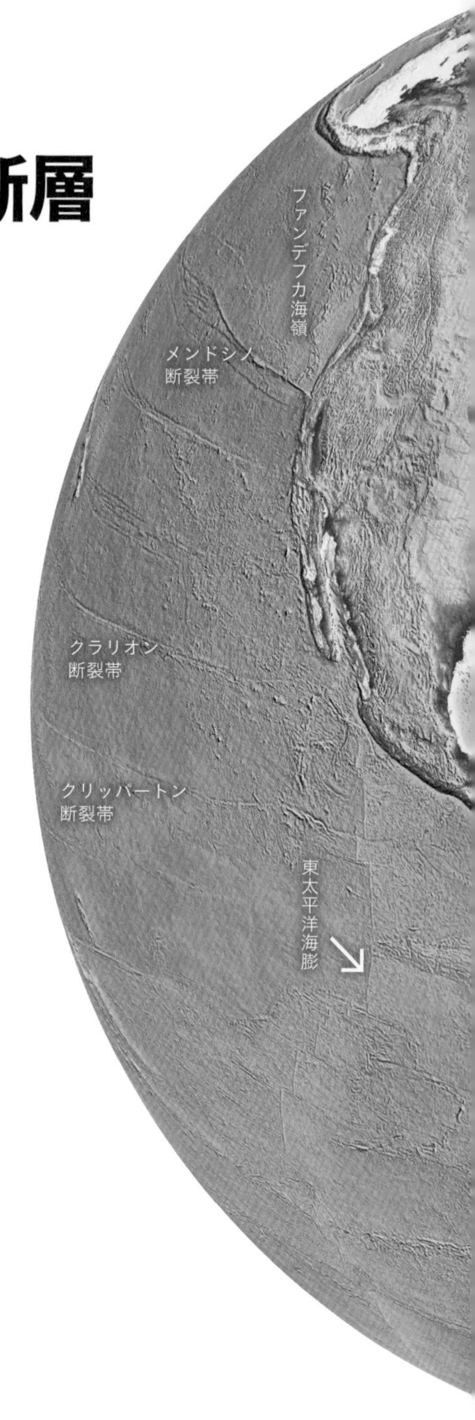

図1.6
南北アメリカ大陸と東太平洋および大西洋の地形
東太平洋海膨と大西洋中央海嶺の地形が比較できる。

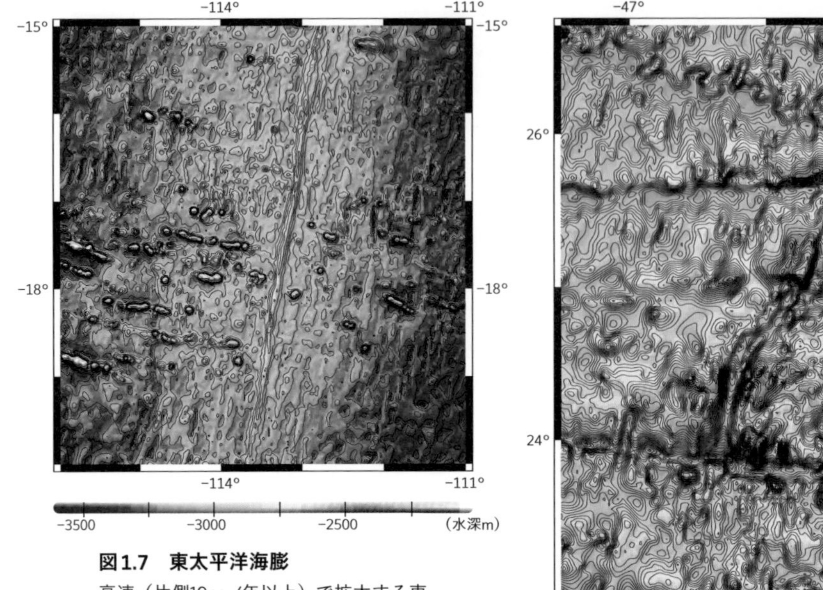

図1.7　東太平洋海膨

高速（片側10cm/年以上）で拡大する東太平洋海膨は、海嶺中央部（拡大軸）が直線的である。マグマが拡大した部分をつぎつぎと充填し、海洋底がなだらかになっている。一方、右の図1.8の大西洋中央海嶺では、拡大による変形が卓越しており、マグマによる充填が十分でない。

図1.8　大西洋中央海嶺

低速（片側10cm/年以下）で拡大する大西洋中央海嶺は、中軸谷、トランスフォーム断層が顕著でごつごつした地形をなす。北緯24°付近で拡大軸が140kmオフセットしている。

column 1

Google Earthで 地球・火星・月を観察する

平朝彦

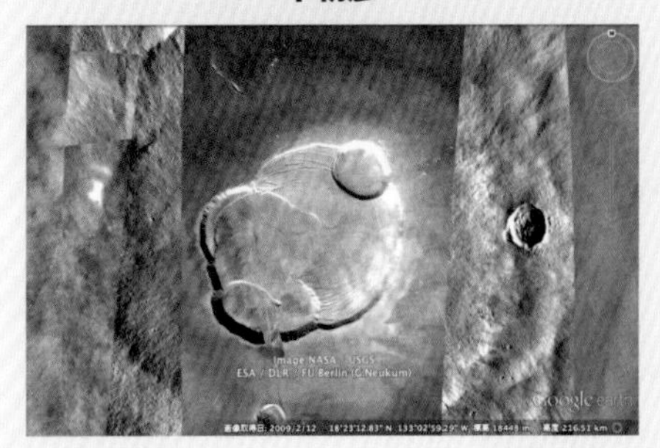

Google Earthで見た
火星オリンポス山のカルデラ

Google Earthは地球を全体から細部に至るまで、観察し、理解する最高のツールである。また、火星や月の地形についても、俯瞰することができる。さまざまな情報を見ながら、自分の行きたい所をヴァーチャルに旅行できる。これほど、身近に地球を感じ、かつ、楽しめる空間は存在しない。これによって、私たちの地球・惑星情報は一変したと言ってよい。

※コラム全文は、QRコード、または〈特設サイト〉（P8記載）へ。

chapter 1.4

海溝、島弧、背弧海盆

図1.9
西太平洋の海溝、島弧
および背弧海盆
西太平洋は、プレート沈み込み帯が集中し、
世界で最も複雑な地形をなしている。

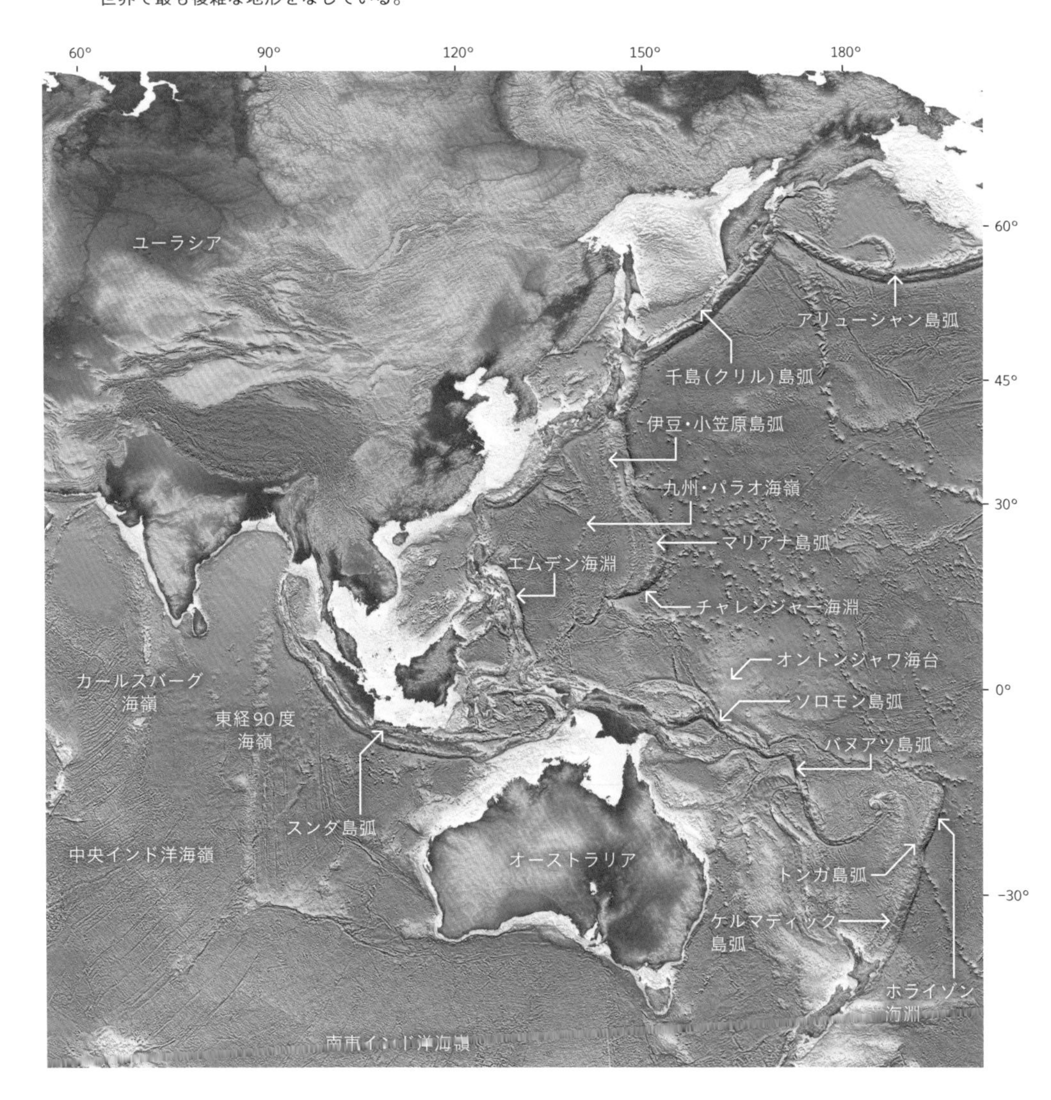

プレートがマントルへと沈み込む場所が海溝である。海溝は西太平洋に多く分布している（図1.9）。世界で一番深い場所は、マリアナ海溝チャレンジャー海淵で、1万902±10m（海上保安庁HPより）である。また、1万mを超す深さを持つ海溝としては、他にトンガ海溝（ホライゾン海淵：1万800m）、そしてフィリピン海溝（エムデン海淵：1万540m）がある。

沈み込むプレートは、プレートの曲がりによって海溝の海側で高まり（海溝外縁隆起帯、あるいはアウターライズ）をつくり、また海側の斜面では、プレートの沈み込みによって発生する引張応力に伴う正断層が作る地塁地溝地形がみられる。

海溝底は、タービダイト（乱泥流堆積物）で埋め立てられている場合には、平坦な地形を示す（P44図2.2：海溝三重点付近）。また、両側の斜面からの崩壊物が堆積している場合もある。海溝の陸側斜面は、断層・褶曲地形が卓越し、付加作用が起きている場合には、陸側に海溝堆積物などが押しつけられて新たな地殻（付加体）を形成している。

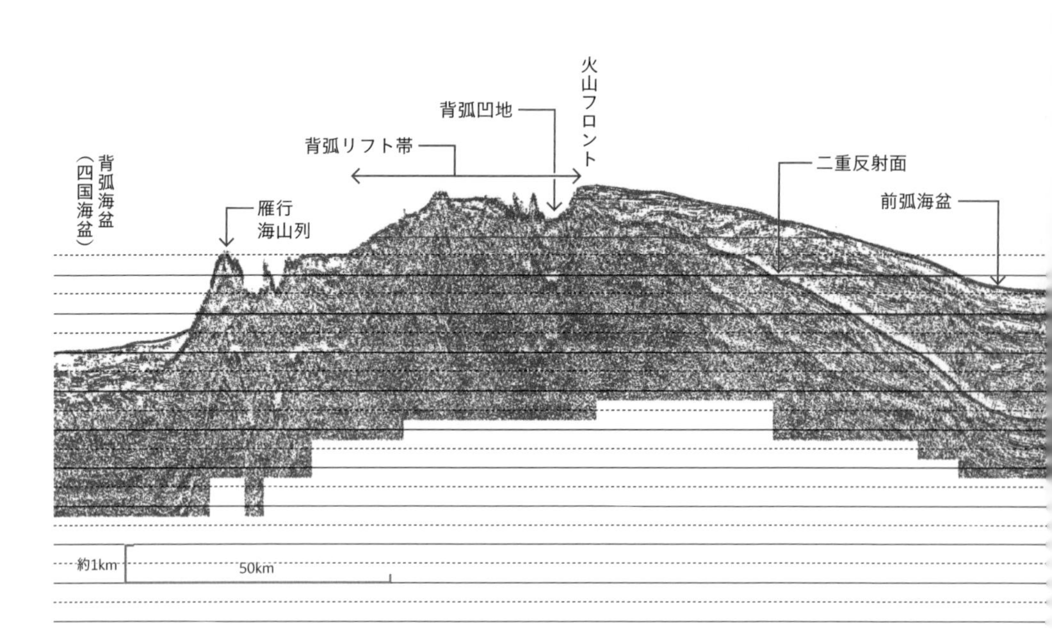

海山や海台が衝突してきた場合には、陸側斜面には、へこみ地形（インデンテーション）や高まりが形成され、また、へこみ地形が崩壊した巨大地すべり堆積物が海溝を覆うことがある。

島弧－海溝系は、たとえば、伊豆・小笠原島弧の場合には海溝から島弧側へ、海溝外縁隆起帯（アウターライズ）、海溝、蛇紋岩ダイアピル、海溝陸側斜面、海溝斜面ブレーク、前弧海盆、火山フロント、背弧リフト帯（特に凹んだ場所を背弧凹地とよぶ）、雁行海山列、背弧海盆（四国海盆）の地形からなる（図1.10）。島弧地殻は海洋地殻に比べて厚く、マリアナ島弧や伊豆・小笠原島弧などでは20km程度である（図1.11）。これは、マントル由来のマグマ活動が地殻を太らせてきたからである。伊豆・小笠原島弧は、本州弧と衝突しており（伊豆衝突帯）、そこでは島弧地殻がはぎ取られて本州に付加している（7章を参照）。

図1.10
伊豆・小笠原島弧（青ヶ島北方）の反射法地震波探査断面図
海溝から島弧全体を概観できる。島弧は蛇紋岩ダイアピル（ダイアピル：地下深部から流動的に上昇してきた物質が作る構造）、広い前弧海盆、火山フロントとそのすぐ背後に発達する背弧リフト帯などから構成される。太平洋プレートと四国海盆では年代が違うので海底の水深が異なることも容易にわかる。反射法地震波探査については第8章を参照。　平（2004）より

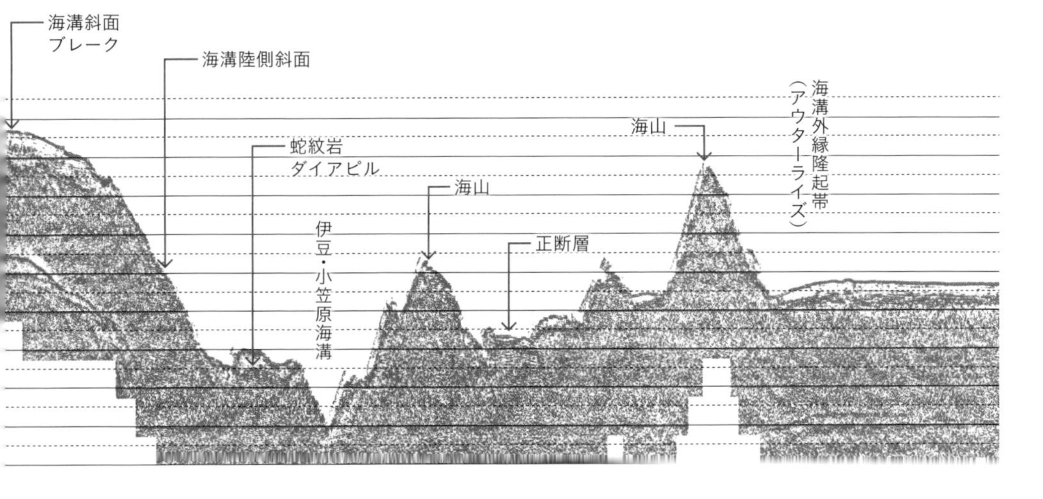

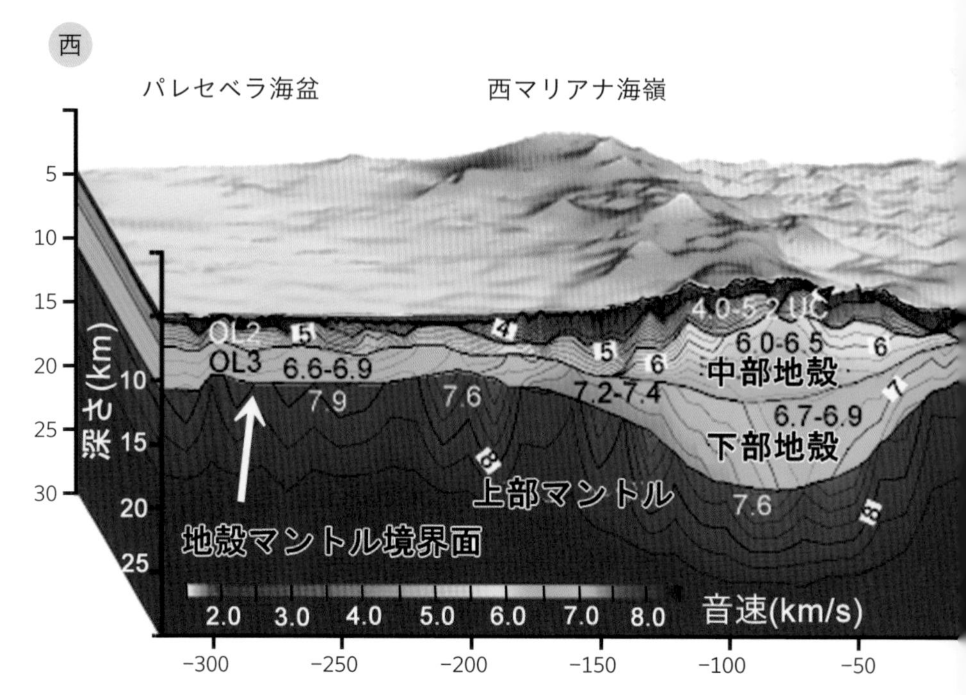

図1.11
マリアナ島弧を横切る地殻断面

島弧は20km程度の地殻の厚さがあり、10km以下の厚さの背弧海盆の海洋底と異なる。マリアナ島弧は活動的な火山弧、マリアナトラフは活動的な背弧海盆、西マリアナ海嶺は古島弧、パレセベラ海盆は非活動的な背弧海盆である。図中の数値はP波の速度（km/秒）。高橋ら（2015）より

column 2

海底地形を“表現”する

JAMSTEC
木戸ゆかり

海底面の起伏形状を地図にした海底地形図。地球の変動の様子をダイナミックに表現する海底地形図は、過去には一点一点の測鉛（そくえん）という気の遠くなりそうな作業によりつくられていた。その表示は、等深度値を線で結び、異なる深さ毎に色を変えたり、メッシュを塗りつぶしたり、赤青色で立体的に浮かび上がらせる立体視図法や光の当て方を変える陰影図といった表示法などさまざまである。その魅力に迫る。

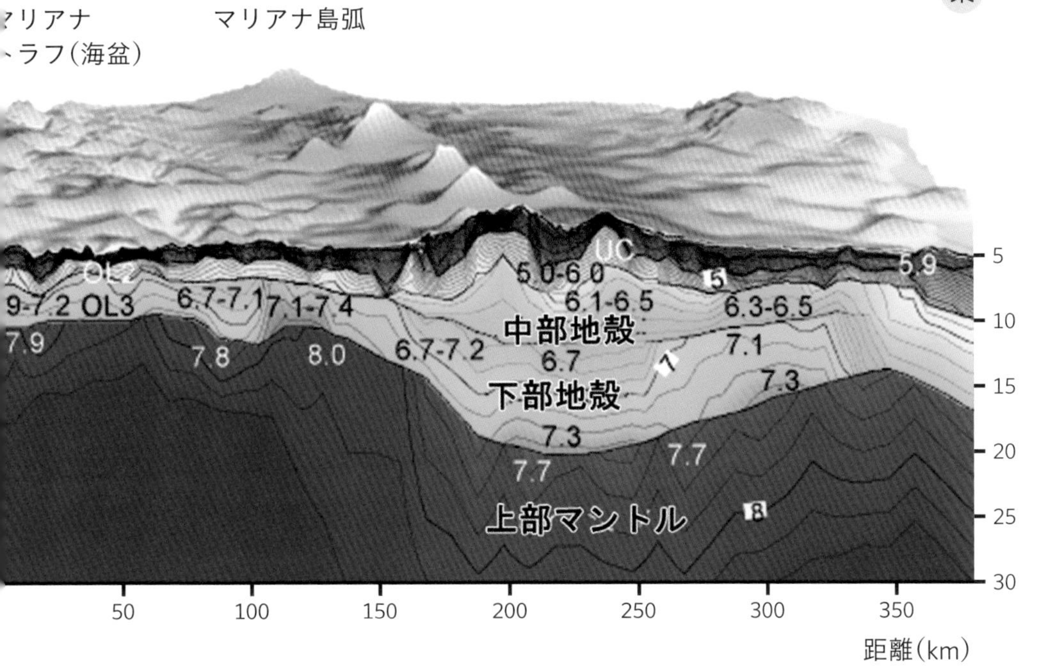

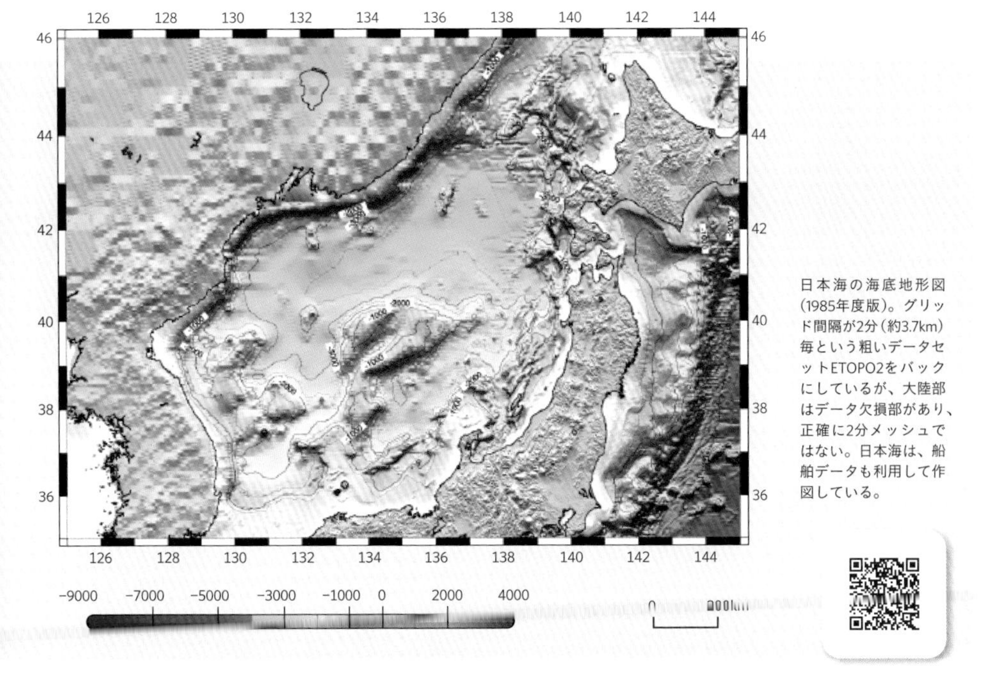

日本海の海底地形図(1985年度版)。グリッド間隔が2分(約3.7km)毎という粗いデータセットETOPO2をバックにしているが、大陸部はデータ欠損部があり、正確に2分メッシュではない。日本海は、船舶データも利用して作図している。

※コラム全文は、QRコード、または〈特設サイト〉(P8記載)へ。

chapter 1.5

海山と海台

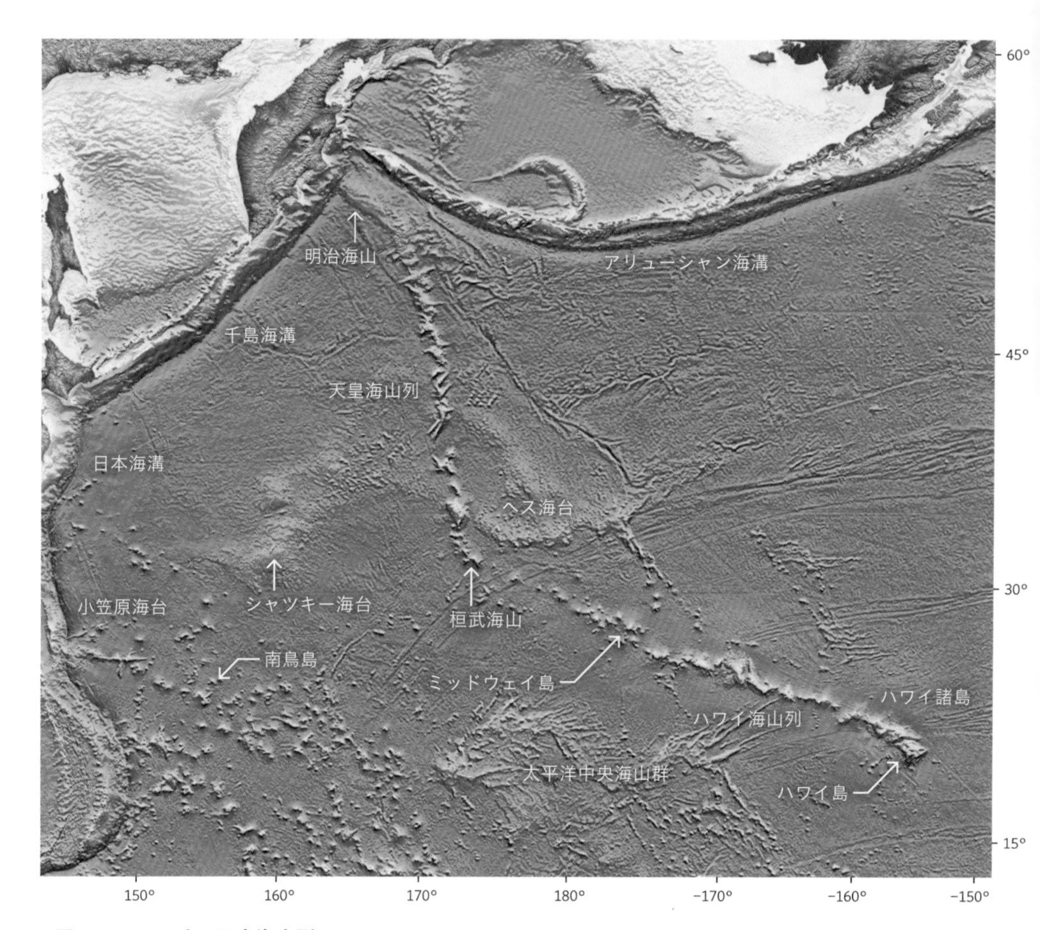

図1.12　ハワイ・天皇海山列

ハワイ海山列は、ハワイ島から北西に向かって並んでいるが、途中で北方に配列を変えて天皇海山列につながる。それらをつくるホットスポット（ハワイ島付近）を動かないと仮定すると、その上にできる海山列がプレートの移動によってつくられたことがわかる。ミッドウェイ島の形成年代が1600万年前、桓武海山が4000万年前、明治海山が7000万年前。

海洋底には、ホットスポット起源の火山が多く存在している。その例として、まず、ハワイ海山列を見てみよう（図1.12）。

ハワイ島は、差し渡し120kmほどの火山島であるが、さらに海底部分を入れると径200kmほどの裾野をもつ巨大な海山である（第4章）。ハワイ海山列は、ハワイ島からミッドウェイ島をへて北西へつらなり、さらに北北西方向の天皇海山列に連続する。海山の形成年代はハワイ島より順に古くなり、ホットスポットの上をプレートが移動してできたことを表している。ハワイ諸島周辺の海底を探査すると、巨大な山体崩壊が起こっていたことがわかった。特にモロカイ島からオアフ島にかけての北側斜面には、径30kmにもなる巨大な崩壊岩体が存在している（P96図4.11）。

南鳥島は、わが国が太平洋プレート上に持つ唯一の領土である。この島は、白亜紀〜古第三紀の海山群の一つである。周辺の海山同様に、平坦な山頂と“ヒトデ状”の岩脈群から構成される山体からなる（P57図2.14a）。平坦な山頂は、礁性石灰岩の台地状地形であり、海面下に沈んでいる場合には、平頂海山（ギョー）という。このような海山は、しばしばコバルトリッチ・マンガンクラストに覆われている（P58図2.14b）。

海台は、台地状の沈水した大陸地殻の一部あるいは巨大な海底火山体である。海底火山体で最大のものはオントンジャワ海台であり、差し渡しは実に1500kmを超え、面積がアラスカ州ほどある（図1.13a）。この火山体は、1億2000万年前に形成されたものであるが、形成期間は100万年足らずと考えられ、そのマグマ噴出量は通常の火山の数千倍に達する異常なものであった。オントンジャワ海台は現在ソロモン島弧と衝突しており、その一部はすでにマントルへと沈み込んでいると推定される（図1.13b）。太平洋やインド洋には、シャツキー海台、ヘス海台、小笠原海台、ケルゲレン海台（P10図1.2）などジュラ紀末から白亜紀にかけて形成された海台が存在し、この時期に莫大な規模の火山活動が多発していたことを示している。

図1.13　オントンジャワ海台と衝突テクトニクス

a　オントンジャワ海台。白亜紀の初めに形成された巨大海台。地球上で最大の火山体である。

b　オントンジャワ海台の衝突テクトニクスをマライタ島からグアダルカナル島への断面図で示す。海台地殻の上部が付加体をつくるが、大部分はマントルへ沈み込む。　平（2004）より

a

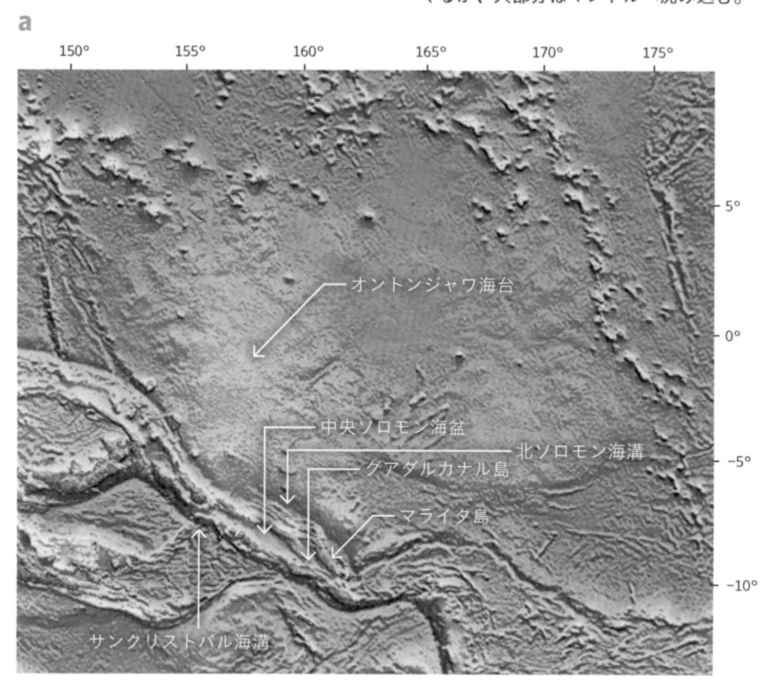

b

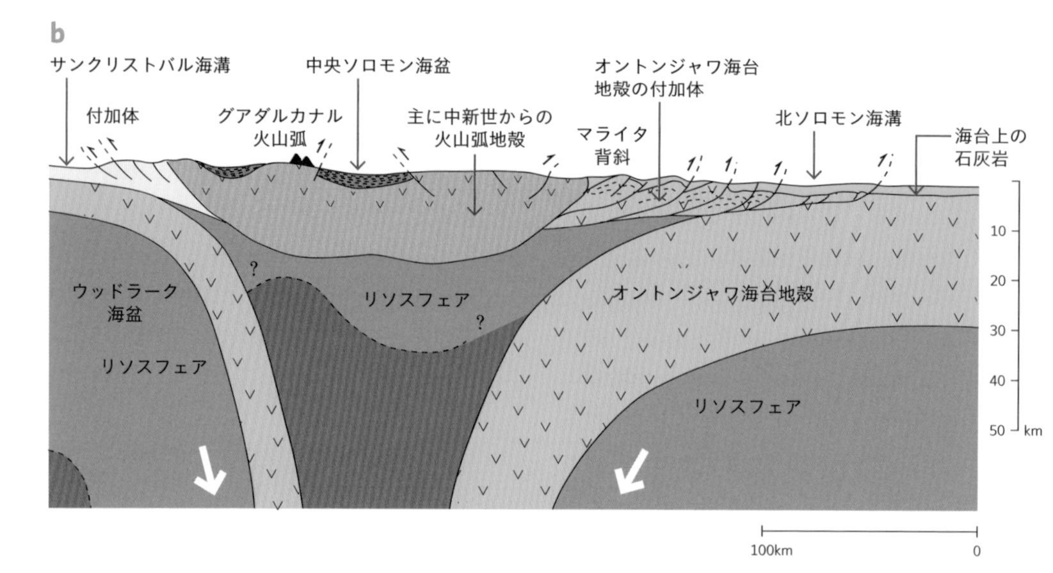

chapter 1.6

海洋地殻の誕生と消滅

海洋地殻の誕生から消滅までの全体像を俯瞰してみよう。中央海嶺におけるマグマ活動で、マグマ溜まりから形成されたハンレイ岩、マグマの火道からつくられた玄武岩平行岩脈（海嶺と平行方向に貫入）、海底に噴出し冷却された玄武岩枕状溶岩からなる海洋地殻が形成される。ハンレイ岩を下部地殻、その上を上部地殻と呼ぶ（図1.14a）。下部地殻の底部には反射面が明瞭に現れ、これがモホロビチッチ不連続面である（図1.14c）。

近年の反射法・屈折法地震波探査（第8章を参照）で、海洋地殻とその直下のマントルの地震波速度構造の特徴が分かって来た。まず、下部地殻内に、20°から30°で傾斜した反射面（S字反射面）が、数kmから10km程度の間隔で存在している場所が発見されたことである（図1.14c）。また、そのような部分では、モホ面直下の最上部マントルは、大きな地震波速度異方性があり、地磁気縞模様と直交方向で速度が速く、平行方向で速度が遅いことが分かった（図1.14b）。これらの構造は、この海洋地殻が形成された白亜紀に、海洋底拡大時に強いマントル対流が起こっており、マントルカンラン岩の結晶配列構造（ファブリック）をつくり、かつ、海洋地殻下部にS字形の剪断面を形成したと推定されている。プレート運動の原動力としてのマントル対流の重要性、そしてこれら構造を掘削して確かめることを目指したモホール掘削計画（P197コラム25）が注目される。

図1.14　海洋地殻の変遷

a　海洋地殻の生成から消滅を示す模式図
中央海嶺の火成活動でマグマ溜まりからハンレイ岩、マグマの火道で平行岩脈、海底面で枕状溶岩が形成される。ハンレイ岩（海洋下部地殻）中には時にマントル対流による剪断力によってS字形のフラクチャー（リーデル剪断面）がつくられると推定される。マントル最上部は冷却されてリソスフェアをつくり、プレートとなって移動。ホットスポット上で海山ができる。またアウターライズ付近などでは、アセノスフェア起源のメルトによる小規模の火山活動（プチスポット）、正断層による破断、蛇紋岩化作用によってプレートの改変が起こる。

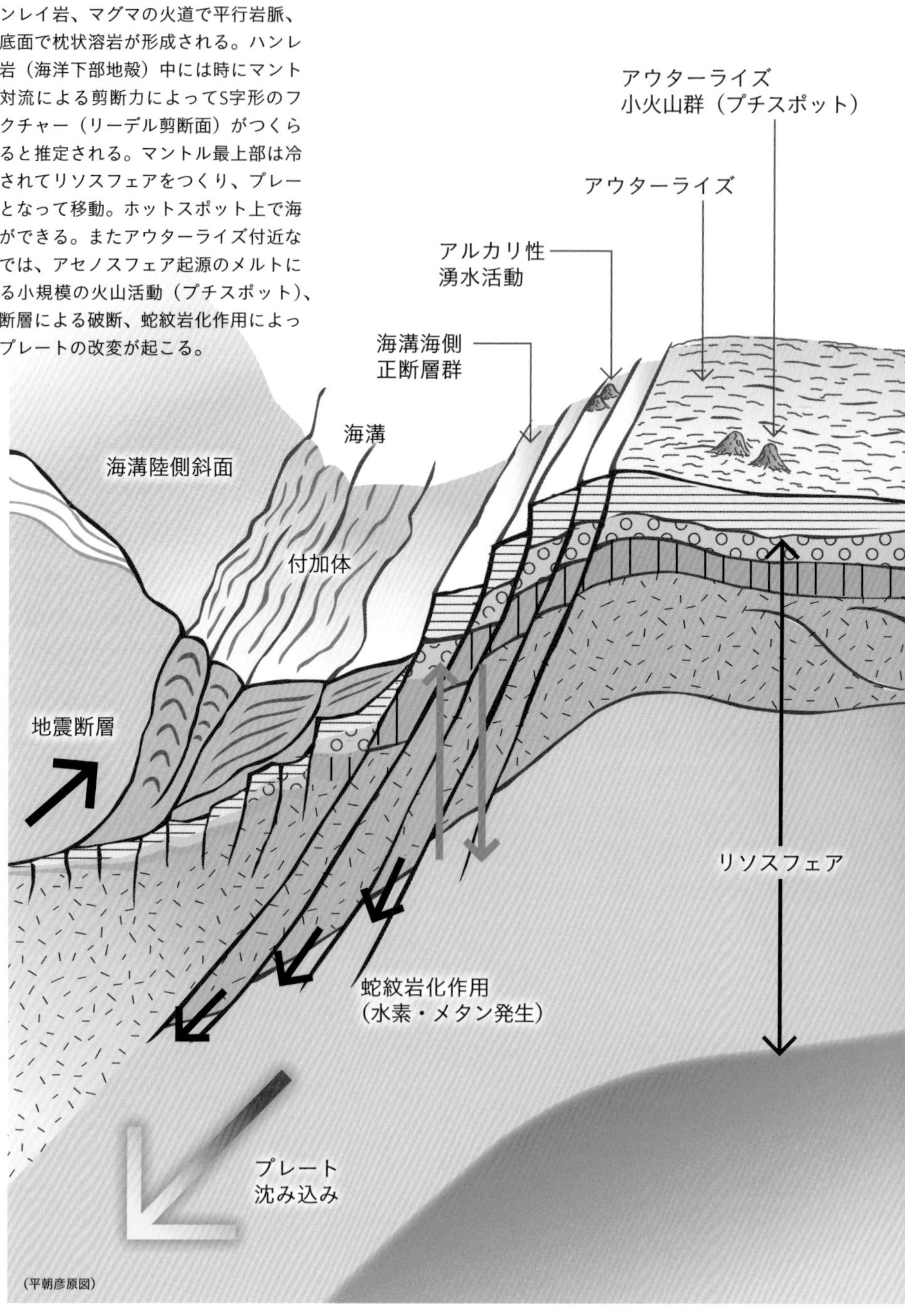

a

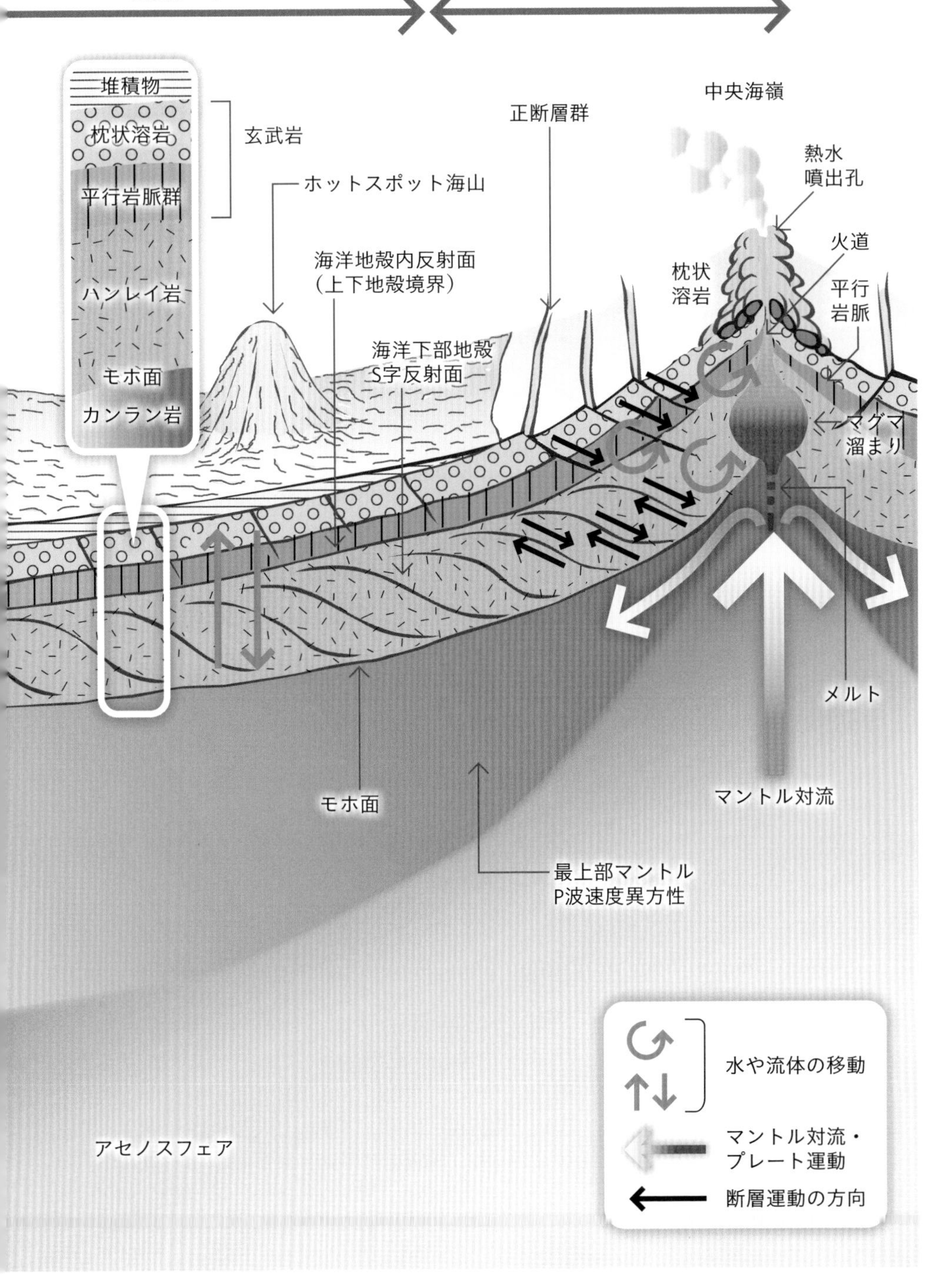
変質ゾーン
生成ゾーン
堆積物
枕状溶岩
平行岩脈群
ハンレイ岩
モホ面
カンラン岩
玄武岩
ホットスポット海山
海洋地殻内反射面
（上下地殻境界）
海洋下部地殻
S字反射面
正断層群
中央海嶺
熱水
噴出孔
火道
枕状
溶岩
平行
岩脈
マグマ
溜まり
メルト
マントル対流
モホ面
最上部マントル
P波速度異方性
アセノスフェア
水や流体の移動
マントル対流・
プレート運動
断層運動の方向

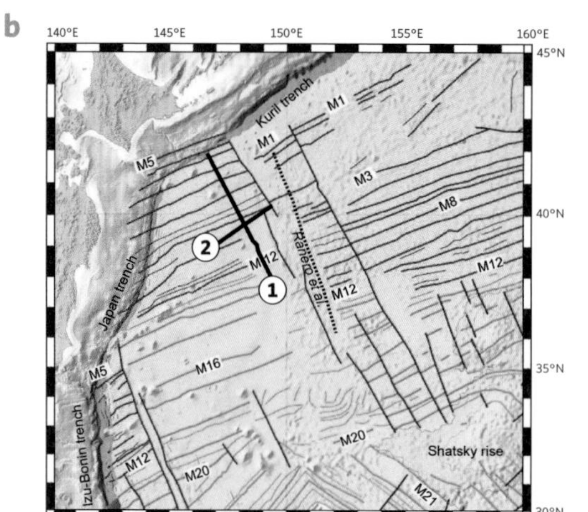

図1.14　海洋地殻の変遷

b　太平洋プレートの上部マントル地震波速度異方性
千島海溝から南東方向へ約500km長の測線。ここでは、古い海嶺が過去に沈み込んでおり、海洋底は海溝から南東へと古い時代にさかのぼる。M1などの線は海底地磁気縞模様でM1は約1億1200万年前、M12は約1億2800万年前。地磁気縞模様に直交する方向①の最上部マントルの地震波（P波）速度（8.6km/秒）は、平行方向②のそれ（7.8km/秒）より速く、マントル対流による岩石の組織構造（ファブリック）を反映していると考えられる。　小平・藤江（2015）より

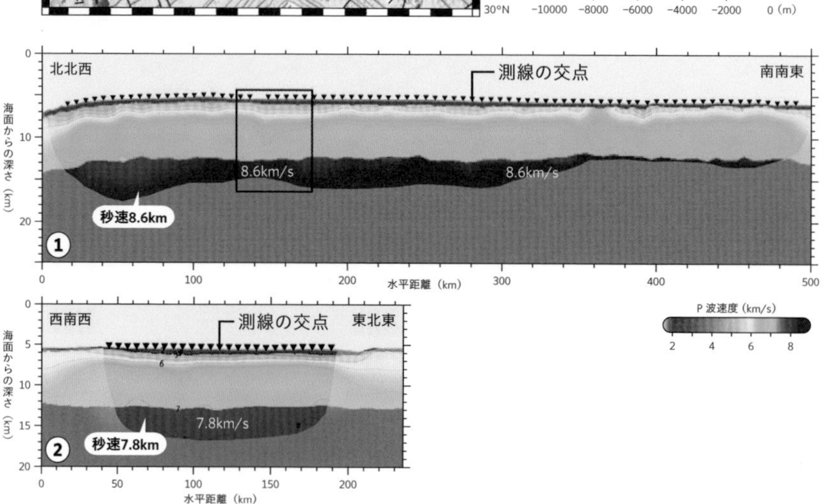

column 3

大陸移動の復元と原動力

JAMSTEC
柳澤孝寿

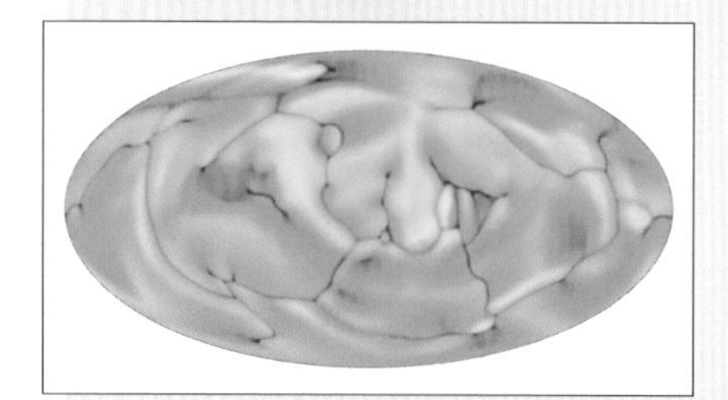

過去の大陸の配置は、海洋プレートが沈み込まずに存在している2億年前までは比較的詳しく復元され、それ以前についても6億年程度前までは大まかにではあるが推定されている。それによれば大陸は数億年の周期で分裂と合体を繰り返してきた。このような大陸の移動の原動力となるのはマントル全体におよぶゆっくりとした対流である。プレート運動そして大陸移動はマントル対流の地表での現れであると考えられる。

※コラム全文は、QRコード、または〈特設サイト〉（P8記載）へ。

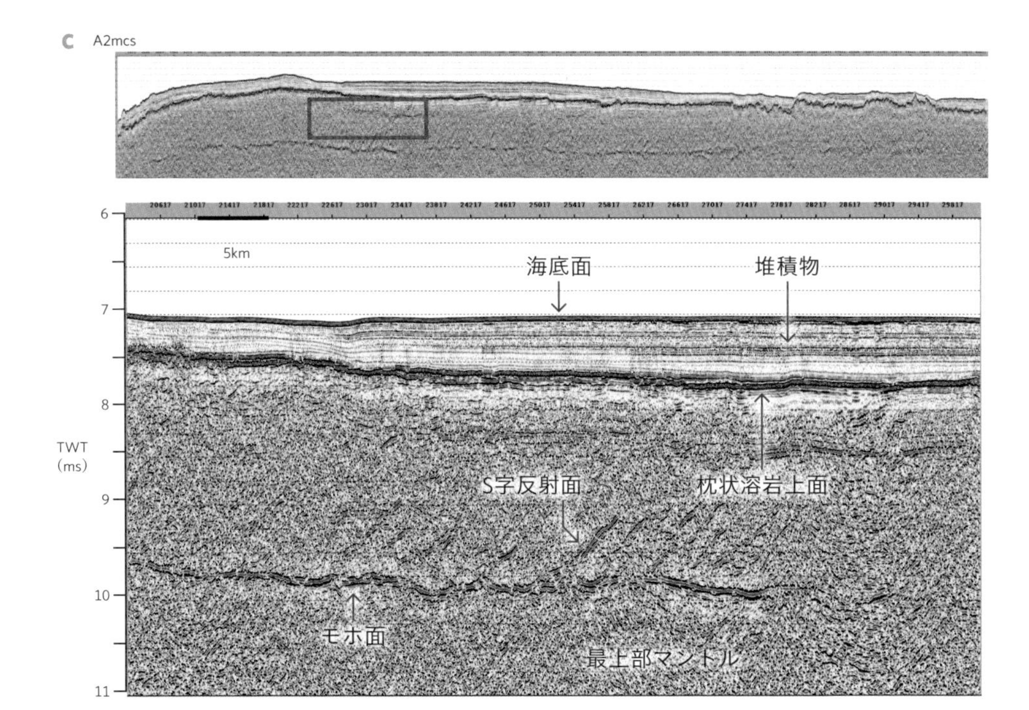

図1.14　海洋地殻の変遷

c　bで示した①に沿った反射法地震波探査断面図

海洋底は、この図では左から右へと年代が古くなる。マントル対流は左から右へと流れた。

モホ面が明瞭に見える。また下部地殻にS字反射面が認められる。

反射法地震波探査については、第8章を参照。この図の縦軸のTWT（Two-way Travel Time）とは地震波が発信されてから受信されるまでの時間（往復走時）を指す。ある反射面までの地震波の到達時間は、TWTの半分となる。海底面のTWTが7秒なので片道3.5秒。水中の地震波速度（音速）は1.5km/秒なので1.5×3.5＝5.25kmの水深となる。枕状溶岩上面からモホ面までは片道1秒。玄武岩の地震波速度は6km/秒程度なのでモホ面まで深さ6kmとなる。海洋での探査では、いったん、海面まで到達した地震波が再び反射して地層へと戻っていく多重反射現象も起こる。地層の地震波速度は、反射法探査だけではユニークには決定できないが、速度構造のモデルや地質構造の形態から適切な速度を推定する速度解析手法や掘削孔を利用した速度測定法が用いられている。P116図5.3bなどのプロファイルでは、縦軸は深度（km）である。地震波の速度は、固結の進んでいない堆積物で2〜3km/秒ぐらい、硬岩で4〜5km/秒くらい、花崗岩などの石英や長石を含む結晶質岩石で6.5km/秒、ハンレイ岩で7km/秒、マントルを構成するカンラン岩で7.5〜8km/秒である。本図では上図を拡大してみることができる動画となっている。

https://youtu.be/VqZCruzUFJ0

chapter 1.7

海洋プレートの行方とマントル対流

図1.15a
主役が入れ替わる
マントルの世界
Ritsema et al. ,GJI（2011）より

a

100km
(7%)

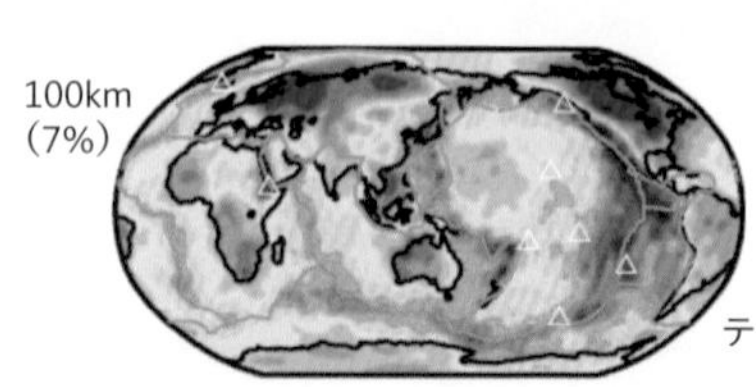

プレート
テクトニクス

～400km

600km
(2%)

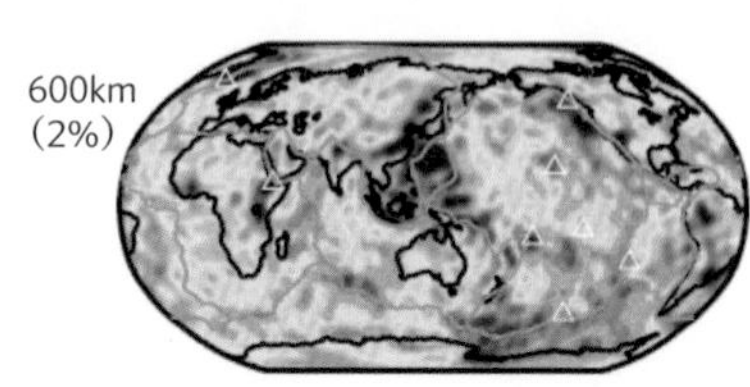

滞留スラブ

～1000km

2800km
(2%)

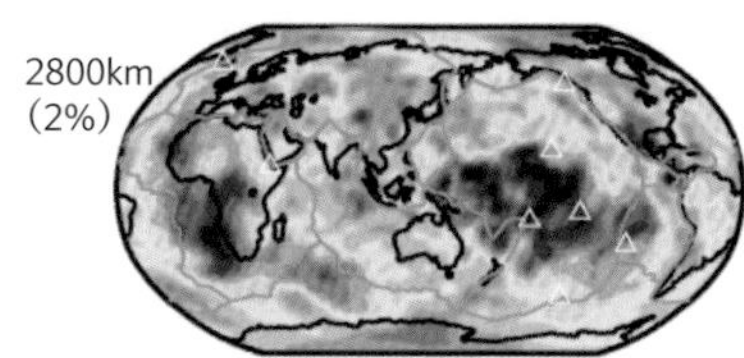

スーパー
プルーム

海溝から地球内部へ沈み込んでいった海洋プレートはその後どうなるのだろうか。地球内部を透過してきた多数の地震波記録を解析し、あたかもX線で人体内部を3次元イメージで見る（X線CTスキャン）ように、地球内部構造をイメージする技法を地球内部トモグラフィー（あるいは地震波トモグラフィー）という。この手法は、1970年代に地震計の全球規模での展開とデジタル化によって発達した。1980年代にA.Dziewonskiや深尾良夫らによって解析結果が発表され、地球内部構造の理解が大きく前進すると同時に、沈み込んだプレート（これをスラブという）の行方が議論できるようになった。スラブは、周囲のマントルより地震波伝搬速度が速く、地下660km（上部マントルと下部マントルの遷移域）まで沈み込み、そこでスラブが滞留している構造（滞留スラブ）が多くの沈み込み帯で認められている（例えば日本列島の沈み込み帯）（図1.15b）。また、スラブが下部マントルまで突き抜けている構造も存在する（例えば中米の沈み込み帯）（図1.15c）。このような多様性がどのように作られるのか、まだよく分かっていない。

マントル全体の構造を見てみると、上部マントルは、プレートテクトニクスの影響（例えば東太平洋海膨）を大きく受けており、地下600km付近の上部・下部マントル遷移域は滞留したスラブ、そして下部マントルには大規模な熱対流構造が存在している（図1.15a）。その対流の熱源の一部は、コア－マントル境界からもたらされていると考えられている。例えば、太平洋仏領ポリネシア海域、そしてアフリア大陸の下部マントルには、地震波伝搬

速度の遅い部分があり、大規模な熱異常の存在を示唆している。一方、東アジアからインドにかけては、数億年以上続いたプレートの沈み込みを反映し、マントルが低温となっており地震波速度の速い部分が存在している。このような下部マントルの構造、大規模な熱対流、滞留スラブそしてプレートテクトニクスの相互作用に関しての統一的な理論はまだ作られておらず、これからの大きな課題である。

chapter 1.8

ヒマラヤ山脈、チベット高原、タリム盆地

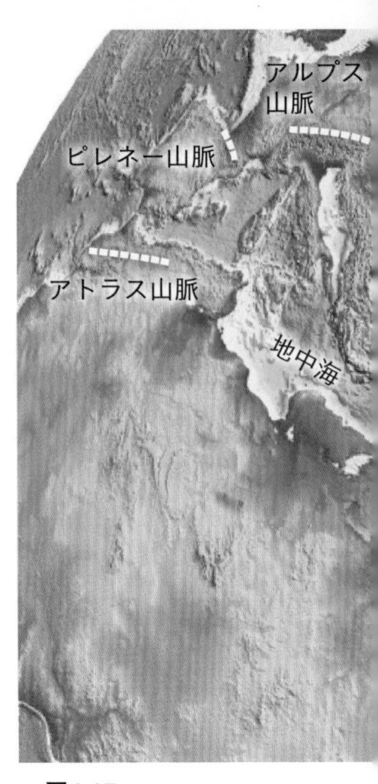

図1.17
ヒマラヤ－チベット高原からアルプス山脈、地中海へかけての地形
大陸で最も顕著な山脈地形であり、モンスーン気候、平野の形成、油田の生成にも深く係わっている。

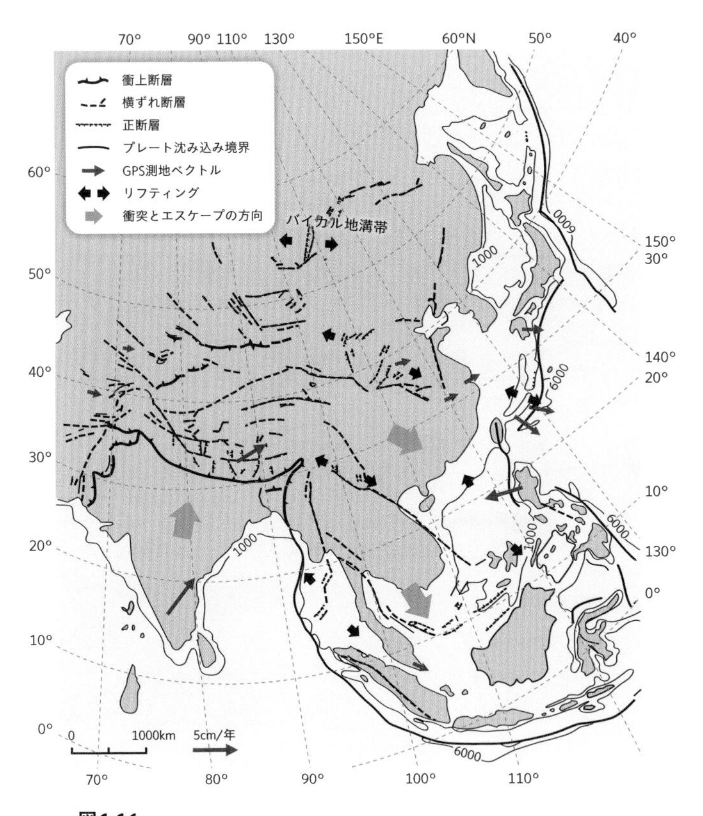

図1.16
アジアのテクトニクス。
インドの衝突によるアジアの変形
主要な断層、構造地形のほかにGPS測位データを示している。インドの衝突によって、東南アジア、中国は押し出されるように南東に移動している。これをテクトニック・エスケープという。 Tapponier et al. (1982)、Kato (2013)、平 (2004) より

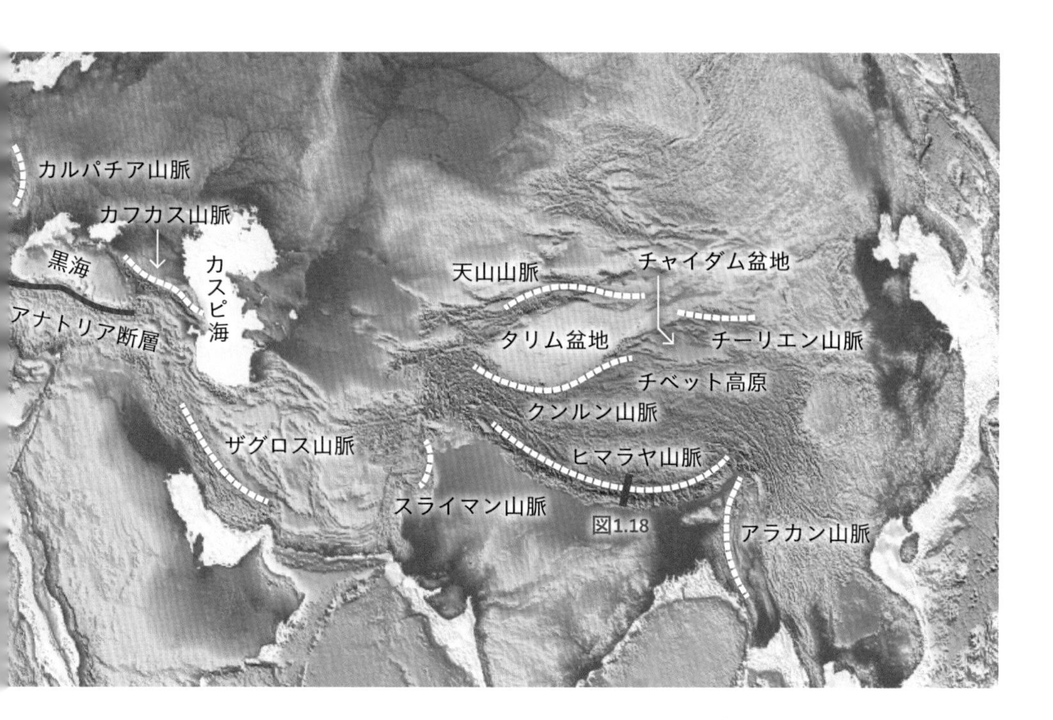

大陸の大地形に目を向けてみよう。大陸でまず目立つのが、ヒマラヤ山脈、チベット高原、タリム盆地と続く中央アジアの地形である（図1.17）。ヒマラヤ山脈は、インド・オーストラリアプレートとユーラシアプレートとの衝突によって形成された（図1.16。インド亜大陸の北上とマントル対流の関係については、P184コラム20を参照）。図1.18には、インドからヒマラヤ山脈の地質断面図を示した。ヒマラヤ山脈の内部は複雑で、プレートの押す力でできた衝上断層・褶曲帯の構造と山脈の重力崩壊による低角の正断層の両方が存在していると考えられている。衝上断層・褶曲帯では、インド亜大陸の縁辺に堆積していた地層群（テーチス海堆積物）が衝突でめくれ上がり、南へと衝上しており、その前縁（南側）では、衝上断層・褶曲帯の荷重によってプレートが凹んで堆積盆地が発達し（前縁堆積盆地：フォーランド・ベースン）、その地層群がさらに衝上断層・褶曲帯に巻き込まれている。この衝突境界は、東側へは、インド最東部地域からミャンマーにかけての山脈地帯（アラカン山脈）、西側はパキスタンのスライマン山脈からイランのザグロス山脈へと連続している。

一方、チベット高原は、平均高度5000mの巨大高原であり、内部地質構造についてはよく分かっていないが、高原全体が一様に隆起したと推定されている。チベット高原の北部では、クンルン山脈、チャイダム盆地、チーリエン山脈、タリム盆地、天山山脈にかけて衝上断層・褶曲帯の構造が顕著に見られる。タリム盆地は、古い縁辺海が海溝堆積物や島弧地

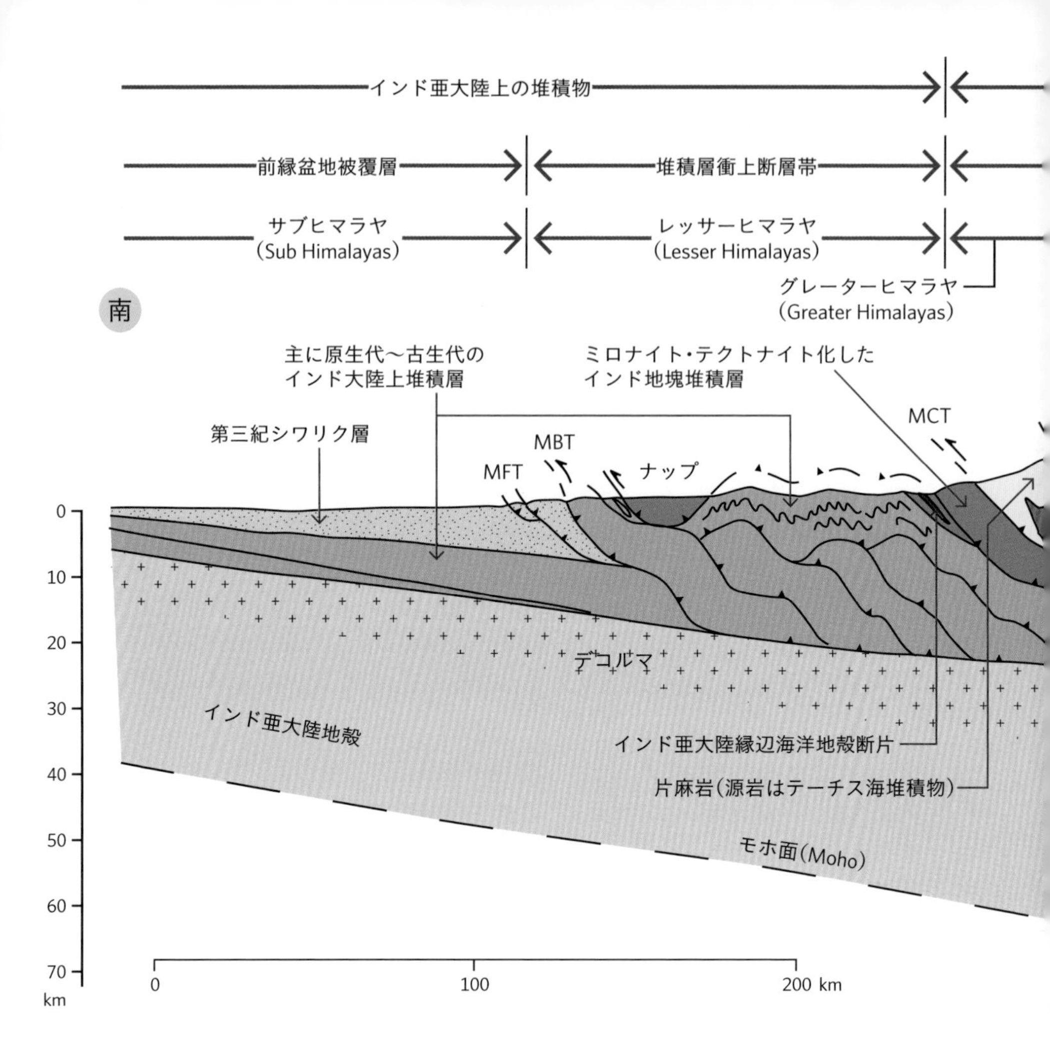

殻などの付加地帯の間に取り囲まれた低地帯と考えられる。インドからヒマラヤ山脈、チベット高原、タリム盆地、天山山脈にかけての地帯は、縁辺海、島弧、海溝付加体、大陸地塊などが次々と衝突してできた一帯であり、今も変形が継続している大陸の成長と変形の舞台である。このような地帯を造山帯という。

ヒマラヤ山脈から西へたどれば、スライマン山脈、ザグロス山脈、カフカス山脈、カルパチア山脈、アルプス山脈、ピレネー山脈、アトラス山脈などの山脈(衝上断層・褶曲帯)と、その中にカスピ海、黒海、地中海などの海盆そしてトランスフォーム断層(アナトリア断層)が存在している。地中海をとりまく地帯もまた、アラビア半島やアフリカ大陸の北上が続けば将来、ヒマラヤ山脈からタリム盆地、天山山脈に続く一帯のような地形と地質をつくると考えられる。

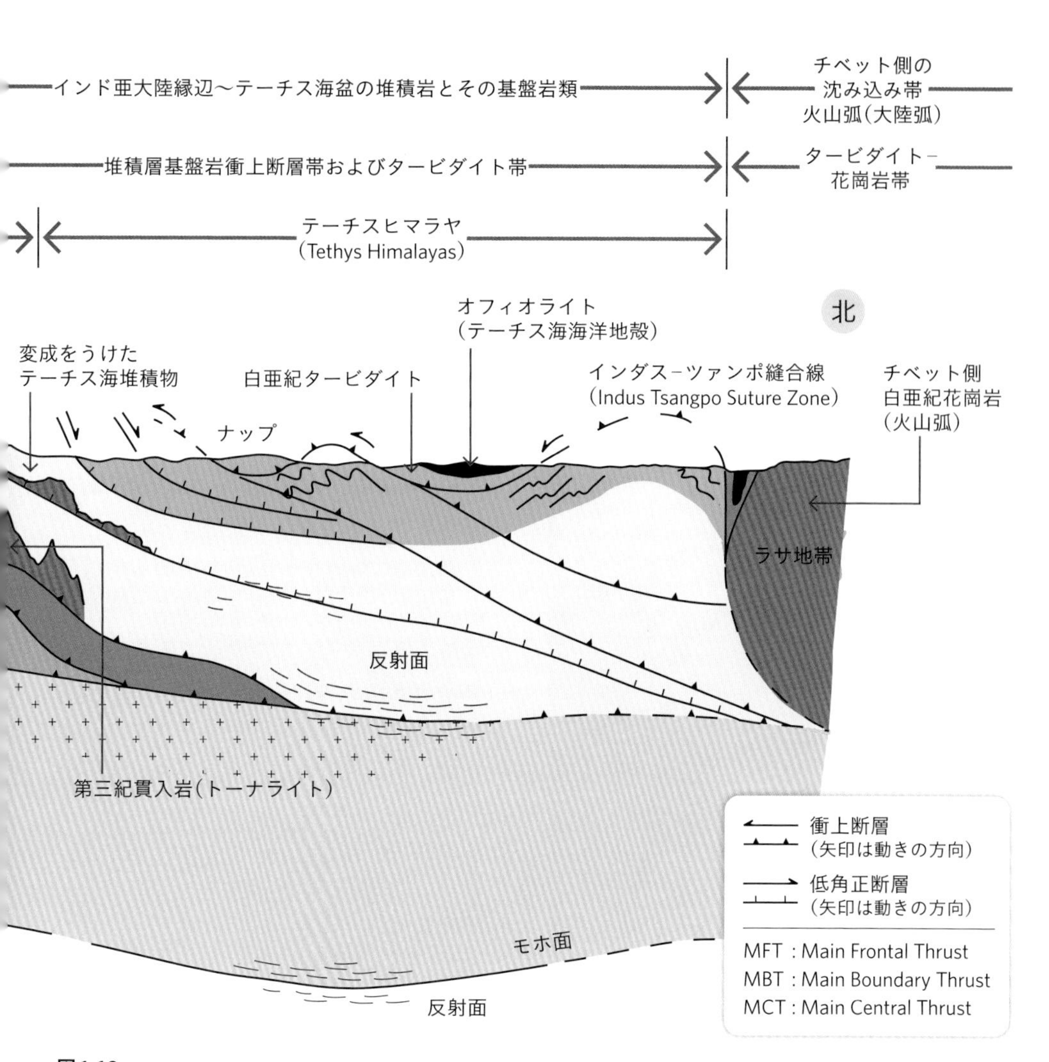

図1.18
ヒマラヤ山脈の地質断面図

チベット側の火山弧地質帯に、テーチス海の堆積物やインド亜大陸縁辺の堆積物が衝突し、インド亜大陸に向かって各地質帯が衝上断層によりのし上がった構造を示す。縫合線とは異なった起源の地質帯の接合部を示す。

古生代末に現れた超大陸パンゲアは、大きく北のローラシア大陸(Laurasia)と南のゴンドワナ大陸(Gondwana)からなり、その間の海をテーチス海(Thethys)とよぶ。ゴンドワナ大陸の北縁にあったインド亜大陸は、北上し、新生代にはローラシア大陸に衝突、テーチス海堆積物は変成作用を受け、衝上断層を伴ってインド亜大陸上にのし上がった。それに伴い、インド亜大陸の上にあった地層も衝上断層に巻き込まれていった。そこに堆積盆地(前縁盆地)が形成され、第三紀の地層(シワリク層)が堆積しており、その一部もまた、衝上断層帯に巻き込まれている。インダス−ツァンポ縫合線では、オフィオライト(Ophiolite：カンラン岩などの超塩基性岩、玄武岩の岩脈や枕状溶岩などからなる岩体)がナップとして構造上の最上部にのし上がっている。このような衝上断層の構造の他に、グレーターヒマラヤからテーチスヒマラヤでは、低角度の正断層の存在も知られている。これは山脈の上昇にともなう荷重によって地殻が重力崩壊を起こした結果と考えられている。ヒマラヤ山脈は、衝上断層運動が卓越した時期と正断層が活動した時期を繰り返しながら、現在に至っていると推定される。 平(2004)より

chapter 1.9

北米の山脈とベースン・アンド・レンジ

北米西部にも巨大な山脈が発達している。アラスカのマッケンジー山脈、カナダからアメリカ合衆国にかけてのロッキー山脈、メキシコの東シエラ・マドレ山脈へと連続している山脈である(図1.19)。これらの山脈を総称して、北米コルディレラとよぶ。北米コルディレラの西側にはカリフォルニア湾の海嶺（東太平洋海膨の延長）から連続したトランスフォーム断層（サンアンドレアス断層）およびカスカディア海溝が存在する。

図1.20にロッキー山脈を横切る地質断面図を示す。カスカディア海溝の陸側には付加体が発達しており、さらに、シェラネバダ山脈は白亜紀の花崗岩体（白亜紀の火山弧）（図1.21a）からなり、また、オレゴンからワシントン州にかけては、セ

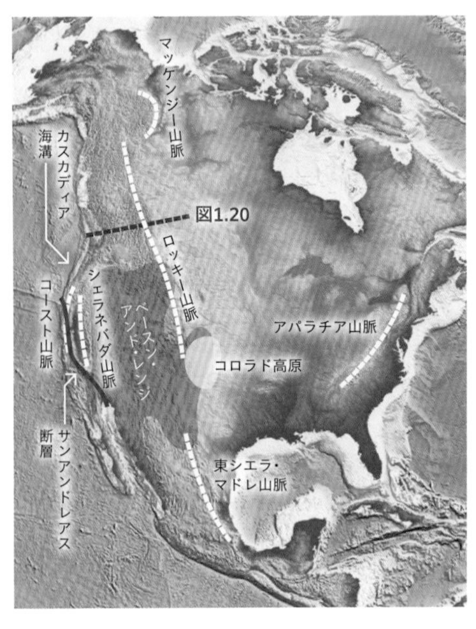

図1.19
北米大陸の地形
西側の北米コルディレラと中央の平原、東側の低い山脈（アパラチア山脈）からなる。

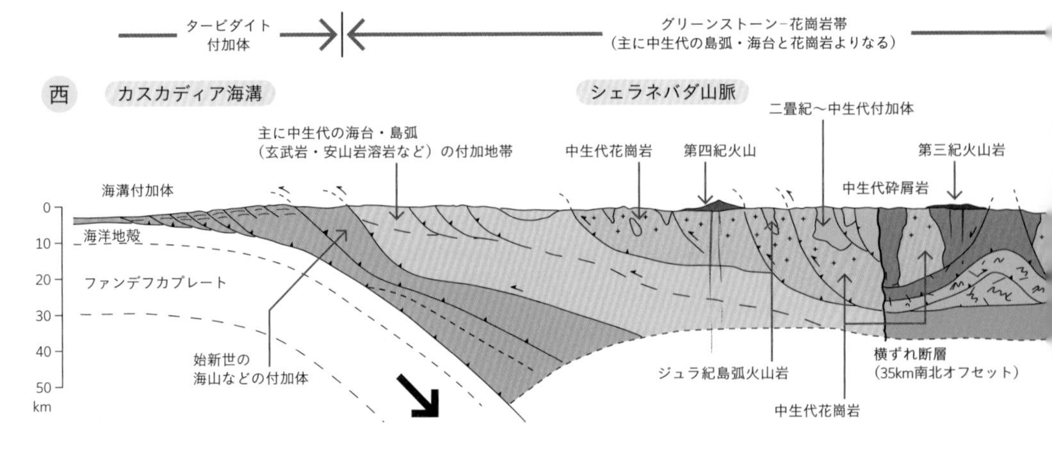

ントヘレンズ山などの活火山が存在する(P92図4.7)。東側には変形地帯(衝上断層・褶曲帯)が発達しており、東へ向かう衝上断層の運動によってロッキー山脈(図1.21b)が形成され、さらに東側では、衝上断層・褶曲帯の前縁に堆積盆地(フォーランド・ベースン、例えばカルガリー平原)が発達していることが分かる。ロッキー山脈と周辺の地形は、新生代につくられた。

この山脈の形成については、大きな謎がある。ヒマラヤ山脈やアルプス山脈は、大陸どうしの衝突によって形成された。しかし、北米コルディレラには、西側から別な大陸が全域にわたって衝突したという証拠がない。山脈は東側の大陸地殻が西側へと沈み込む運動によって形成されたと解釈することもできるが、なぜこのような運動が起こったのか、まだよく分かっていない。

北米大陸の南部、シェラネバダ山脈とロッキー山脈の間には、極めて特異な地形が存在する。それは、15～20列の南北

図1.20
北米大陸西部、北米コルディレラの地質断面図
西側の海洋プレート沈み込み帯および付加体、中生代の火山弧と東側の衝上断層・褶曲帯から構成されている。北米太平洋沖には、ファンデフカプレート(Juan de Fuca Plate)が沈み込んでおり、これによる付加体と火山帯の形成が起こっている。さらに陸側では海台などが付加しており、また中生代の花崗岩類や火山岩類を主体とした地帯が存在する(グリーンストーン－花崗岩帯)。ロッキー山脈は、北米大陸縁辺に存在していた原生代から古生代の堆積岩および北米大陸地殻の下部の変成岩(グラニュライト－片麻岩帯)から構成されている。変成岩は、衝上断層で重なりあっているのみならず(衝上断層帯)、その露出には低角度の正断層も関与している。ヒマラヤ山脈と同様に、山脈の形成には、衝上断層による地殻の厚化と正断層による深部の上昇という両方の作用が係わっている。　平(2001)より

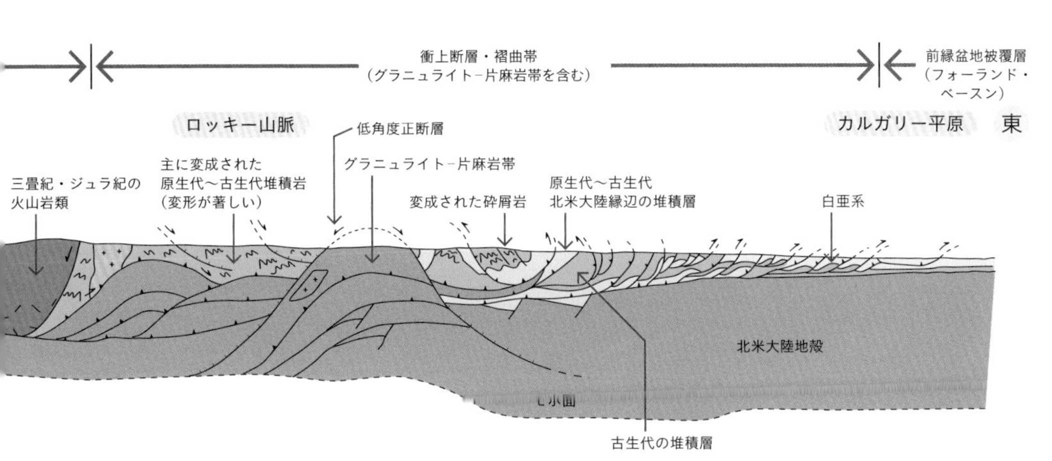

に連なった盆地と山地であり、ベースン・アンド・レンジとよばれている（グレート・ベースンともよばれる）（図1.19、図1.21d）。ここは、全体として、地形高度は低く（海面以下のところもある）、地殻の厚さは異常に薄く（20km程度）、また、各地で火山活動が起こっている。ベースン・アンド・レンジ東側には、海抜2000mのコロラド高原が存在し（図1.21c）、隆起によってグランドキャニオン（P71図3.3参照）が形成されている。このような地形の大きな変化は、ベースン・アンド・レンジでは、アセノスフェアの上昇によってリソスフェアが引き延ばされて地殻が薄くなっており、また、コロラド高原では、リソスフェアの下部が剝がれ落ちて（デラミネーション）、全体が隆起したと考えられる。このようなデラミネーションの考え方は、チベット高原にも適用されている。

図1.21　北米の山岳地帯（補足写真1.9）

a　シェラネバダ山脈の白亜紀花崗岩体（バソリス）

b　ロッキー山脈（衝上断層・褶曲帯の山脈）

c　ユタ州・ブライスキャニオン（コロラド高原の北西縁：土柱状の白亜紀～第三紀の堆積岩）

d　西テキサス・パーミアンリーフ（ベースン・アンド・レンジの東縁：二畳紀の石灰礁が露出している）

※補足写真は〈特設サイト〉（P8）へ。

chapter 1.10

アフリカ大地溝帯

図1.22
アフリカ大陸の地形
東アフリカの大地溝帯（リフト帯）が顕著である。

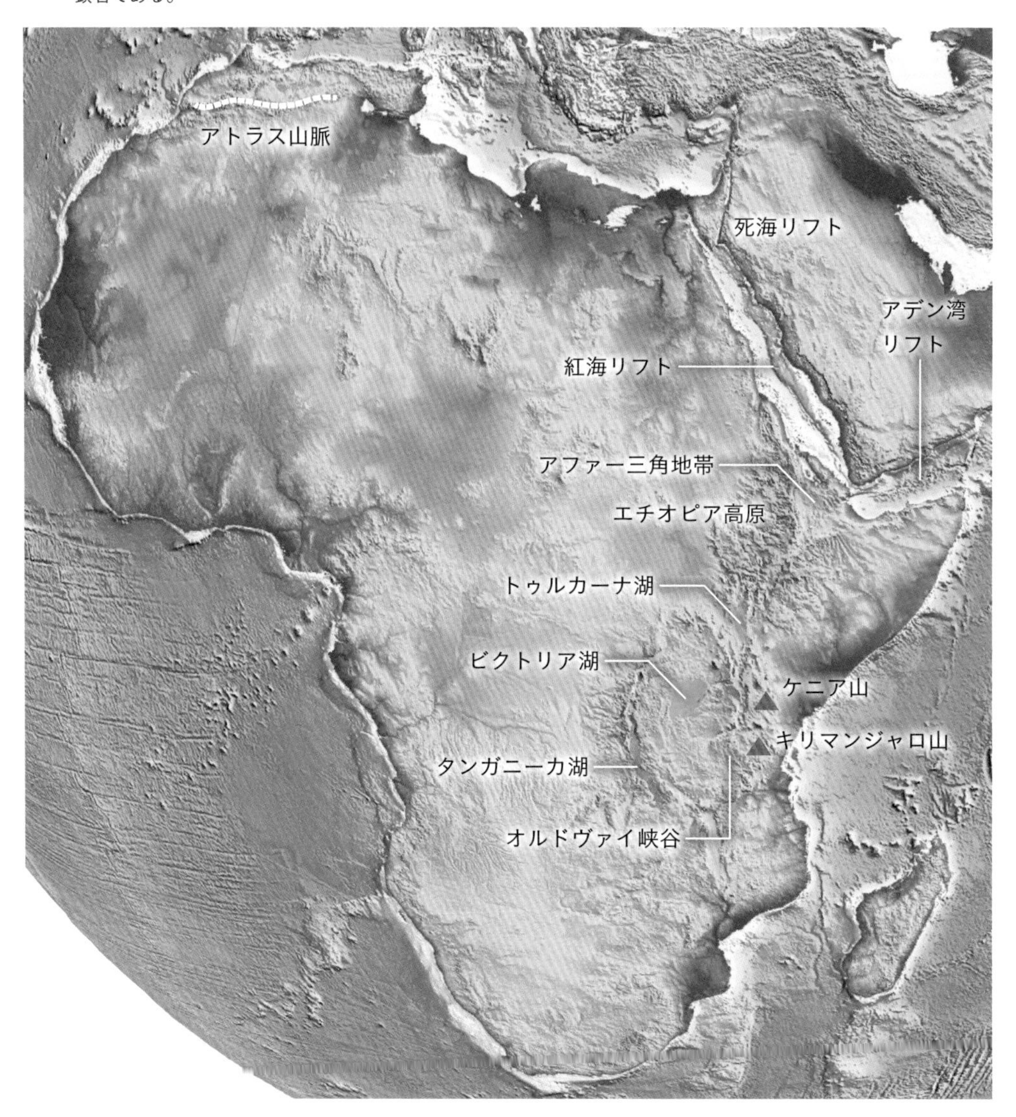

アフリカ大陸の地質は主に先カンブリア時代の安定地塊（クラトン）からなる。新生代以降、東アフリカ大陸内部では、リフト活動が進行中であり、アフリカ大地溝帯が形成されている。アフリカ大地溝帯のリフトは、北は三角低地帯（アファー三角地帯）から始まり、平均標高2000mでさらに4000m級の火山が存在するエチオピア高原を横切る（図1.22、図1.23）。エチオピア高原は洪水玄武岩で覆われている。リフトはケニアに入ると、東リフトと西リフトの2列となり、東リフトは、トゥルカーナ湖に入り、ケニア山の西を南北に通る。ここでは、無数のリフト崖と塩湖が認められる。東リフトは、さらにタンザニアに入り、キリマンジャロ山の西、人類の化石で有名なオルドヴァイ峡谷へと連なる。一方、西リフトは、ビクトリア湖西方から、タンガニーカ湖にいたる。

アファー三角地帯は、アデン湾リフトと紅海リフト、アフリカ大地溝帯から続くリフトのリフト三重会合点にあり、紅海リフトは、さらに死海リフトとそれに続くトランスフォーム断層に連続している（図1.23）。

リフトは、正断層によって陥没しており、非対称な地形を成している（図1.24）。

図1.23
大地溝帯とインド洋の海嶺のテクトニクス

➡エチオピアからアファー三角地帯にホットスポットが存在している。紅海から死海には1500万年前からアフリカ大陸とアラビア半島とが分裂するように活動を始めた海嶺とトランスフォーム断層がある。大陸分裂が進んでできた凹地に海水が浸入して紅海が形成された。アフリカ大陸の地質は、コンゴ、カープバールなどの先カンブリア時代の地質から構成されるクラトン（Craton：楯状地あるいは安定地塊と言う）と、先カンブリア時代後期におきた広範な造山運動（パンアフリカン造山：Pan African Orogeny）によって形成された変成岩・花崗岩地帯、それらを被覆する原生代以降の堆積物・火山岩類からなる。アフリカ大陸の北西縁辺のアトラス山脈（図1.22）は、衝上断層・褶曲帯を成し、古生代から中生代の地層が露出し、化石を多産する地域として知られている。インド洋のレユニオン・ホットスポットは、デカン高原（デカン・トラップ）を作ったマントルプルームと考えられている。アラビアプレートはユーラシアプレートとザグロス山脈で衝突し、衝上断層・褶曲帯を形成している。オマーンでは、その衝突によって海洋地殻・マントル最上部の断片が露出している（オマーン・オフィオライト：Oman Ophiolite）。図1.23ではトルコは、アナトリアプレートとして解釈されている。

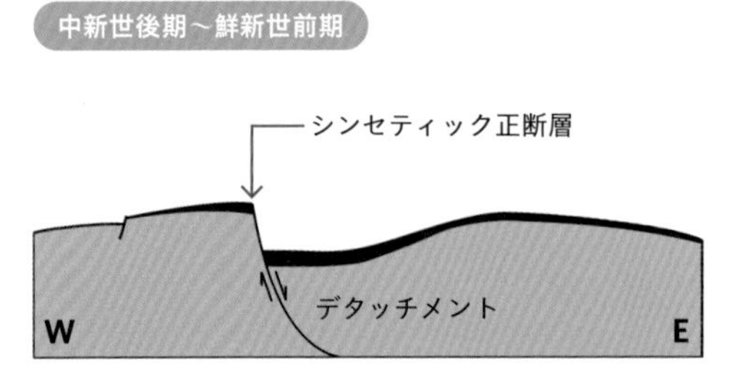

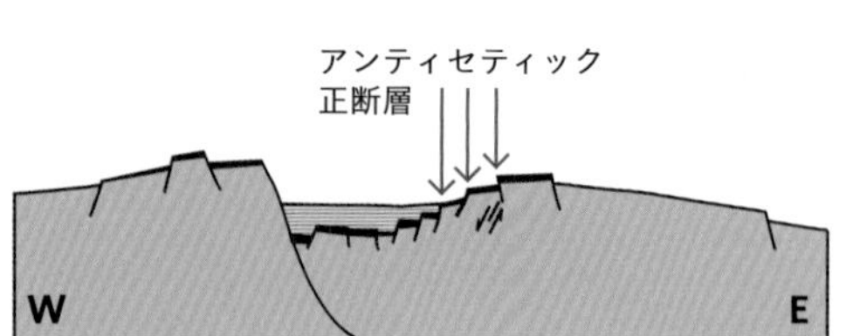

また、リフト帯の外側では高まりをなしており、リフト底には湿地や草原が発達する。これらは、リフト帯の地下ではアセノスフェアが上昇しており、リソスフェアが非対称に断裂し、アセノスフェアの一部はマグマとなって、火山活動を引き起こしていることを示している。

アフリカ大地溝帯は、大陸の分裂プロセスを教えてくれる大変重要な場所である。

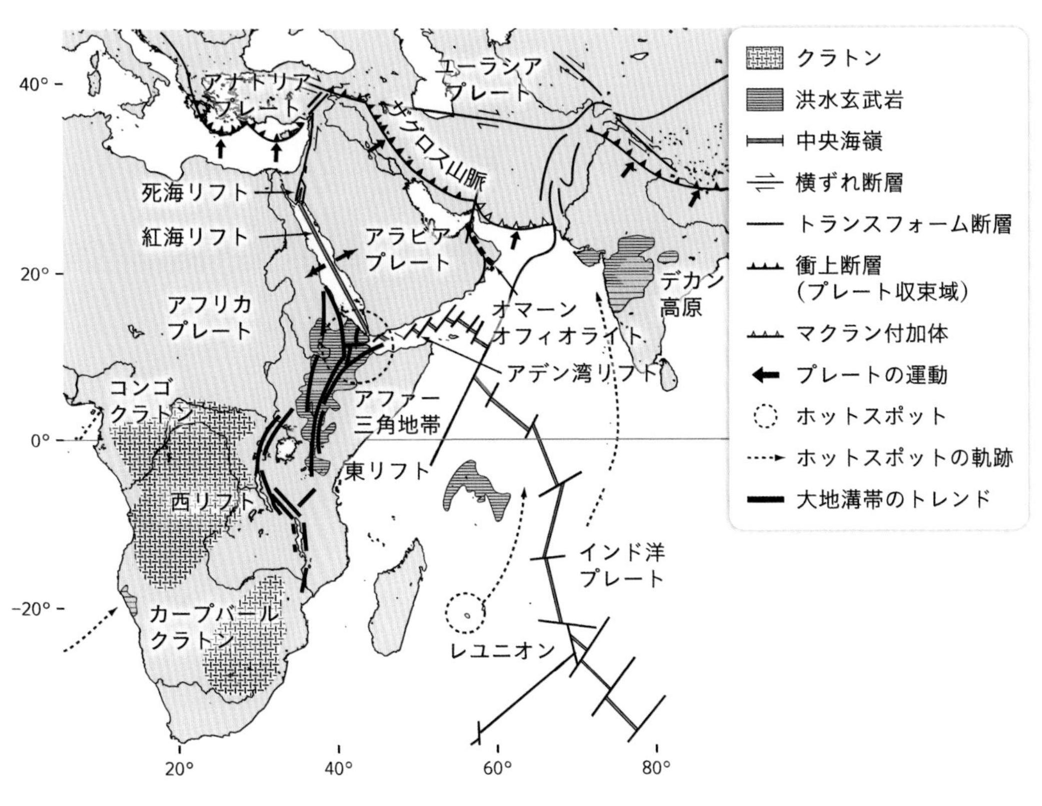

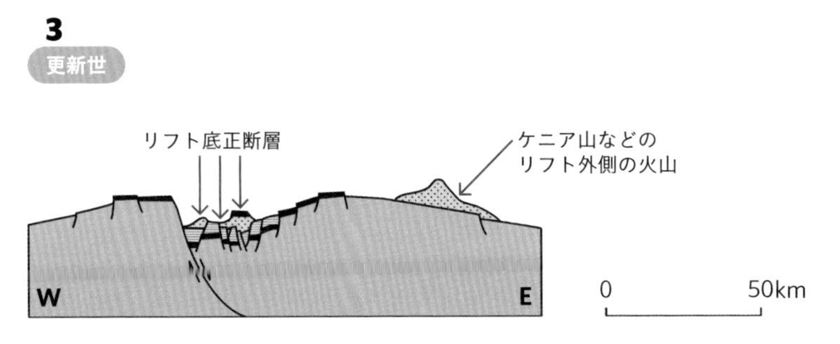

図1.24
ケニア付近のリフトの形成史
←リフトの活動は中新世から活発化し、西側にシンセティック正断層、東側にアンティセティック正断層群が発達する非対称リフト地形をなす。さらにリフトバレーの外側に大きな火山（ケニア山、キリマンジャロ山など）が発達している。

海底では、海洋プレートの誕生から消滅、
そして巨大地震、乱泥流、斜面崩壊、
火山活動、熱水噴出など、
極めて活発な地質事象が
さまざまな時間スケールで起きている。
これに伴い、物質の輸送や蓄積
そして生態系の変化など、
地球化学的、生物学的な事象もまた
大規模に起こっている。
日本列島周辺の海底を中心に、
ダイナミックな海底の姿に迫ろう。

chapter 2 海底の世界

図 2.1
インド洋の熱水噴出孔から立ち上るブラックスモーカー（水深2420m）
熱水活動は地球規模の物質循環に寄与している。

chapter 2.1

東北日本太平洋沖の海底

東北日本周囲の海底は、東側は太平洋プレートの沈み込み境界である日本海溝とそれに続く前弧域、西側は日本海東縁の活動的な構造帯（ひずみ集中帯：一部はプレート境界と考えられる）が存在している背弧域から構成されている（図2.2。P156図6.21も参照）。日本海では、富山湾からつづく長大な富山深海長谷（深海チャンネル）が顕著な地形をつくっている。

東北日本前弧域では、平坦な陸棚の海底は泥質であり、多くの生物の巣穴や這

図2.2
北海道・東北日本周辺の海底地形
太平洋側と日本海側で大きく地形が異なる。IODPの掘削サイト（赤丸）と図2.3a,b,cの地点（風船印）が示してある。

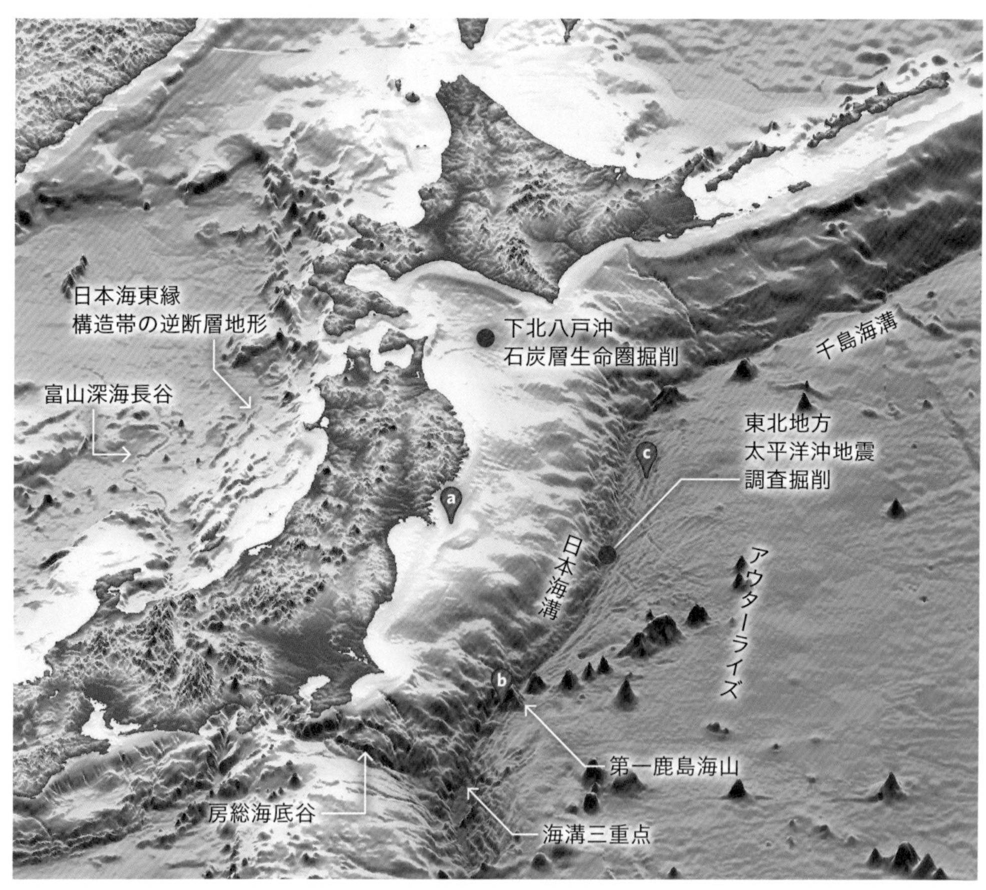

い跡が見られる。斜面上部、水深200mから500m程度の深さは、珪藻殻に富んだ泥底であり、非常に多くのクモヒトデ類が生息している（図2.3a）。1000m付近では、クモヒトデは少なくなり、巣穴の多い泥底やウミエラなどの群落が認められる。

日本海溝の陸側斜面域は、水深2000mから海溝斜面基部（およそ7000m）まで階段状の急斜面を成している。斜面には、地層が露出しており、局所的には平坦地や砂質の部分もあり、リップルマークが認められる。このようなリップルは、深海での潮汐に関係した流れによるものと推定される。階段状の地形の崖錐部などでは、シロウリガイを主とする化学合成生物群集が認められる場所があり、海溝斜面では、各所に冷湧水がしみ出ていることがわかる。

日本海溝に沈み込む太平洋プレートは、白亜紀の年代のものであり、多くの海山が存在している。その一つ、第一鹿島海山は日本海溝に衝突し、さらに沈み込もうとしている。衝突境界部では、第一鹿島海山の頂上部を構成する白亜紀の石灰岩が破断され角礫となって露出している（図2.3b）。

海溝海側斜面では、正断層にともなった開口状の割れ目が発達している。またこのような割れ目の底にマネキン人形の首が発見され、その上にウミエラが付着した事が経年観察で認められた（図2.3c）。深海にも人間活動の影響が広がっている。

日本海溝の太平洋プレート側では、プレートがゆるい高まり（アウターライズ）をつくっており、そこでは、小規模ながら特異な火山活動が存在する（プチスポット。P26図1.14a参照）。その成因については十分には分かっていないが、アセノスフェアのメルトに由来すると考えられている。

（補足写真2.1）

column 4

有人潜水船「ノチール」日仏海溝計画

平朝彦

1984、85年に日本とフランスが共同で日本周辺の海溝に挑んだ。海底地形図をつくり、地質構造を調べ、そして、潜水船「ノチール」で6000mの深海探査を集中的に行った。まさに潜水船による深海探査の始まりとなる画期的事業であった。

フランス海洋開発研究所の
有人潜水船「ノチール」
（1985年平朝彦撮影）
補足写真2.1

※コラム全文は、QRコード、または〈特設サイト〉（P8記載）へ。　※補足写真は〈特設サイト〉（P8）へ。

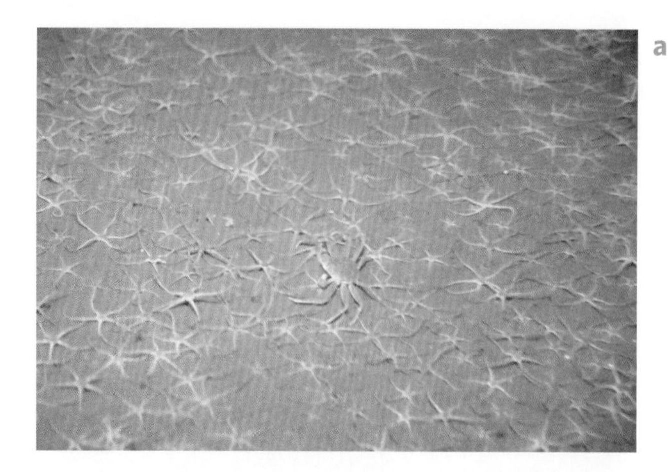

図2.3
東北日本太平洋沖の海底

a　クモヒトデの群集。三陸金華山沖、水深240m。

b　日本海溝第一鹿島海山の衝突境界部の白亜紀石灰岩の角礫。砕断面が極めて新鮮である（水深5625m）。海溝II研究グループ（1987）より

c　日本海溝底の割れ目とマネキン人形。水深6277m。1991年（左）と1992年（右）の経年変化を示す。ウミエラ類が付着した。

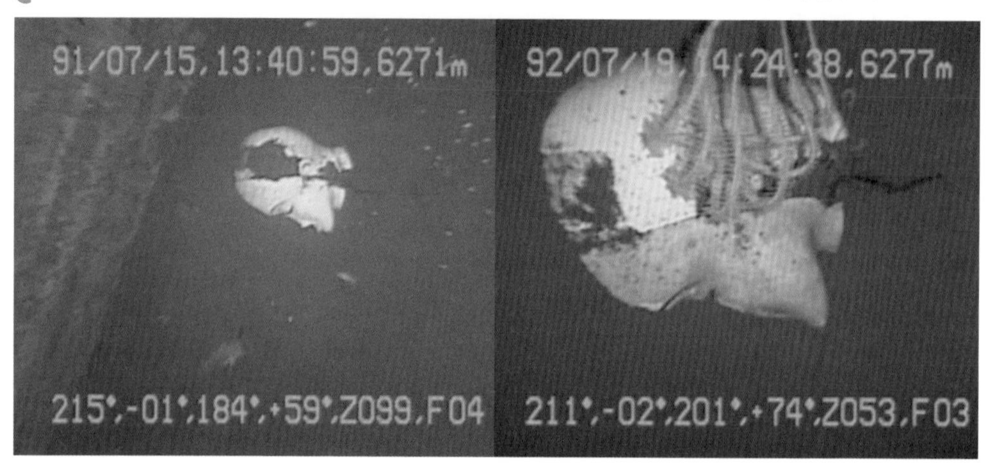

chapter 2.2

駿河トラフから南海トラフにかけての海底

図2.4
東南海トラフの海底地形
海上保安庁
海洋情報部提供

動画2.4

https://youtu.be/79-UNd7wuuk

東南海トラフはフィリピン海プレートの沈み込む海溝である(図2.4)。トラフ底は平坦であるが、東部では深海チャンネルが顕著に認められ、トラフ底に沿って東へ辿ると駿河トラフに続き、さらに富士川の河口に行き着く 動画2.4 (P113図5.2も参照)。

富士川は日本三大急流の一つといわれている。河原は、天竜川などに比べると、それほど大きくはないが、洪水時には激しい濁流が流れることで知られている(図2.6)。この濁流は、そのまま海底に流れ込み、乱泥流(混濁流ともいう)となって、駿河トラフから南海トラフへと流れ下る。

駿河トラフ底の表層は泥で覆われているが、コア(柱状試料)をとると礫層が現れ、ここに富士川から粗粒堆積物が運ばれていることが分かる。南海トラフ底もまた、泥で覆われているが(図2.7d)、コアでは淡水性の珪藻を含む砂層が現れ、タービダイトの堆積があったことが分かる。トラフ底のタービダイト層は、プレート運動によって陸側へ押しつけられ、付加体を形成している(第5章を参照)。付加体では、地層が変形し、内部からメタンを含む流体が排出されている。この結果、各所にシロウリガイ生物群集が認められ(図2.7e)、さらに冷湧水域には炭酸塩チムニーが形成されていることがある(図2.7c)。

西南日本の太平洋側には、熊野海盆、室戸海盆などの前弧海盆や高まりが存在する。前弧海盆底は、主に泥で覆われている。ウニや深海魚、多くの巣穴などがみられる。

熊野海盆には、泥火山（図2.8a）が存在し、メタンを含む泥が噴出している。ここでは炭酸塩チムニーやシロウリガイ生物群集が多く存在する。泥火山から採取したコアでは、プレート境界に相当する地下深部から上昇してきた流体が含まれており、また泥火山の中心部は、メタンハイドレートから構成されている（図2.8b）。

黒潮の影響下にある海丘では、流れによって細粒物質が流されて礫（ほとんどが軽石やスコリア）が堆積しており（図2.7b）、リップルマークなどの堆積構造が卓越している（図2.7a）。

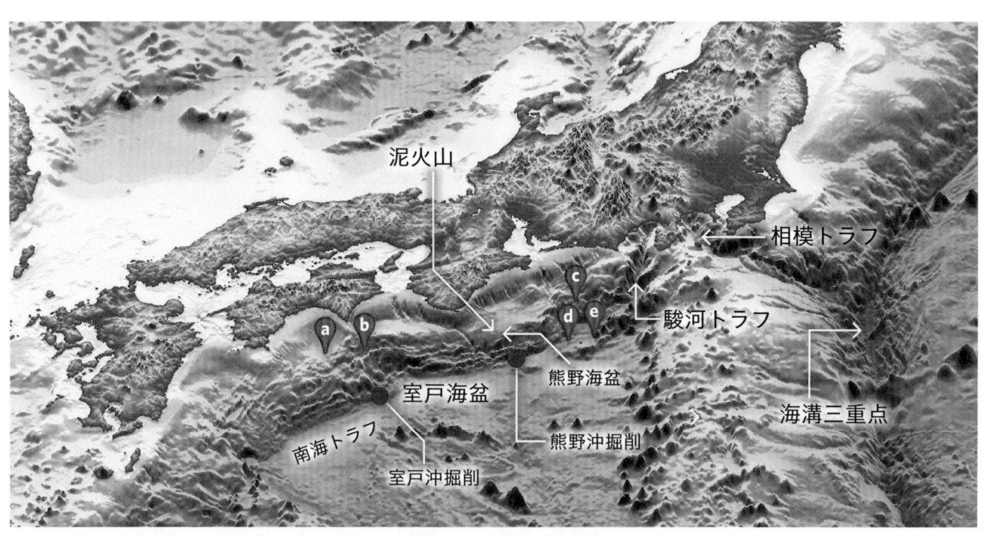

図2.5
南海トラフ・駿河トラフ・相模トラフの海底地形
フィリピン海プレートの沈み込み境界であると同時に伊豆・小笠原島弧が本州島弧に衝突している場所でもある。赤丸はIODP掘削サイト、風船印は図2.7の地点。

図2.6
富士川の河口と扇状三角州
富士川は駿河トラフと直結しており、洪水濁流が海底を乱泥流となって流れる。

図2.7　南海トラフの海底（補足写真2.2）　d、eは海溝II研究グループ（1987）より

a　高知沖水深710mの海底のリップルマーク

https://youtu.be/0ekYggxqhaE 

b　高知沖水深380mの海底の礫。黒潮の影響で細粒物質が流され軽石の円礫が密集している。

c　遠州灘第2渥美海台の炭酸塩チムニー（水深1140m）

https://youtu.be/PtZPpLljv58 

d　南海トラフ天竜海底谷周辺の海底（水深2989m）

https://youtu.be/MH0G_VXvaU0 動画2.7.d

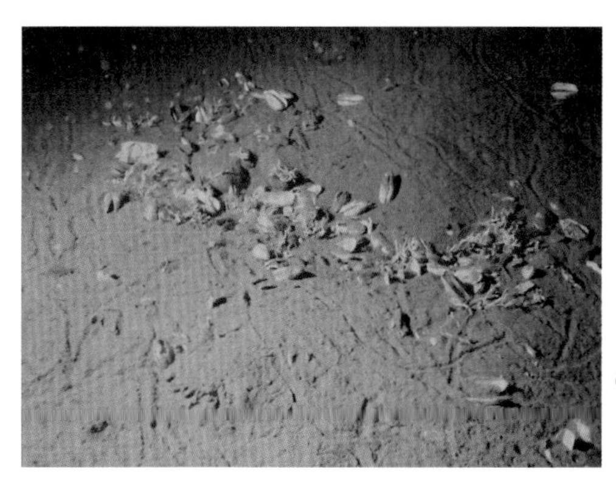

e　南海トラフ天竜海底谷周辺の化学合成生物群集（水深3851m）

※補足写真は〈特設サイト〉（P8）へ。

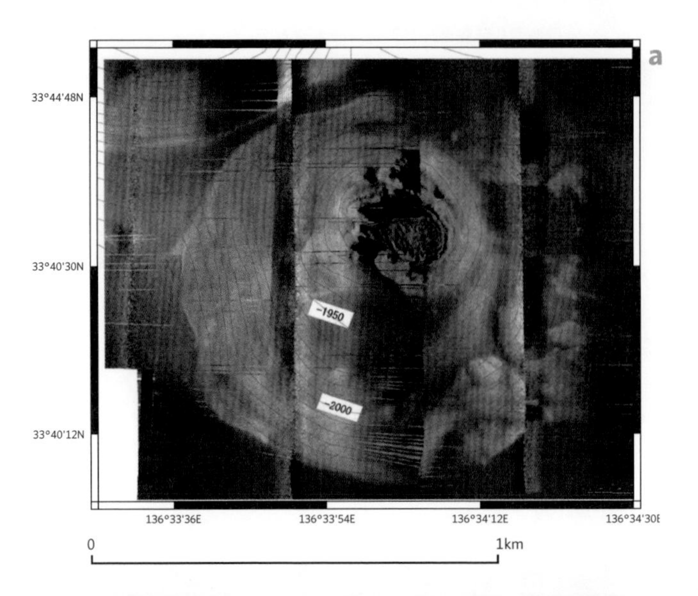

図 2.8
熊野灘の泥火山

地震発生領域から熱水が上昇して形成されたと考えられる。

- **a** 泥火山のサイドスキャンソナーのイメージ。等深線は水深。
- **b** 泥火山から採取されたメタンハイドレート

chapter 2.3

相模トラフと東京海底谷

相模トラフもまた、プレート境界であり、伊豆・小笠原島弧が衝突、沈み込んでいる（図2.9）。伊豆衝突帯は、陸上では、御坂、丹沢などの山地を形成しており、相模トラフから深海部への延長は、房総海底谷から、日本海溝・相模トラフそして伊豆・小笠原海溝の海溝三重点域へと続いている（P44図2.2、P48図2.5）。海溝三重点域は、水深が9000mを超し、そこには2000mに達する堆積物があるので、玄武岩質海洋地殻の最上部までは約1万1000mの深さがあり、世界最深部の一つである。

相模トラフの中軸部は、陸上へは、酒匂川と連結している。これは、富士川が駿河トラフの中軸チャンネルに連結しているのと同じ関係である。一方、付加体の変形フロントをなす断層（前縁スラスト）は、陸上では国府津－松田断層帯へと続いており、付加体は陸上では大磯丘陵を形成している（図2.9）。

相模川の平野部は、斜面海盆に相当しており、相模川の延長は、海底峡谷をつくり、付加体変形フロントを横断して、相模トラフの中軸チャンネル部へと繋がっている。三浦半島には、三浦層群などの付加体と上総層群などそれを被覆する前弧海盆の地層などが分布する（第7章）。

海底においては、相模トラフの中軸部は泥質であるが、斜面には、変形した火山砕屑岩層と泥岩層の互層が認められ、三浦層群相当層が分布していると考えられる。

伊豆半島初島沖には、断層活動と温泉水起源の海底湧水が起こっており、シロウリガイ化学合成生物群集が分布している（図2.10a）。

相模トラフには、東京湾から深い海底峡谷（東京海底谷）が連結しており、深海ではあるが、豊富な栄養が供給されている。それを基礎とした特異な深海生物群集が存在し、深海サメの仲間やその他の深海魚、ウニ、ナマコ、ホヤ、ウミエラ、ウミユリなどが認められる（図2.10b）。鯨の遺骸を沈めて、その消費過程を観察した結果、大型動物の活発な食餌活動が撮影されている（P66図2.22）。大都市近郊の深海域、それが相模トラフである。

図2.9
相模トラフ地形図

相模トラフは、プレート境界に位置し、海底のプレート境界断層（前縁スラスト）は陸上の国府津－松田断層帯に連続している。酒匂川、相模川、東京湾からの海底谷がトラフ軸へと続いている。aとbは、図2.10の地点が示してある。

図2.10　相模トラフの海底（補足写真2.3）：※補足写真は〈特設サイト〉（P8）へ。

a　初島の湧水生物群集（水深854m）

b　ナマコの群集　相模湾三崎海丘（水深1193m）

chapter 2.4

沖縄トラフの海底

沖縄トラフは、現在も拡大中の背弧海盆である（図2.11）。ここは、火山活動、リフトテクトニクス、東シナ海からの堆積作用の複合した地形をなし、さらに熱水活動が盛んである。沖縄トラフにおいて、中部では島弧火山活動と背弧火山活動が同時に起こっており、南部は背弧火山活動が卓越する。鳩間海丘や伊平屋海丘などでは、熱水のチムニー群

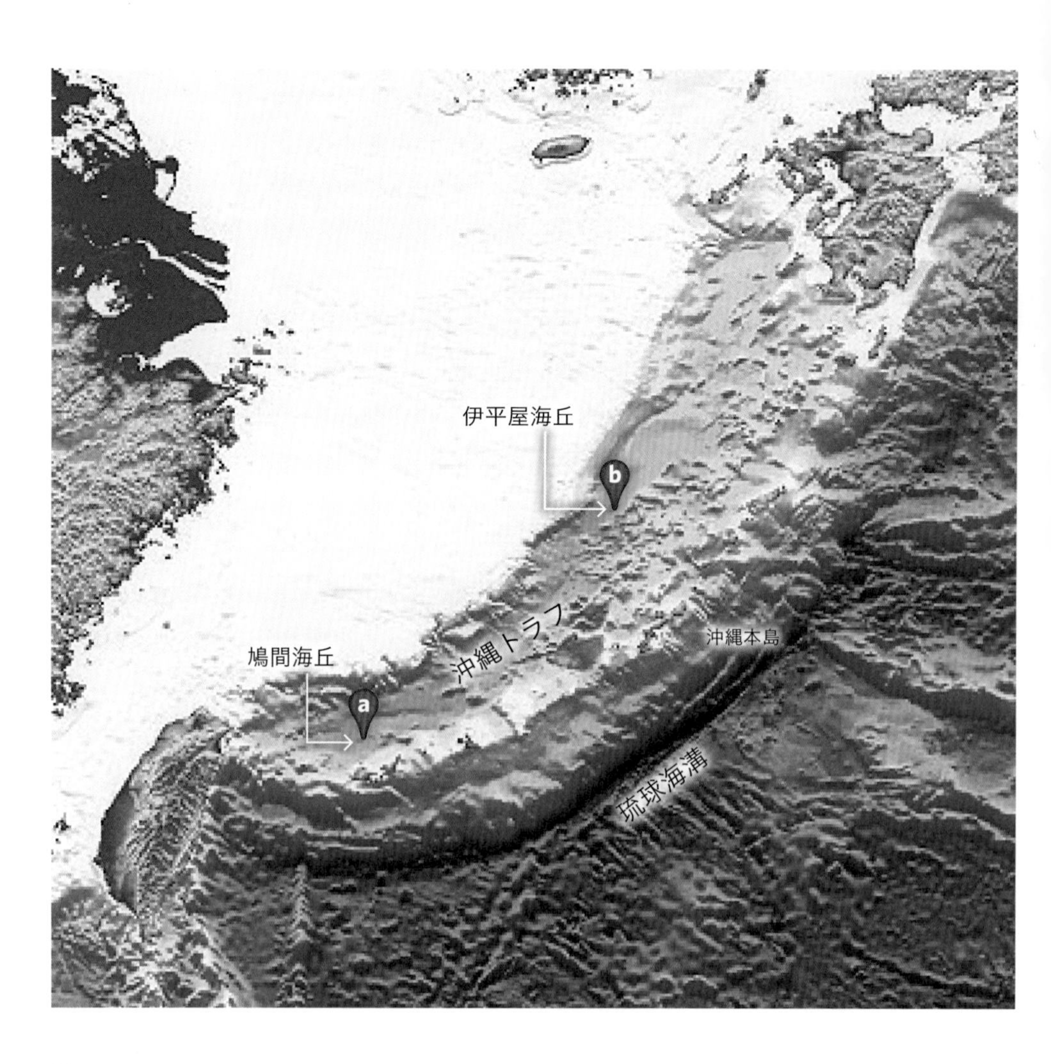

が存在し、シンカイヒバリガイやゴエモンコシオリエビなどが密集した群集が認められている（図2.12）。

地球深部探査船「ちきゅう」による伊平屋海丘の掘削では、チムニー下部の地層中には、差し渡し数kmもの熱水プールが存在しており、そこに黒鉱に相当する硫化鉱物が集積していた。また、掘削孔から新たなチムニーの形成が行われ、それが1年で8mもの高さに成長することも分かった。掘削孔周辺では、数ヵ月後に、新たな熱水活動により海底の生物群集に大きな変化が現れ、ゴエモンコシオリエビの大群集が出現した場所もあった。これらの海底の熱水システムの変化にともなう劇的な変貌は、種々の海底探査・観測を組み合わせることによって明らかになってきた。

図2.12（補足写真2.4）

a 「しんかい6500」が探査する鳩間海丘の熱水チムニー（水深1526m）。鳩間海丘では、ホワイトスモーカーとゴエモンコシオリエビの大群集をともなう大きなチムニー群が存在する。

動画2.12.a

https://youtu.be/FUmavz9wd5Q

b 伊平屋海丘での掘削前に観察されたシロウリガイ生物群集（水深1060m）。

※補足写真は〈特設サイト〉（P8）へ。

図2.11
沖縄トラフ地形図

⬅沖縄トラフは水深1000〜2000m程度の背弧海盆であり、琉球列島（南西諸島）、琉球海溝とともに沈み込み帯の地形配列を構成している。
a、bは図2.12の地点。
（補足写真2.4）

chapter 2.5

フィリピン海プレートと太平洋プレート

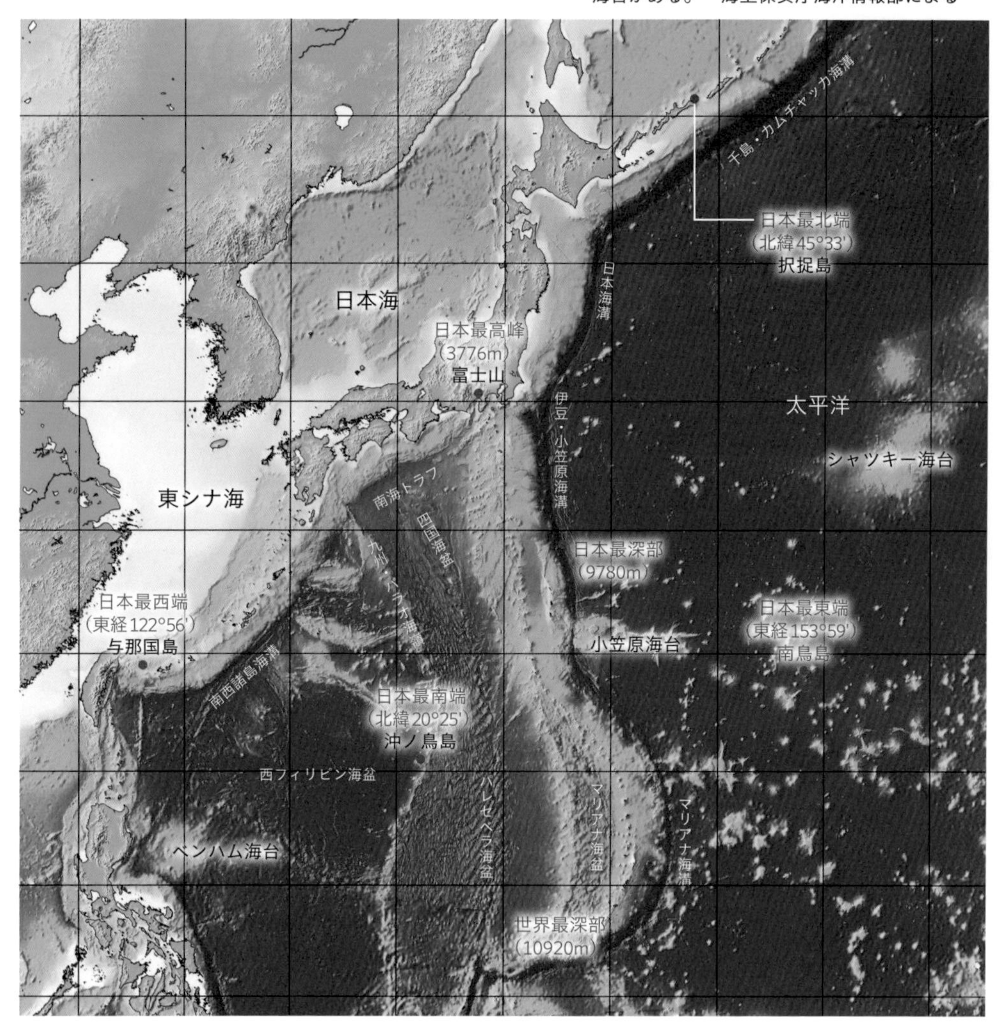

図 2.13
日本列島周辺海域の地形図

伊豆・小笠原海溝とマリアナ海溝の西側には伊豆・小笠原島弧とマリアナ島弧が存在し、マリアナ島弧の背後には現在拡大中の背弧海盆であるマリアナ海盆が存在する。四国海盆からパレセベラ海盆は非活動的な背弧海盆であり、その西には古島弧の九州・パラオ海嶺、古島弧や海台を有する古い西フィリピン海盆が存在する。太平洋プレート上は多数の海山や海台がある。　海上保安庁海洋情報部による

日本列島の南には、伊豆・小笠原島弧、マリアナ島弧が存在し、さらにその背弧には、マリアナ海盆（トラフ）、四国海盆、パレセベラ海盆が開けている（図2.13、P20図1.11）。その西側には、古島弧（あるいは残存島弧ともいう。現在は火山活動はしていない）である九州・パラオ海嶺がある。四国海盆とパレセベラ海盆は2500万年前から1500万年前まで拡大した背弧海盆である。九州・パラオ海嶺の西は、西フィリピン海盆とよばれ、新生代前期の古い海洋地殻、古島弧（奄美海台、大東海嶺など）、あるいは海台（沖大東海嶺の一部、ベンハム海台など）などからなり、その生い立ちについてはよく分かっていない。南西諸島海溝（琉球海溝）には、西フィリピン海盆の一部が沈み込んでいる。

一方、太平洋プレート上では、多数の海山群が認められる。西太平洋のプレートは、ジュラ紀から白亜紀に形成された世界でも最も古い海洋底であり、その上に白亜紀から新生代前期にかけて誕生した海山が存在する。南鳥島は、太平洋プレート上にある唯一の日本の領土であり、その周囲200海里が日本の排他的経済水域となっている。その中には拓洋第5海山のような巨大な平頂海山（ギョー）が存在し（図2.14a）、その西には小笠原海台へと続く海山列がある。これらのギョーは、海底マンガン堆積物に覆われている（図2.14b）。また、付近の海洋底に堆積した遠洋性粘土層には、高濃度のレアアースを含む泥層が発見されており、マンガン団塊も発見されている。南鳥島周辺は海底資源の宝庫である。小笠原海台は伊豆・小笠原海溝で伊豆・小笠原島弧と衝突しており、海台の一部が島弧陸側斜面に付加されていることが知られている。（図2.14c）。

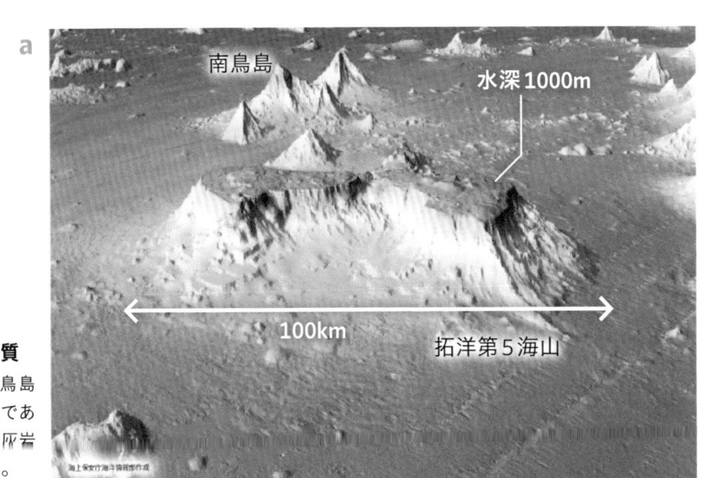

図2.14
拓洋第5海山と小笠原海台の地形と地質

a　拓洋第5海山は、南鳥島南方にある平頂海山であり、白亜紀の礁性石灰岩がキャップしている。

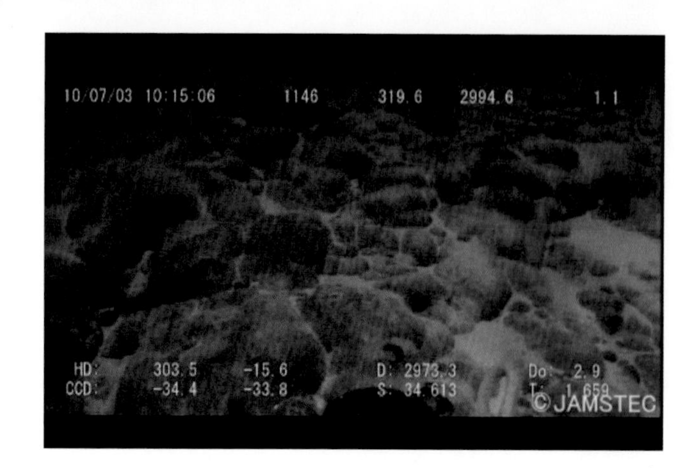

b

図2.14
拓洋第5海山と
小笠原海台の地形と地質

b　無人探査機（ROV）「ハイパードルフィン」による拓洋第5海山のムービー。海底はコバルトリッチ・マンガンクラストに被覆されている（水深2971～2974m）。

動画2.14.b

https://youtu.be/L7Oaxe2EbWs

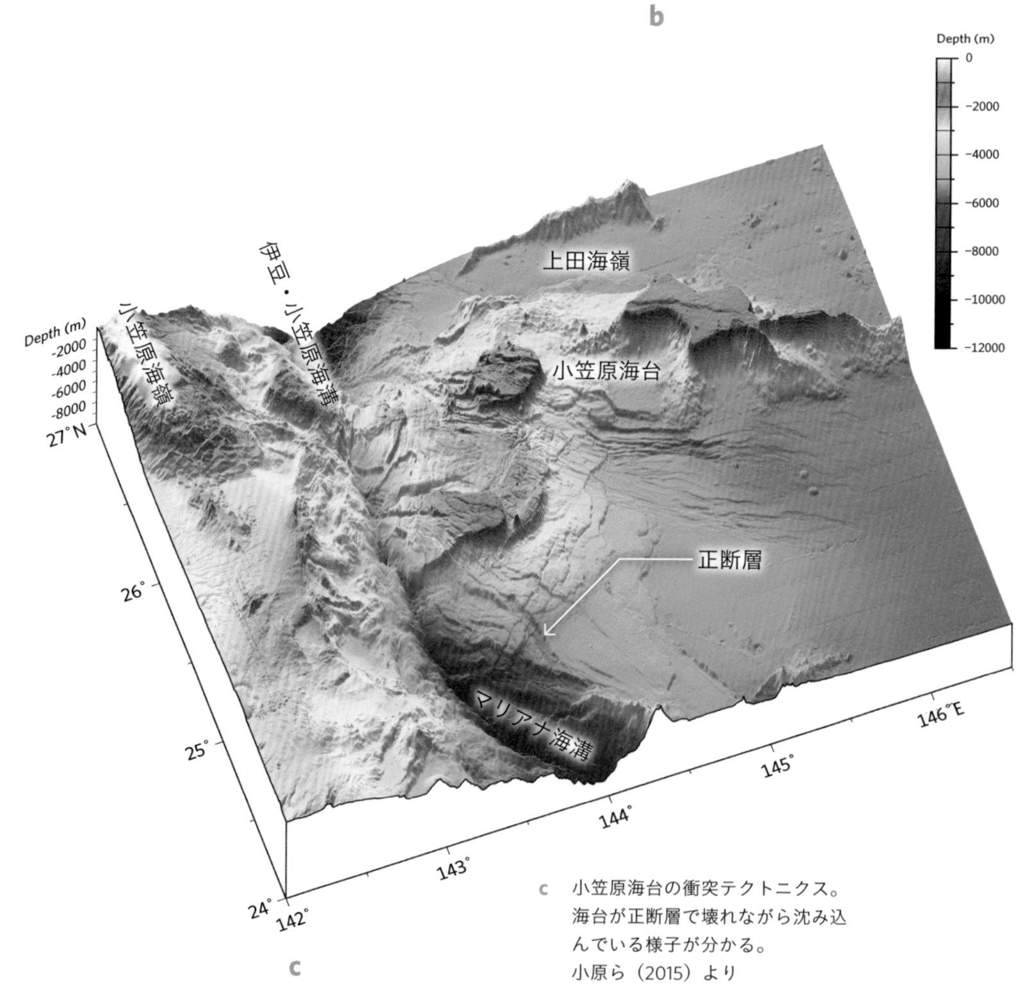

c

c　小笠原海台の衝突テクトニクス。海台が正断層で壊れながら沈み込んでいる様子が分かる。
小原ら（2015）より

chapter 2.6

熱水活動の驚異

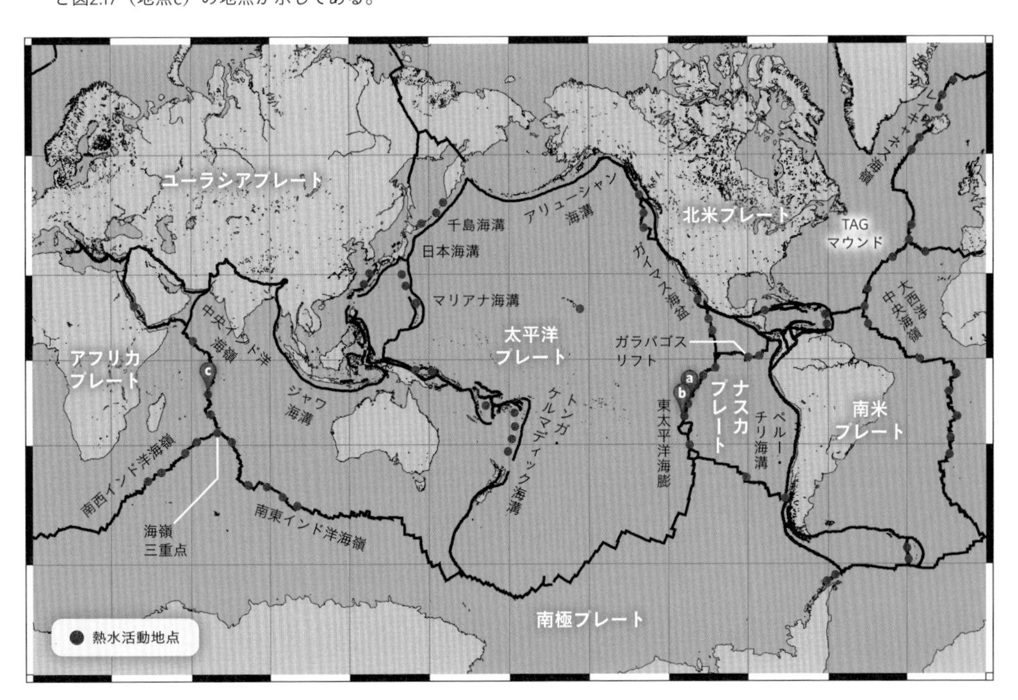

図2.15　世界の熱水活動地点
主に中央海嶺、弧状火山列島、背弧海盆に沿って存在している。図2.16（地点a、b）と図2.17（地点c）の地点が示してある。

海底における熱水活動とそれに伴う特異な生態系の発見は、近年の海底探査における最大の成果の一つである。熱水活動は、海底下のマグマと海水の反応によって引き起こされる。熱水活動域は世界各地の中央海嶺、背弧海盆、火山弧、ホットスポットなど海底火山の活動域で見つかっている（図2.15）。

東太平洋海膨に続くガラパゴス・リフトでは、世界で最初に熱水活動に伴う化学合成生物群集が発見された。ここでは、巨大なシロウリガイやハオリムシ（チューブワーム）が生息している。JAMSTECの調査では、東太平洋海膨でも熱水生物群集が発見されている（図2.16b）。

大西洋中央海嶺では、非常に大きな熱

水のマウンドの存在が知られている。TAG熱水マウンドは、高さ50m、差し渡し200mほどあり、山頂部からは熱水が噴出している。「しんかい6500」および国際深海掘削計画の探査によって、このマウンドは、硫化鉱物と重晶石からなる複合体であることが分かってきた。

インド洋の中央海嶺（中央インド洋海嶺、南東インド洋海嶺、南西インド洋海嶺）は、拡大速度の小さい海嶺であり、複雑なテクトニクスの作用が起こっており、一部で海洋地殻下部やマントルが露出している。

中央インド洋海嶺および海嶺三重点付近では、JAMSTECのグループによって、初めて熱水活動の存在が確認された。エビの仲間の群集したチムニーやブラックスモーカーが認められ、また硫化鉄の外皮をもつ珍しい巻貝類（スケーリーフット）が見つかった（図2.17）。

弧状列島や背弧海盆での熱水活動は、陸上の黒鉱鉱床の海底におけるアナロジーと考えられており、鉱床の起源の解明や鉱山の開発の指針を得る上で大切な研究対象である。また、熱水活動とそれに伴う生物群集は、生命の起源を知る上で極めて重要なフィールドと考えられている。

図2.16　東太平洋海膨の熱水活動

a　チムニーから立ち上るブラックスモーカー（水深2622m）

https://youtu.be/mWC7emPZhNc

b　巨大なチューブワーム（ハオリムシ）（水深2596m）

https://youtu.be/Ew5oTrNgpNQ

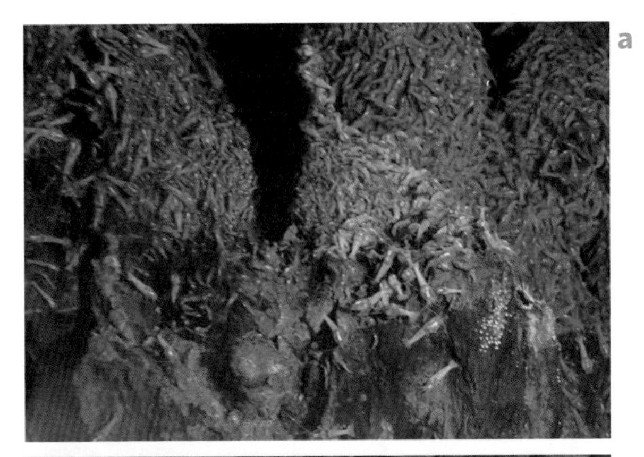

図2.17
中央インド洋海嶺の熱水活動

a　ブラックスモーカーとそれを取り巻く生物群集（水深2443m）
b　スケーリーフットの群集（水深2423m）
c　硫化鉄外皮をもつスケーリーフットの個体
d　硫化鉄外皮をもたないスケーリーフット

動画2.17

https://youtu.be/6mChtjAgYGs

column 5

世界の熱水活動を語る

JAMSTEC
川口慎介

東シナ海・沖縄トラフの伊平屋北熱水域
（2010年9月「ハイパードルフィン」第1189潜航）

ようやく海底が見えた。赤茶色の砂が堆積した斜面から、枕状溶岩がところどころ顔を出している。底生生物の姿は見えない。まだ熱水域までは距離があるようだ。斜面は登るにつれ急峻になり、岩石の露出が多く、全体に赤みが増してくる。噴出口に近づいている感じがする……。あった。林立する10mクラスのチムニー群の1つから、黒い煙がモウモウと噴出している。これこそが「ブラックスモーカー」だ。

※コラム全文は、QRコード、または〈特設サイト〉（P8記載）へ。

chapter 2.7

深海の生態系

太陽光エネルギー

光合成生態系

植物プランクトン

藻場

シラスウナギ

動物プランクトン

サンゴ礁

魚類の産卵

イトマキエイ

コバンザメ

イワシ

クロマグロ

ムラサキクラゲ

アカクラゲ

サクラエビ

オキクラゲ

マリンスノー

ホウライエソ

硫化水素や
メタンの
エネルギー

ハダカイワシ

チョウチン
アンコウ

化学合成生態系

熱水噴出孔

アルビンガイ

フクロウナギ

ユノハナガニ

ミツマタヤリウオ

ユメナマコ

ハオリムシ

シロウリガイ

イソギンチャク

センジュ
ナマコ

シンカイヒバリガイ

ソコボウズ

ナガヅエエソ

海洋表層（海面から200m程度の深度まで）では、光合成によって植物プランクトンが盛んに生物生産を行っている。植物プランクトンは、オキアミ類やカイアシ類などの動物プランクトンの餌となり、これらのプランクトンは、魚類や鯨などの大型の動物によって捕食される。さらにプランクトンの遺骸や糞などは、マリンスノーとなって沈降してゆく。海底では、降り積もった有機物を栄養の基礎としたさまざまな生物が生態系を構成している。この中で、中層から深層にかけての海中、また深海底における生態系についてはまだまだ未知な分野である（図2.18）。大型の動物が、表層から400～1200mの海中へと捕食を続ける行動については、最近になって、バイオロギング技術によって分かってきた（図2.19）。

深海底で、鯨の骨が見つかることがある。鯨の遺骸は、海底に沈むと、たちまちのうちに、ヌタウナギなどに食べられ骨格だけとなってしまう（図2.20）。鯨骨

図2.18　海洋の生態系

←海洋には太陽光エネルギーを基礎とする光合成生態系と、熱水などの化学反応を基礎とする化学合成生態系が存在する。

図2.18では、海洋生態系（Marine Ecological System）を構成する生物群の中で、光合成生態系、化学合成生態系の主な生物、そして魚類、クラゲ、ナマコを主体に表層から深海底の世界を描いている。海洋表層では、珪藻、石灰質ナノプランクトン(円石藻)などの光合成植物プランクトン、それを摂取するカイアシ類やオキアミ類などの動物プランクトンが生物生産の基礎となっている。イワシなどの浮き魚類の他に、イトマキエイやジンベイザメを含む大型魚類の仲間も、この基礎生産そのものに依存している。イワシなどの小型魚類は、マグロ、鯨などの大型生物の餌となり、さらに数百mの水深では、動物プランクトンやマリンスノーを摂取するハダカイワシ、サクラエビ、イカなどの密生層が存在しており、この層もまた、大型生物の捕食ターゲットとなっている。図2.19で示したように、400mから1200mの中深層へ、さまざまな生物が潜水しており、盛んに捕食をしていると推定されている。例えば、アメリカオオアカイカは、水深400m付近に密集して生息しており、大型生物の捕食対象となっている可能性がある。さらに深海では、発光生物の世界があり、光に満ちた不思議な世界が広がっている。魚類では、今まで発見された最も深い水深は、8178mである（図2.23）。また、マリアナ海溝のチャレンジャー海淵の海底では、ナマコの仲間、カイコウオオソコエビ（エビの仲間ではなく、フナムシに近縁の甲殻類）が認められた。魚類は、環境に適応するためのさまざまな特異な形態を有している。

深海の底棲生物（P53図2.10a、b）には、棘皮動物としては、ウミユリ、ヒトデ、クモヒトデ、ウニ、ウミシダ、ナマコなどが知られており、節足動物としては、ウミグモ、オオグソクムシ、オオソコエビ、エビ、カニ、海綿動物しては、多様なカイメン、カイロウドウケツなどがある。また、刺胞動物としては、ヒドロ虫綱、ウミテングサ、ウミトサカ、ウミウチワ、キンヤギ、ウミヤギ、イソギンチャク、クラゲ、軟体動物として、バイガイやホラガイなどの巻貝類、尾索動物としてオオグチボヤなどが知られている。

化学合成生物群集については、本文やコラム、用語解説でも紹介するが、底棲生物には、浅海から深海まで、表層からのフラックス（餌や有機物の流入）のみならず、海底下からのメタンなどのフラックスへの依存（体内共生細菌）やバクテリアマットを基礎とする生態系などを巧みに利用する生存戦略（例えば図2.21を参照）を兼ね備えている生物も存在していると推定できる。地質時代に海洋の構造が異なっていた時期（例えば、全球凍結の時代や海洋無酸素事件の時代）、また人間の活動の影響が深海にまで及んでいる現在、あるいは未来の海洋において、海洋生態系はどのように変化したのか、今、どうなっているのか、これからどうなるのか、大きな研究課題である。

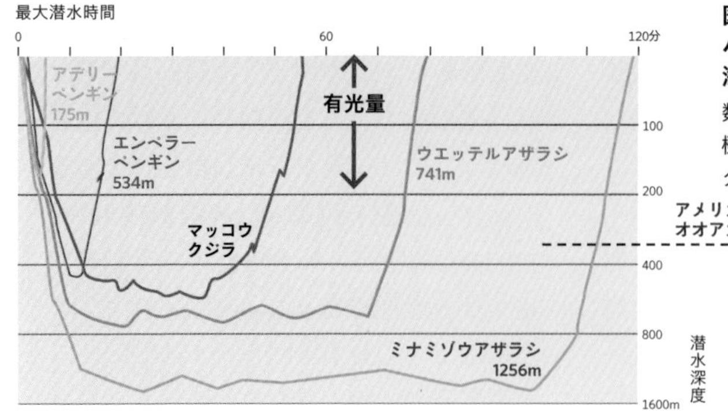

図2.19
バイオロギングなどで見た海棲動物の行動
数百m以上まで潜水する動物がいる。極地研究所　内藤靖彦などによるデータを編集

は油脂分に富み、ホネクイハナムシなどの住処となり、独自の化学合成生物群集が発達する（鯨骨生物群集）。木材もまた、深海に沈んで、時に特異な生態系を育む（沈木生物群集）。このように、深海では、表層からの生物遺骸も重要な生態系の構成要素となっている。

一方、海底から海中への物質のフラックスは、熱水、冷湧水などの局所・集中的なフラックスのみならず、時に広範囲で起こっている可能性がある。たとえば、メタンハイドレートが海底付近に広く存在するような場所では、メタン湧水に伴うバクテリアマットなどが形成され、それを捕食するさまざまな生物が認められる。日本海の上越沖で、東京大学生産技術研究所海中工学センターの無人潜水船「ツナサンド」がベニズワイガニの群集

column 6

海底表面で起こっていること

JAMSTEC
小栗一将

海洋の表面では植物プランクトンが増殖し、海底には、水中での分解を免れたこれらの遺骸が有機物の塊として降り積もっている。従って、海底での有機物の分解過程を知ることは、地球のしくみの一端を解明することにつながる。深く広大な海底を訪れ、現場で化学分析を行うことは容易ではなかったが、観測装置を海底まで運び、回収を行うための道具や、精度の高いセンサの出現によって、より詳細な海底での炭素のゆくえが明らかになりつつある。

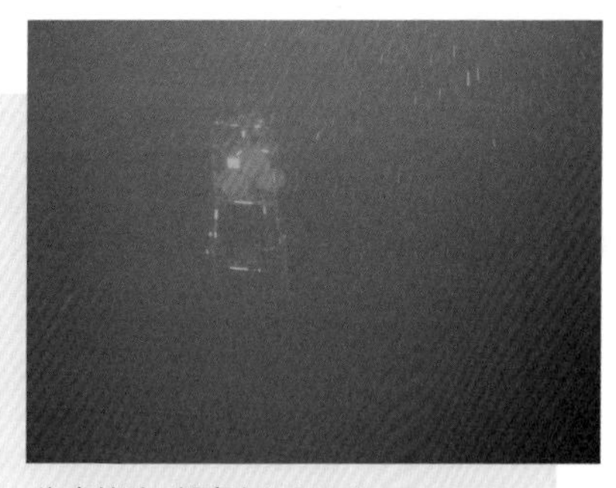

海底付近で観察されたマリンスノー。名前の通り、海底に降り積もる雪のような姿をしており、前方の海底観測装置が霞んで見えている。この写真は2006年3月25日、相模湾の水深1500m付近において、無人探査機（ROV）「ハイパードルフィン」のデジタルカメラによって撮影された。

※コラム全文は、QRコード、または〈特設サイト〉（P8記載）へ。

図 2.20
鯨の遺骸を食べる生物
ヌタウナギなどが群がっている(水深922m)。

動画2.20

https://youtu.be/n96K95D8Xic

を水深1000mの海底で撮影した(図2.21)。このような底棲生物の群集には、メタンを含む湧水との関連が示唆される。地すべり・乱泥流などによって堆積物中の物質が海中へ放出される場合にも、栄養環境に影響を与える。

深海において、表層から海底へ、また海底から海中への物質フラックスがどのように生態系を支えているのか、より定量的な研究がこれからの重要な課題である。

図 2.21
ベニズワイガニの群集
メタンの湧水に集まっていると推定される。
浦環教授提供

column 7

化学合成生物群集

JAMSTEC
豊福高志　吉田尊雄
土田真二　長井裕季子

熱水域や湧水域には化学合成生物群集が存在する。これらは硫化水素などの化学エネルギーを利用できる化学合成細菌とさまざまな形で共生する。海底から得られるエネルギーに支えられ、シロウリガイやゴエモンコシオリエビなどが大規模コロニーを形成し、深海において特異的に大きな生物量を擁する。我々はこれらの共生生物を材料に、細菌が共生によりオルガネラへと進化する過程を解明する事ができると考え、その解析を進めている。

深海には大規模な化学合成生物群集が存在しており、真核生物の進化を紐解く鍵が隠されている。

※コラム全文は、QRコード、または〈特設サイト〉(P8記載)へ。

図2.22
相模トラフ・初島沖の鯨骨生物群集
ホネクイハナムシなど独特な生物が鯨骨の栄養に依存している（水深927m）。

8000mを超す深海では、水圧がタンパク質の機能などに影響を与えると考えられ、どのような生物がこのような極限の環境に適応できるのか、科学的興味は尽きない。たとえば、魚類は、今まで撮影された最大の深さは、マリアナ海溝においてJAMSTECのランダーが撮影したもので、8178mである（マリアナスネールフィッシュ；シンカイクサウオの仲間：図2.23）。1万mを超すチャレンジャー海淵では、ヨコエビ、ナマコの生息が確認されており、堆積物中には、有孔虫などの原生生物や微生物が確認されている。魚類の生息限界探査など、超深海生態系の新たなる観測が求められている。

図2.23
マリアナ海溝で撮影された魚
マリアナスネールフィッシュ（水深8127m）。

動画2.23

https://www.youtube.com/watch?v=3yG_sfow11Q

column 8

鯨骨生物群集

JAMSTEC
藤原義弘　河戸勝
宮本教生

海底に沈んだ鯨遺骸周辺には「鯨骨生物群集」と呼ばれる生物群が形成される。鯨の骨に根を下ろし、骨から直接栄養を吸収する動物や、骨の腐敗に伴い発生する硫化水素を利用して有機物をつくり出すことのできる細菌、それら細菌と共生関係を営み、栄養依存する動物など、通常の深海底では目にすることのできない多種多様な生きものが鯨の骨とともに暮らす。海洋生物の多様性から進化まで生物学の面白みが凝縮している鯨骨生物群集について3つのトピックを紹介する。

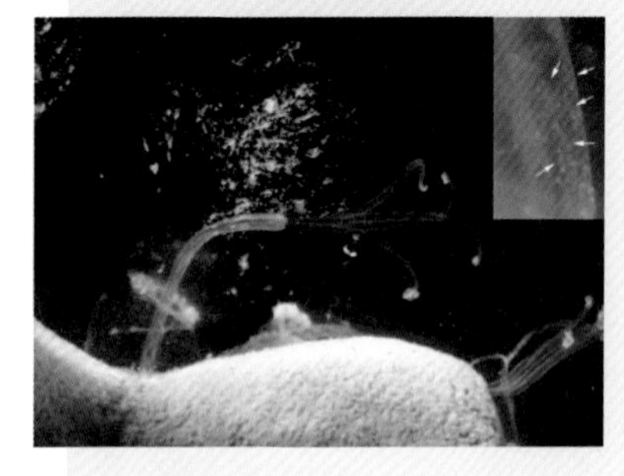

骨から姿を現すホネクイハナムシ（雌）。白い粒状のものは卵。雌の体表を覆う、無数の雄。

※コラム全文は、QRコード、または〈特設サイト〉（P8記載）へ。

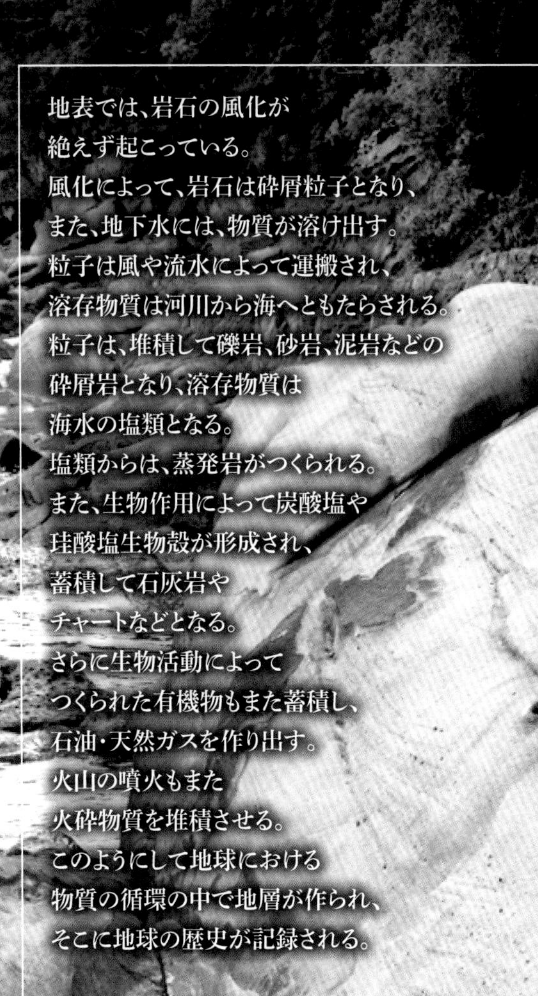

地表では、岩石の風化が
絶えず起こっている。
風化によって、岩石は砕屑粒子となり、
また、地下水には、物質が溶け出す。
粒子は風や流水によって運搬され、
溶存物質は河川から海へともたらされる。
粒子は、堆積して礫岩、砂岩、泥岩などの
砕屑岩となり、溶存物質は
海水の塩類となる。
塩類からは、蒸発岩がつくられる。
また、生物作用によって炭酸塩や
珪酸塩生物殻が形成され、
蓄積して石灰岩や
チャートなどとなる。
さらに生物活動によって
つくられた有機物もまた蓄積し、
石油・天然ガスを作り出す。
火山の噴火もまた
火砕物質を堆積させる。
このようにして地球における
物質の循環の中で地層が作られ、
そこに地球の歴史が記録される。

図3.1
高知県竜串の斜交葉理を示す砂岩層
堆積構造から堆積環境を推定してゆく。

chapter 3 地層のでき方

chapter 3.1

地層のできる場所

堆積物が蓄積している場所は、そのプロセスを反映して特徴的な地形を形成する。この堆積地形が形成される場を総称して堆積環境という（図3.2）。堆積物は大きく分けて、砕屑粒子（火山砕屑粒子を含む）、バイオミネラリゼーションによって形成された生物起源粒子、有機物、そして化学・蒸発沈殿物から構成される。

砕屑粒子は山岳地帯で多く生産され、河川によって運搬され、山麓で扇状地を

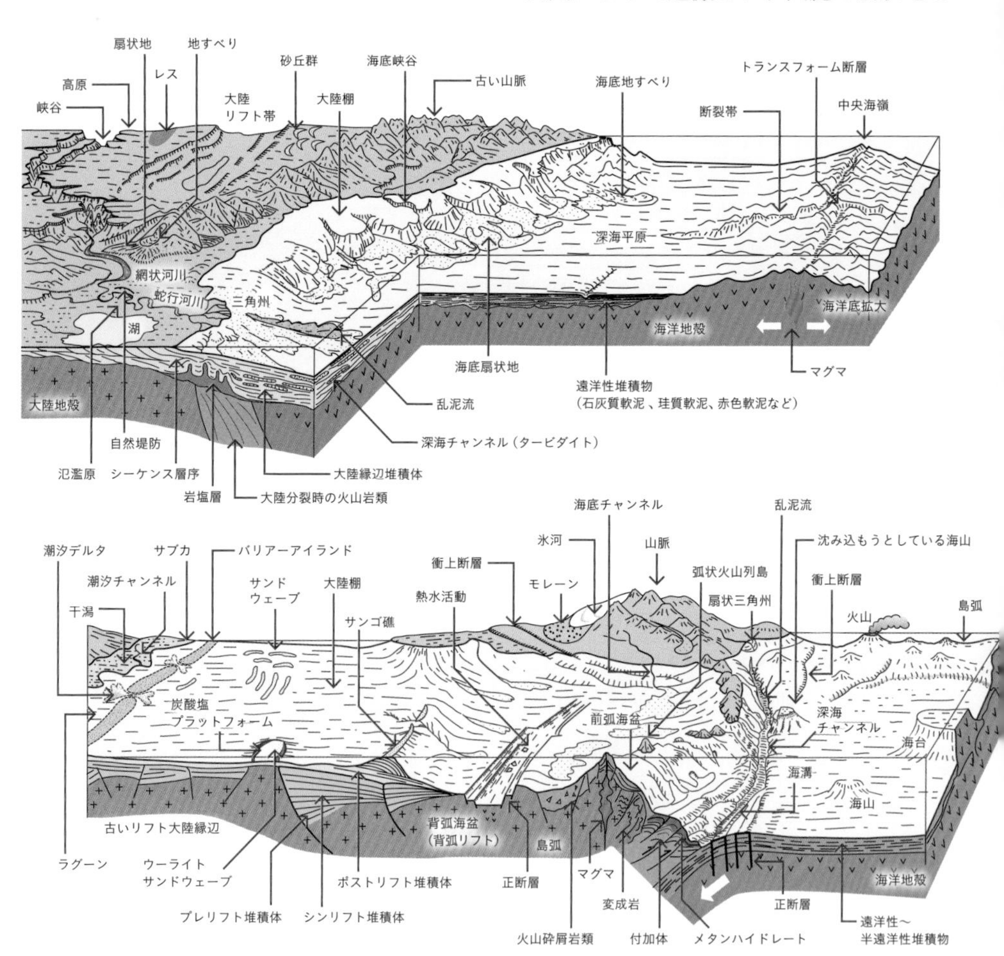

形成する。扇状地の形成には、土石流が大きな役割を果たす。扇状地から河川が流れ出し、河川流路の安定度によって、網状河川あるいは蛇行河川となる。流路の外側には自然堤防や氾濫原がつくられる。氾濫原では土壌が形成される。

山岳地帯や高緯度地域では氷河が砕屑粒子生成に大きな役割を果たしており、氷河の周囲では、モレーンなどのさまざまな堆積地形がつくられる。

乾燥した地域では、砕屑粒子は風によって運搬され、砂丘をつくり、また、より細粒なものは遠くに運ばれ風成堆積物（レス）となって広く分布する。風成粒子は、海洋底にも降り積もる。

河川はやがて海に達し、三角州（デルタ）をつくる。三角州には、河川による堆積作用が卓越して、流路が海へと進出してゆくエロンゲート三角州と、波や海流による堆積物の再配分が卓越したロベート三角州がある。また、河川勾配が大きい状態で海に入ると、扇状地地形が河口から海底にわたってつくられる。このような急勾配の三角州を扇状三角州という。

沿岸では河川の運搬してきた堆積物がさらに移動・堆積し、浜堤や海岸砂丘をつくる。また、浜堤や海岸砂丘の陸側にラグーンをもつバリアーアイランドができる場合もある。干満の差が大きく、強い潮流が起こる場所では、広い干潟や潮汐チャンネルが形成される。大陸棚などの浅海域は、波浪が卓越した海域と潮流や海流が卓越した海域に区分できる。波浪が卓越した海域では、低気圧が発達した場合に起こる底層流が堆積物の運搬、再堆積に重要な役割を果たしている。海流が強い海域では、サンドウェーブなどの堆積地形が発達する。

大陸斜面では、海底峡谷がつくられ、さらに大陸斜面下では、深海チャンネルや海底扇状地が発達する。このような場所では、乱泥流が地形の形成に大きな役割を果たしている。

干潟や内陸の湖では蒸発岩（岩塩類）が堆積することがある。蒸発岩や泥、アルガルマット（シアノバクテリア繁茂時に形成される有機質の層）などが堆積している場所をサブカと呼んでいる。また低緯度の浅海域ではサンゴ礁、あるいはウーライトのサンドウェーブなど石灰質堆積物が卓越する場所（炭酸塩プラットフォーム）がある。深海底では、遠洋性のプランクトン遺骸が蓄積した有孔虫軟泥、珪質軟泥が分布する。また、生物生産の低い海洋では、風成粒子が堆積し、赤色軟泥がつくられている。

図3.2
地球表層における大地形、堆積環境、地殻構造の概観
←スケールは無視してあり、形状の概略だけ示してある。　平（2004）より

chapter 3.2

地層の形を見る

種々の堆積環境からは、それぞれに特徴ある地層が形成される。地層の様子が見られる有名な場所として米国のグランドキャニオン（図3.3）がある。グランドキャニオンでは、基盤をなす先カンブリア時代の変成岩や堆積岩を不整合におおって、古生代の地層がほぼ水平に堆積している。崖の様子を見ると、急崖をなしているところと斜面をなしているところがある。急崖をなしているところは、硬い砂岩や石灰岩の地層であり、斜面をなしているところは、軟らかい泥岩の地層であり、節理の発達具合や浸食のプロセスを表している。こうしたグランドキャニオンの崖の地層から、古生代における堆積環境の変化が読み取れる。しかし、いかにグランドキャニオンが広大だといえ、このような露頭の観察だけでは、地層の全体の形状や重なり方についての詳細なデータを得ることは難しい。地下の地層の調査には、ボーリング調査と反射法地震波探査を併用して、詳しく調べることが可能である。

反射法地震波探査には陸上で行う方法、海上で行う方法がある（第8章参照）。得られた断面図は、地層の密度と弾性波（P波）速度の積、すなわち音響インピーダンスのコントラストを反映した反射面の形状を表しており、地層の様子がよく捉えられる。たとえば、八戸沖の断面では、海水準変動に対応した地層の重なりが観察でき、海底地すべり層を含む前弧海盆

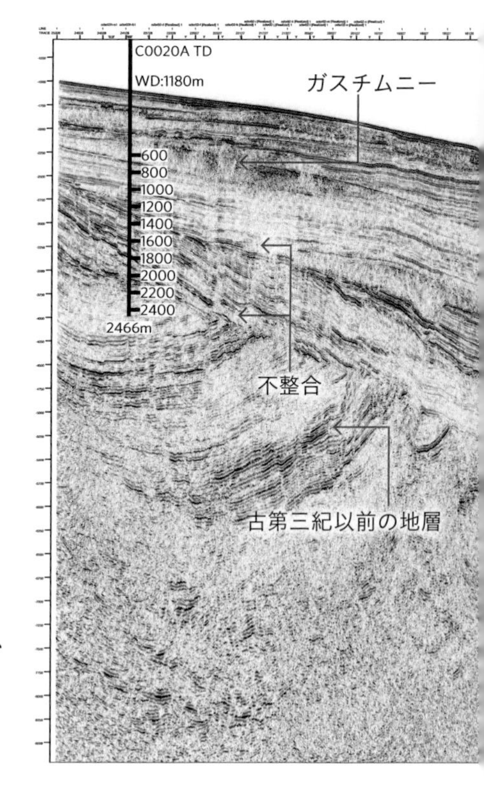

図3.4
反射法地震波探査による八戸沖の地質断面図
下北半島八戸沖の地質は、前弧海盆に堆積した地層とその下位の不整合および傾斜した古第三紀以前の地層、海溝側に存在する反射が不明瞭な付加体からなる。C0020AはIODP337次航海において「ちきゅう」により掘削されたサイト。掘削深度は水深1180mより2466mまでである（第8章参照）。

に堆積した地層と地層中を上昇するガスのチムニー、さらにその下位の不整合および海溝側の反射が不明瞭な付加体などが認められる（図3.4）。

また、3次元反射法地震波探査では、立体的な地層の画像が得られるので、さらに詳しい解析が可能である。このような反射法地震波探査の成果から、三角州－大陸棚－大陸斜面－海底扇状地の堆積環境によって形成された地層の重なり方を統一的に解釈する手法（シーケンス層位学）が提案されてきた。

図3.3
米国・アリゾナ州
グランドキャニオンの地層
先カンブリア時代の変成岩の上に古生代の地層がほぼ水平に重なっている。
（補足写真3.2）

0　10000　20000m

海底地すべり層

前弧海盆の堆積物

付加体

chapter 3.3

堆積構造のでき方

図3.5
堆積構造のでき方
a　水槽実験によるリップルのでき方
（補足写真3.3）　動画3.5

https://youtu.be/ZfZYqiP9dOc

露頭で地層の様子を観察すると、粒子の重なり方や組成の違いなどによってさまざまな構造がつくられていることが分かる。これを総称して堆積構造という。堆積構造の代表的なものに、砕屑粒子が流水の中で移動・堆積するときに形成される一連の構造がある。

実験水槽の中で、中粒砂（直径0.2～0.5mm程度）を敷き、水深1～3cm程度の流れをつくり、平均流速が秒速10～20cm程度の条件で砂面の変化（ベッドフォームという）を観察する（図3.5a）。この実験では、リップルが形成され、また、内部堆積構造としてリップル葉理がつくられた。別の実験においては、リップルの周りの流れの様子、リップルの下流斜面における砂粒子の飛跡が撮影された（図3.5b、c）。これらの映像は、リップルが

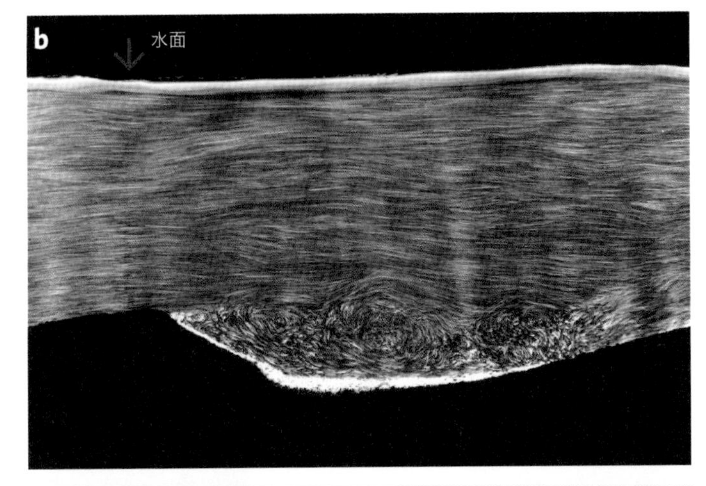

図3.5
堆積構造のでき方
（補足写真3.3）
b　リップル周辺の流れの様子。アルミ粉による可視化によって背後の渦列の発達がよく分かる。水深4cm。

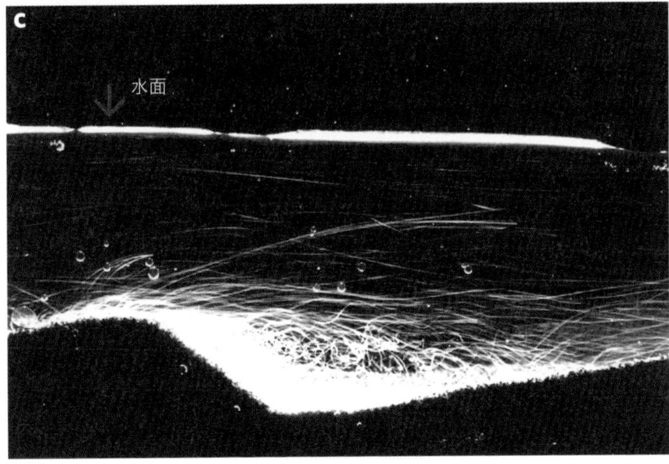

図3.5
堆積構造のでき方
（補足写真3.3）
c　リップル下流部における砂粒子の流れの可視化。水深4cm。（b、c）は平ほかによる撮影（1983）

下流側にできる渦の運動によってつくられることを示している。

大きな実験水槽を用いるとリップルより大きい砂堆（デューン）、平らな面の平滑床（プレーンベッド）、さらに反砂堆（アンチデューン）ができる。これらは、流水と移動する砂粒子の相互作用によって形成された表面の形状であり、それによって内部に葉理（ラミナ）がつくられる。それらは、リップル葉理、斜交葉理、平行葉理、反砂堆葉理である。

これらの堆積構造は、さらにさまざまなバリエーションを持ちながら、自然の堆積環境において発達しており、その場所で形成される地層を特徴づけている。このような地層の顔つきを堆積相と呼ぶ。

chapter 3.4
砂丘の観察

米国コロラド州グレート・サンド・デューンズ国立公園では、見事な砂丘の山が認められる（図3.6a）。比高は200m以上、ここでは卓越した風向きが2方向あるので、砂が滞留・蓄積してこのような異常に高い砂丘となっている。

Google Earthで、たとえばサハラ砂漠の砂丘の様子を見ると、三日月型（バルカ

図3.6　砂丘のさまざまな堆積構造（補足写真 3.4）

a　米国コロラド州グレート・サンド・デューンズの砂丘群
b　同所の風成メガリップル
c　同所の風成リップル

ン・デューン)、縦列型（ロンジテューディナル・デューン）などの地形が観察できる。

砂丘の表面では、風によって砂粒子が移動し、風成リップル（風紋）がつくられている（図3.6b、c)。一方、砂丘の全体をみてみると、砂粒子が風で移動し、砂丘の下流側斜面に吹き飛ばされて、落下しているのが分かる。さらに、下流斜面では、降り積もった砂が重力によって流れを起こしている。

このように下流斜面が移動することによって、砂丘では大型の斜交葉理が形成されている（図3.6d)。大規模斜交葉理は、過去の地層にもしばしば認められ、その中には風成砂丘の堆積物と同定されているものがある（図3.6e)。

d　砂丘で形成される斜交葉理（米国カリフォルニア州海岸砂丘）

e　米国アリゾナ州ナバホ砂岩層（ジュラ紀の風成砂丘堆積物）。巨大な斜交葉理が認められる。

chapter 3.5

崖錐、扇状地、三角州の堆積環境

図3.7
崖錐と扇状地

a　スイスアルプスのツェルマット付近で観察された、崖くずれによってできた崖錐。下の木の高さが約10m。

図3.7
崖錐と扇状地

b　断層崖沿いに発達した扇状地の堆積相モデル。平（2004）より

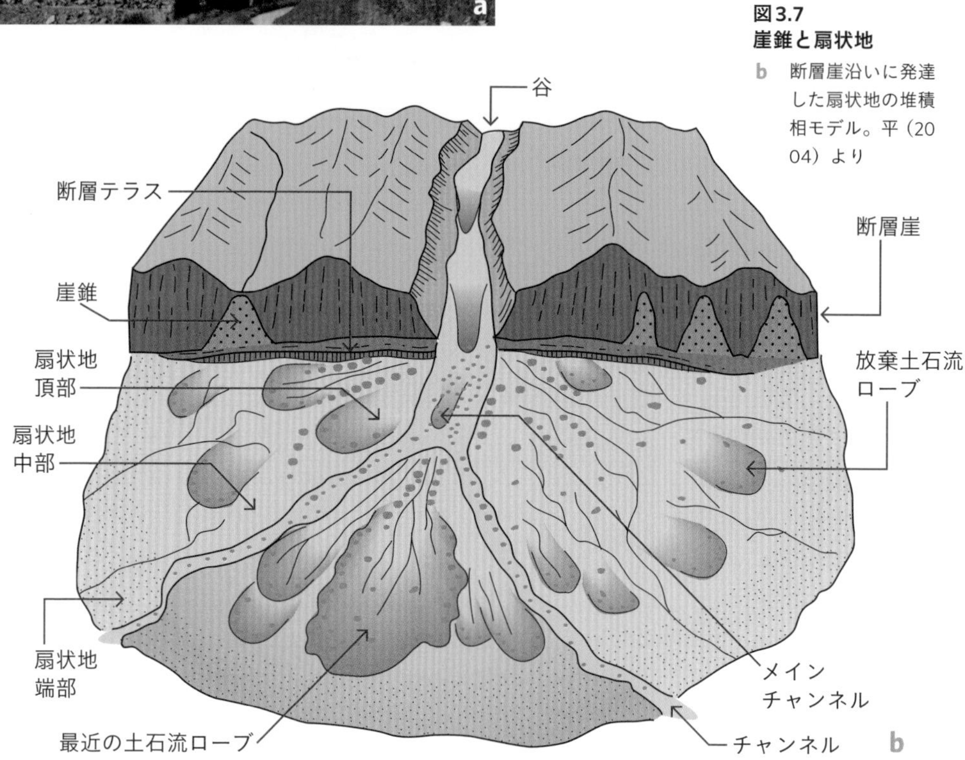

図3.8
富山県の黒部川扇状三角州の航空写真

メインチャンネルを構成する黒部川は
礫質網状河川の環境をなす。
国土交通省黒部河川事務所提供

山岳地帯では、巨大な規模の崖くずれが発生する（図3.7a）。このような重力崩壊も、広い意味での風化現象であり、大量の砕屑粒子が生産され崖錐を形成する。

扇状地は、断層崖に沿って発達していることが多く（図3.7b）、断層の活動に伴って古い地形が浸食されて、新しい扇状地面がつくられている様子が認められる（図3.7c）。タクラマカン砂漠ではクンルン山脈の麓に大きな扇状地群が見事に発達した様子が認められ、扇状地の先端部から地下水が湧き出し、オアシスをつくっている。

三角州（デルタ）の様子は、やはりGoogle Earthで詳しく見ることができる。ミシシッピデルタでは、河川の流路が自然堤防をつくりながら海へと張り出している。このような部分をローブという。ローブが河川の流れを変えながら、デルタ全体が海へと進出している（エロンゲート三角州）。ナイルデルタでは、三角州の先端縁辺は、直線的な海岸線となっている。これは、河川の運んだ堆積物が、波や海流の作用ですぐに運搬・再堆積をするからである（ロベート三角州）。

山岳地帯からの急流が直接海に流れ込むような場所では、扇状地が海と接してつくられる。このような扇状三角州（ファンデルタ）は、わが国ではよく認められ、立山から流れ出す黒部川や静岡県富士川の扇状三角州が典型である（図3.8,P113図5.2）。

図3.7
崖錐と扇状地

c　米国カリフォルニア州ソルトン湖付近の断層沿いに発達した扇状地。地形は古いもので浸食が進んでいるが、ローブとメインチャンネルが残されている。

chapter 3.6

河川で堆積構造を観察する

河川では、しばしばさまざまな形態の砂州が発達し、そこで見事な堆積構造を観察できることがある。米国中部のアーカンソー川の例では、砂州の表面は、砂堆群で覆われていた（補足写真3.6）。ここでは砂堆は、下流斜面が直線的なもの（トランスバース型砂堆）と弓形に湾曲したもの（三日月型砂堆）の2種類があり、砂堆の表面にはリップルが発達していた。三日月型砂堆を、流れと平行方向、流れと直交方向の断面で観察すると、トラフ型斜交葉理が形成されていることが分かる。

図3.9a
ポイントバーの堆積相モデルと砂州の堆積構造

a　ポイントバーで見られる堆積構造の階層を示す。平（2004）より

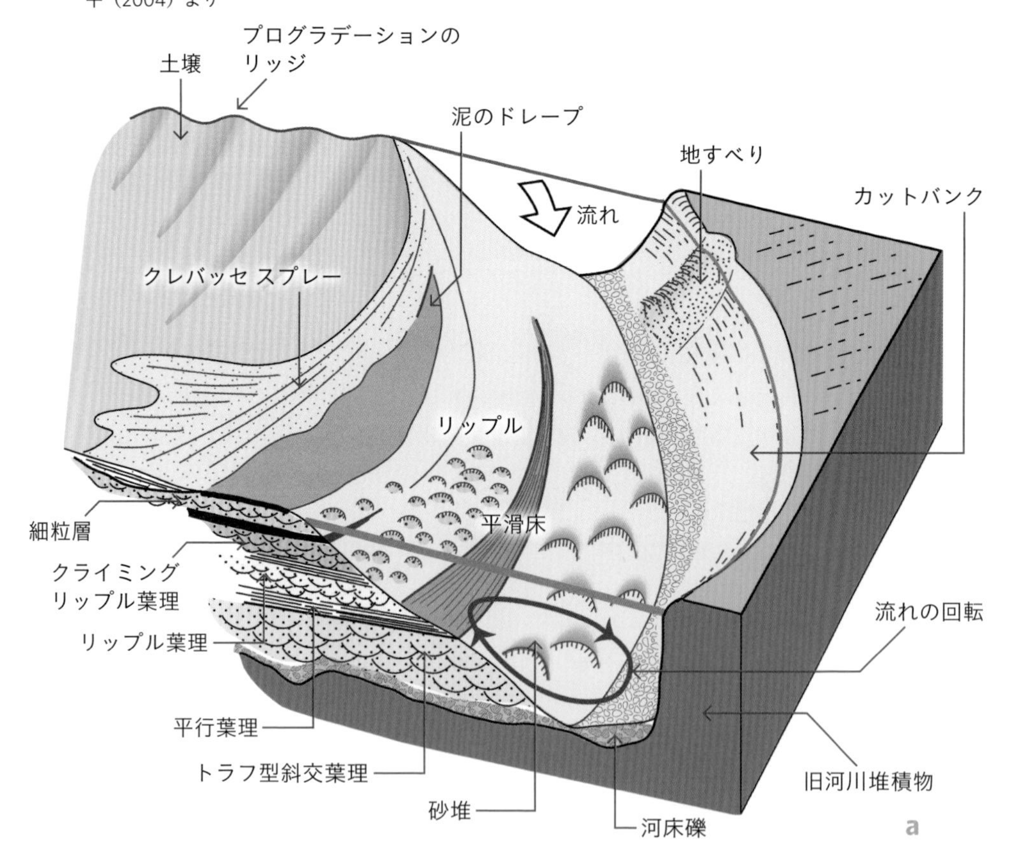

米国テキサス州のブラゾス川では、蛇行河川が発達しており、そのポイントバーでは、特徴ある堆積構造の秩序だった階層が認められる（図3.9a）。ポイントバーの流路では礫が堆積しており（図3.9b）、さらに河辺では砂堆（図3.9c）が発達しており、トラフ型斜交葉理が認められる（図3.9d）。それより上へと、平行葉理（図3.9e）、リップル葉理（図3.9f）と変化し、構成粒子も細粒化している。これらは、ポイントバーの移動とともに積み重なるので、上方へ細粒化する特徴ある堆積構造の重なりをつくる（ポイントバー堆積相：図3.9a）。

図3.9b ～ f
ポイントバーの堆積相モデルと砂州の堆積構造

b ～ f　写真は米国テキサス州ブラゾス川のポイントバーを河床から上部へと見た堆積相の変化。（補足写真3.6）

b　河床礫。山刀（マシェティ）の長さは約70cm。

c　砂堆

d　トラフ型斜交葉理

e　平行葉理

f　リップル葉理

※補足写真は〈特設サイト〉（P8）へ。

chapter 3.7

海岸、干潟、浅海の堆積環境

干潟では、大きな波長の比高の低いサンドバーとその上に発達したウェーブリップル、あるいは流れと波の両方が影響した複合リップルが認められる（図3.10a）。

浅海底は、波や流れの作用が卓越した10mより浅い海域ではサンドウェーブやリップルが卓越する。しかし、より深い海域（数十m程度）では、主に泥底からなり、時折、荒天時などに強い流れが起こり、シート状で表面が波状の堆積構造をもつ砂が堆積する（ハンモッキー斜交葉理）。沖合からより浅い海、さらに河口付近の砂層の連続した堆積の様子は、四国西南部、竜串の中新世三崎層群で見ることができる（図3.10c）。地層の下部は泥岩層が優勢であるが、頻繁に薄い砂岩層を挟む。これらの砂岩層にはリップル葉理が認められる。中部ではハンモッキー斜交葉理をもつ厚さ1m程度の砂岩層を挟むようになり、その下位には浸食の証拠が認められ、強い流れを伴っていたことが観察できる。これらの砂岩層と泥岩層の境界では、生痕化石が発見される。上部は厚

a

b

c

図3.10　干潟・浅海の堆積相

a　干潟の上のウェーブリップル（メキシコ・コロラド川河口）（補足写真3.7）

b　潮汐チャンネルの斜交葉理（反対2方向の流れの様子を示す。高知県竜串）

c　高知県竜串の三崎層群の沖合砂州の砂岩層

い砂岩層からなり、ハンモッキー斜交葉理、コンボリューション、さらに潮汐による2方向の流れを示す大型のトラフ型斜交葉理（図3.10b）、砂の中につくったアナジャコ類の巣穴化石（オフィオモルファ）が観察できる。これらは全体として、下部のより深い海底（おそらく100m程度）からデルタ環境で形成された一連の堆積物と解釈できる（図3.11：補足写真3.7）。

黒潮など強い海流が海底を洗うところでは、巨大な海底砂丘群が形成される。これらは形状によってサンドリボン、サンドウェーブなどと呼ばれる（図3.10）。

（補足写真3.7）

※補足写真は〈特設サイト〉（P8）へ。

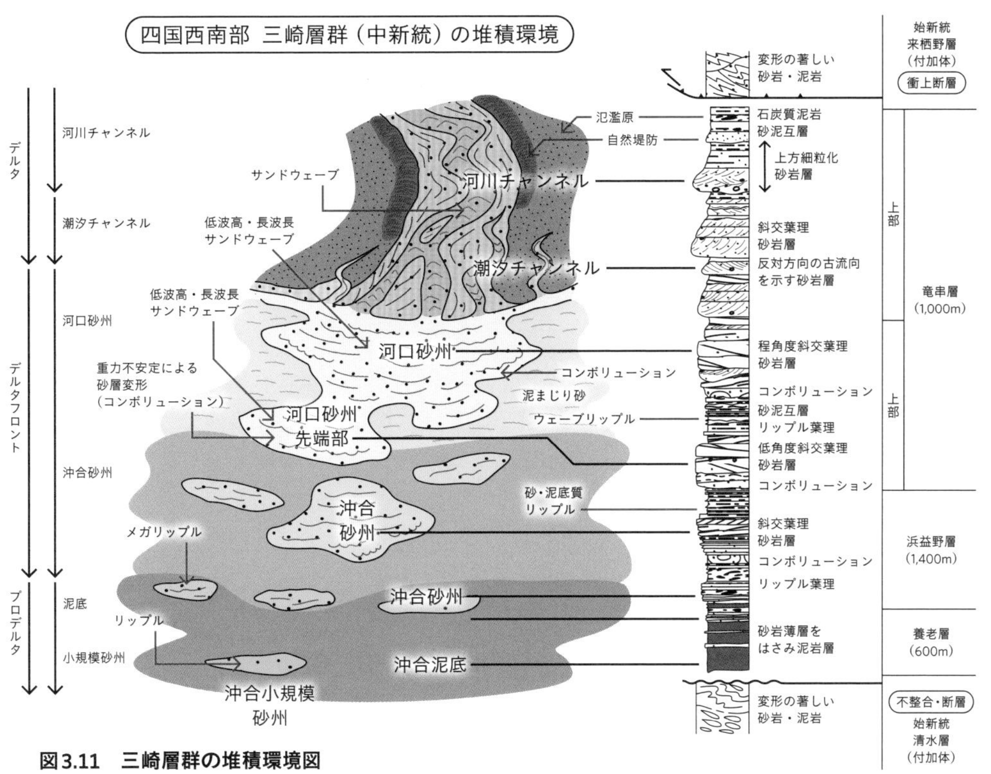

図3.11　三崎層群の堆積環境図

高知県竜串付近の中新統。浅海・デルタ環境を示す　甲藤・平（1978）を再編集

動画3.11.b

a ：https://www.youtube.com/playlist?list=PLz4tPmq5d-8o5Y8YLcDnimn2yt_90Aq-w

b ：https://www.youtube.com/playlist?list=PLz4tPmq5d-8qm6FXXftLzZUpoWrG0z9rR

〈動画3.11.a〉は、土佐清水市松崎でのフィールドワークをまとめた6本の動画の再生リストです。
01泥岩層　02砂岩層1　03砂岩層2　04リップルマーク
05コンボリューション　06まとめ

〈動画3.11.b〉は、土佐清水市竜串でのフィールドワークをまとめた9本の動画の再生リストです。
01砂岩層　02互層　03砂岩層内部構造
04まとめ　05上部砂岩層　06斜交葉理1　07斜交葉理2
08粗粒砂岩層上部　09海中断層

◎動画は上図と対応しています。

chapter 3.8

乱泥流とタービダイト

水槽の片方に泥水をつくりゲートを開けて流すと、泥水は通常の水より比重が大きいので、水槽の下部に流れ出す。自然界でも河口に流れ込んだ高密度の濁流は、海水より比重が大きい場合には、同様な密度流となって海底を流れることが予想される。また、地震や海底地すべり時に液状化した泥水がつくられ、それが密度流になることも考えられる。海底でのこのような流れを乱泥流（混濁流ともいう）という。

乱泥流の実験の様子をみてみよう（図3.12）。乱泥流は、先端部は舌状をなし、頭部では周囲の水と渦をつくって混合する。泥水の密度が大きい場合には、泥水は非ニュートン流体となり、混合した密度の薄い泥水は、ニュートン流体の挙動を示す。

乱泥流堆積物はタービダイトとよばれ、特徴ある堆積構造を示す。それは、下位から級化層理、平行葉理、リップル葉理、細粒泥質岩（図3.13a、b）であり、全体として、その構造の共通性を確立した研究者の名前をとってボーマシーケンスとよばれている。実験の結果から推定される乱泥流の構造と、ボーマシーケンスの形成プロセスは、高密度の流れの本体から級化層理が堆積し、上部のニュートン流体から流れの強さに応じて、平行葉理、リップル葉理、細粒泥質岩が堆積するというモデルである。

タービダイトは、その底面には、削り込みの構造、流れによる浸食そして渦構造が認められる（底痕：ソールマーク）。これらはフルートキャスト、グループキャストなどとよばれている（図3.13c）。また、急速な堆積が行われるので、成層の不安定が起こり、コンボリューションがしばしば発達する。

海底では乱泥流は海底谷をつくり、深海チャンネルを流れ、また海底扇状地を形成する。深海チャンネルは、しばしば蛇行し、自然堤防をつくる。これは、乱泥流の挙動が河川と類似することを示している。黒部扇状三角州から続く富山深海長谷は、見事な自然堤防と、氾濫原にできたセジメントウェーブが認められる（図3.14a）。世界最大の海底扇状地であるベンガル海底扇状地のチャンネルは、蛇行が著しい（図3.14b）。このようなチャンネルが2000km以上連続しているのは、まさに自然界の驚異である。

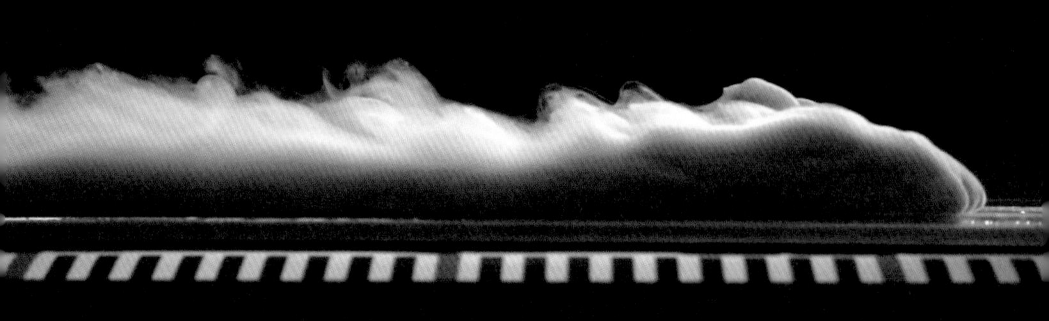

図3.12　乱泥流の実験

規模は小さくても流れのメカニズムへの洞察が得られる。

01：https://youtu.be/F2GLcy_GOn8
02：https://youtu.be/HrcUUxOX3Xc
03：https://youtu.be/35aSFiQBuhA

動画3.12

01イントロ

02泥

03砂＋ベントナイト

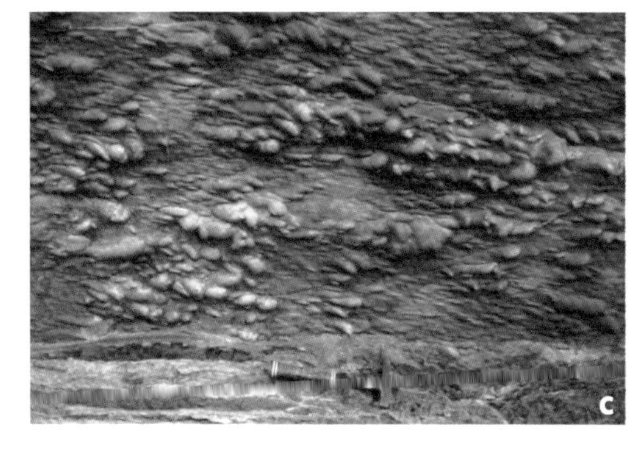

図3.13
タービダイトの堆積構造
（補足写真3.8）

a　ボーマシーケンス
（米国カリフォルニア州ベンチュラ盆地）
b　ボーマシーケンス（房総半島）
c　ソールマーク（日南海岸）

column 9

日本海溝の地層を調べる

JAMSTEC
金松敏也

東北地方太平洋沖地震で最も変動が大きかった海溝底から、2011年地震の地盤変動や、地震性タービダイトが見つかっている。そこには、さらに古いタービダイトも保存されており、過去の地震のタイミングを知ることができる。広く日本海溝の深海堆積物を解析すれば、これまでの東北日本の地震発生の時空間分布を知る事ができるだろう。

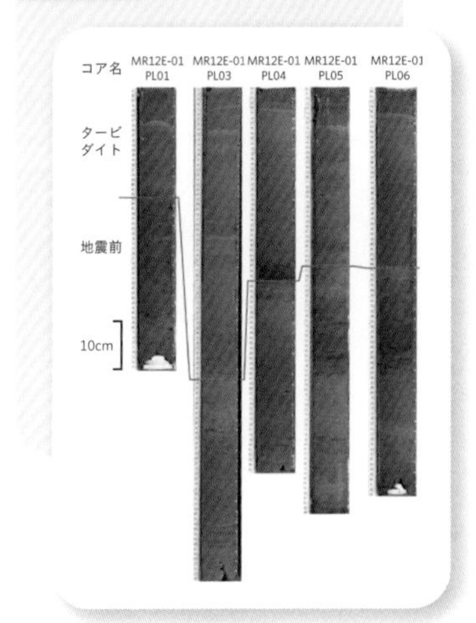

図3.14　深海チャンネル
乱泥流がつくり出した陸上河川と類似した蛇行や自然堤防、流路の争奪（三日月湖地形）などが認められる。

下流
ソナーがカバーできなかったギャップ
セジメントウェーブ
20 km
メインチャンネル
自然堤防
航跡（ソナー直下はデータが取れない）
チャンネル壁の地すべり
メインチャンネル
上流
a

a
富山深海長谷のサイドスキャンソナー図

この図は、イザナギ・サイドスキャンソナーによって探査された海底の音響散乱強度図である。サイドスキャンソナーでは、扇型の音響ビームを海底に向けて発信、ビームは海底で散乱するが、その一部は発信体まで戻ってくる。散乱波の戻りの方向や強さから、地形、底質を判読する。この図では、強い反射を示すチャンネル部は地形の起伏が大きく、また、砂質堆積物や地すべりなどの崩壊堆積物が認められる。一方、チャンネルの外側は、反射強度は一般に低く、泥質と推定されるが、波状に連なった起伏が認められ、これは、チャンネルを越えて氾濫した乱泥流が作ったセジメントウェーブと考えられる。富山深海チャンネルの地形を説明できる乱泥流の流動モデルが欲しい。　平（2004）より

※コラム全文は、QRコード、または〈特設サイト〉（P8記載）へ。

b ベンガル深海チャンネルの地形図。
陸上河川に類似した蛇行やチャンネルの切りはなしによってできた三日月湖状の放棄チャンネルが認められる。
平（2004）より

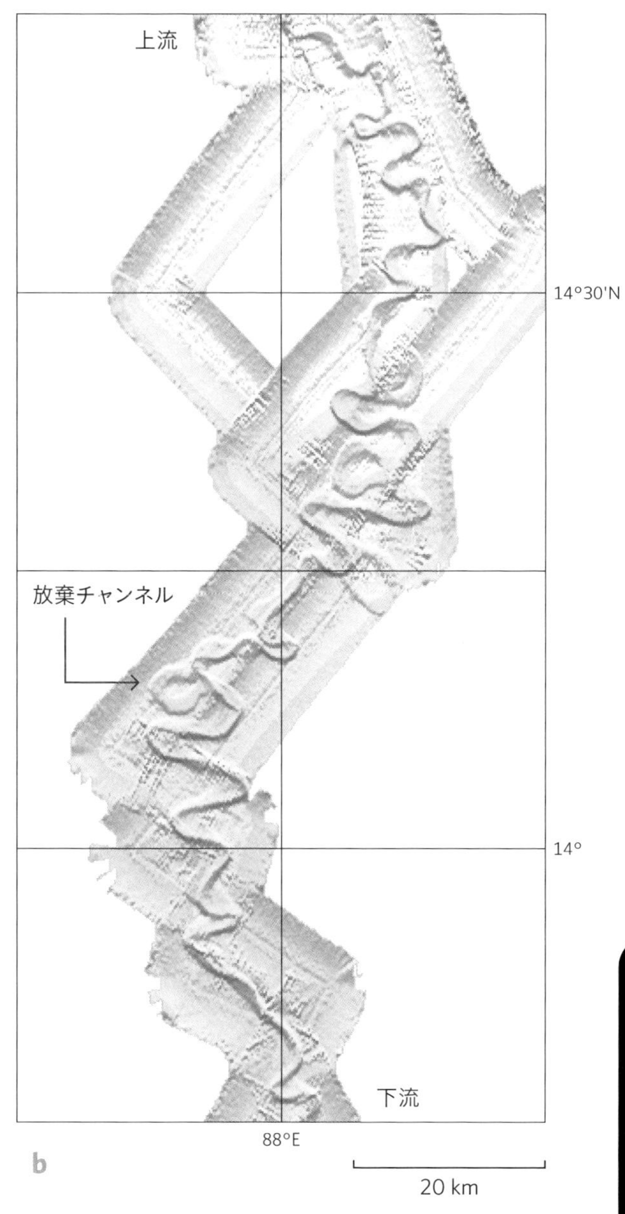

column 10

有孔虫の世界

JAMSTEC
木元克典

顕微鏡を用いることでしか詳細な形がわからないほどの小さな化石を総称して、微化石とよぶ。微化石には海洋や湖沼に生息していた原生生物の有孔虫や放散虫、珪藻、円石藻、そして陸上の植物花粉など、生物を起源とした粒子がふくまれる。頑丈な炭酸カルシウム（$CaCO_3$）や珪質（SiO_2）、有機質の殻をつくるため、死後も堆積物中に保存され、長い時間を経て陸上に露出した地層中にその痕跡を見ることができる。

ホシズナ（底生有孔虫）断面のX線CT画像

※コラム全文は、QRコード、または〈特設サイト〉（P8記載）へ。

火山活動は、まさに地球の息吹であり、
その活動は人を魅了するのみならず、
時に大災害をもたらす。
火山活動は新たに地殻を形成する過程であり、
火山からの噴出物は、肥沃な土壌を生み出し、
また、地形を大きく変化させ、
美しい景観をつくり出す。
過去の地質記録では、
想像を絶するような規模の火山活動が
推定されており、
私たちが歴史上目撃してきた火山活動は、
その全容のほんの一部である。

chapter 4 火山の驚異

図4.1
ハワイ島ハレマウマウ火口
（2013年9月16日撮影）
キラウエア火山は現在でもきわめて活動的である。

chapter 4.1

マグマと火山活動

日本の代表的火山といえば、富士山であろう（図4.2）。中央に火口をもち、周囲に溶岩や火砕物質を堆積させて出来上がった大きな火山体を成層火山とよぶ。火山には噴火の様式や活動期間などによってさまざまな火山地形が存在する（図4.3）。

火山活動は、地下のマグマによって引き起こされる。マグマは、マントルあるいは地殻の一部が溶融し、その溶融物質（メルトという）が集まった状態のことをさす。マグマは差し渡し数kmのマグマ溜まりを地下数km ～ 10kmで形成し、そこから火道を通って上昇すると、マグマ

図4.2　富士山（沼津より）
典型的な成層火山。しかし、生い立ちは複雑であり、
山体の下には、古富士が隠されている。

の中の揮発性成分（大部分は水蒸気）が急速に膨張し、時には地下水脈との接触による気化を伴って爆発的な噴火を引き起こすことがある。

噴煙は高温であり、空気より密度が低いので高く上昇するが、その中に含まれる火砕物質（吹き飛ばされたマグマの破片）は急冷されて固体となり、やがて重くなって降下する。大量の降下物があると、それは火山体の表面に沿って、発泡を伴った高熱・高速重力流となって流れる。これを火砕流という。

マグマの一部が火口からあふれて流れ出した場合には、溶岩流となる。溶岩は、珪酸分や水蒸気の量によって流動性が異なり、粘性が低い場合にはパホイホイ溶岩、高い場合にはアア溶岩、非常に高い場合には流動せずに火口に溶岩ドームをつくる。溶岩ドームは、しばしば不安定であり、それが崩壊して火砕流を引き起こすことがある。雲仙火山の噴火では、このような火砕流によって多数の犠牲者が出た。

噴煙からは、細粒の火山灰が広い範囲に撒き散らされ、また、硫酸塩などのエアロゾルは、時に何年も大気圏にとどまることがある。大規模な火山活動は、地球環境にも影響を及ぼす。

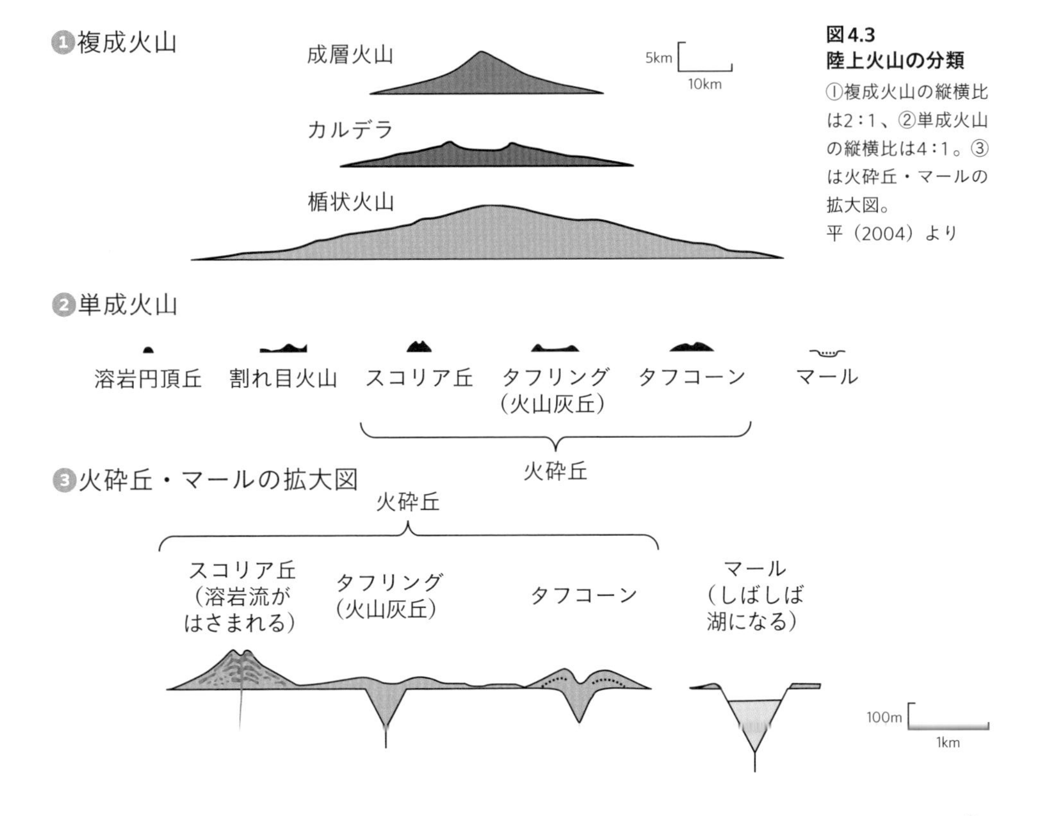

図4.3
陸上火山の分類
①複成火山の縦横比は2：1、②単成火山の縦横比は4：1。③は火砕丘・マールの拡大図。
平（2004）より

chapter 4.2

さまざまな火山活動

火山活動は、マグマの上昇から活動の停止まで、さまざまな時間スケールで起こる。火山の一生は、単発の噴火で終わるものから、数万年から時に数十万年におよび、その間に噴火活動や溶岩の流出などが何百回と起こり、さらに山体崩壊を起こしたり、カルデラが形成されたりして、山容を変えながら火山体の歴史が形作られる。したがって、火山は単成火山と、幾つもの火山体や火口が複合したものである複成火山に分類できる（P89図4.3）。

1　溶岩流

溶岩は、粘性が高い場合には、表面は

図4.4
2009年に国際宇宙ステーション（ISS）から若田光一宇宙飛行士が撮影した千島列島のサリチェフ火山の噴火の様子
噴煙柱の様子を上から観察した非常に貴重な映像である。噴煙の衝撃波で、上空を覆っていた雲が円形に晴れ上がり、噴煙のまわりには水蒸気が雲となって綿菓子のように取り巻いている。火山体では、写真左上方向に火砕流が流れ出している様子がよく分かる。　JAXA提供

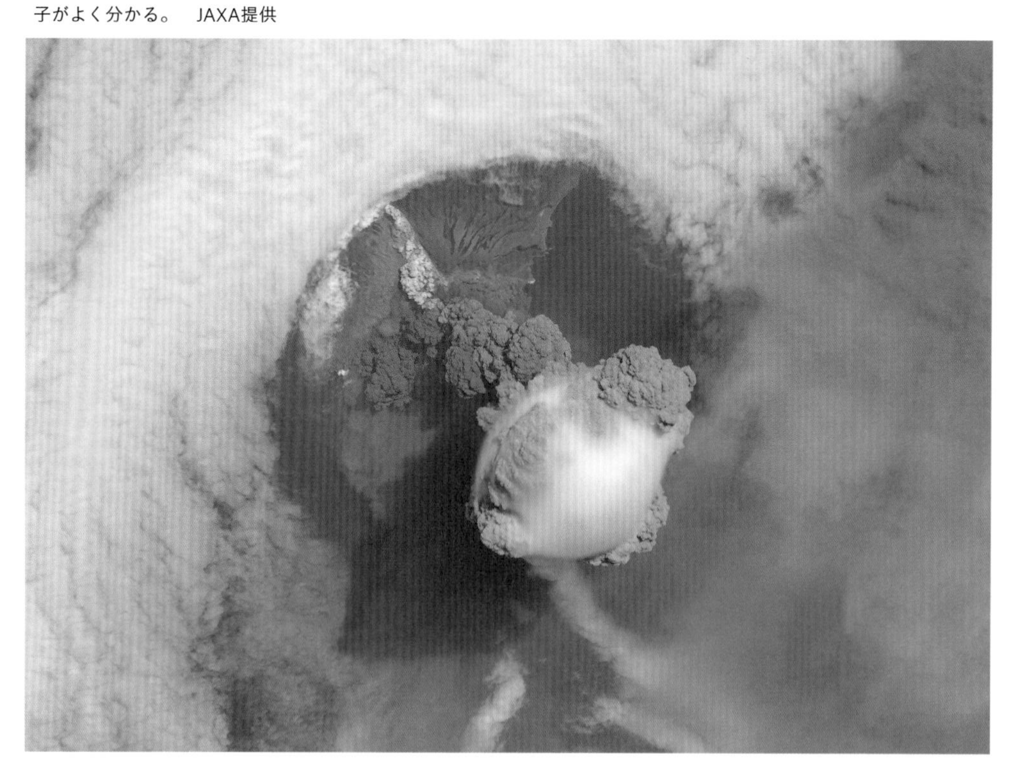

冷却されて固まるが内部はまだ流動的なので、表面の固まった岩塊が割れて流れに巻き込まれ、また折り重なって、表面が非常に凸凹した溶岩流が形成される。これを、アア溶岩という（図4.5a）。

一方、溶岩の粘性が低い場合には流動しながら冷却が進行し、表面がスムースな、あるいは縄状の巻き込み模様や渦巻き模様が認められるパホイホイ溶岩となる（図4.5b）。パホイホイ溶岩では、多数の舌状チューブの塊（ローブ）の表面が冷却されて固まり、その内部の流動性の高

図4.5　溶岩流の形態

a　アア溶岩　（補足写真4.2.1）
粘性の比較的高い溶岩では、表面が固まった後に内部の流動によってバラバラに壊れ、それがまた溶岩流に巻き込まれ、全体としてゴツゴツした表面を持つ溶岩流になる。ハワイ島にて。

動画4.5.a

https://youtu.be/QeRmiN5DhoI

b　パホイホイ溶岩　（補足写真4.2.1）
粘性の低い溶岩が流れると表面が急冷されて舌状のチューブになり、その中の溶けた部分が流れ出て、さらにチューブをつくる。

動画4.5.b

流動型式1

流動型式2

1：https://youtu.be/pC4nCexqkdk
2：https://youtu.be/E-4P8Bb6MdM

溶岩断面1

溶岩断面2

1：https://youtu.be/S6v3xbvflyk
2：https://youtu.be/3_Hb2tfJAGs

c　柱状節理
厚い溶岩がゆっくり固まる時に、対流と冷却過程を反映して六角形の断面を持つ柱状構造がつくられる。
神奈川県立生命の星・地球博物館

い部分が次々と絞り出されて、溶岩流が形成される。

粘性が低く流動性の高い溶岩も、急斜面を高速で流れる場合には、ローブが形成されずに冷却表面が破砕されて、アア溶岩とパホイホイ溶岩の複合体状になることがある。

溶岩流は、流れの側端部で流動性が低くなり、堤防をつくり、チャンネル流となることがある。これは土石流と類似している。大量の溶岩が流れ出すと長大な溶岩トンネルや溶岩平原、溶岩三角州などが形成される。

溶岩が水中に流入した場合や、海底で溶岩が流出した場合にも陸上と同様なことが起こる。粘性が高く流動性が低い場合には、急冷作用によって岩塊がバラバラに砕け、自破砕溶岩となる。粘性が低く流出量が大きい場合には、枕状溶岩となる。パホイホイ溶岩の舌状のチューブ

図4.6　火砕流の発生メカニズム
平（2004）より

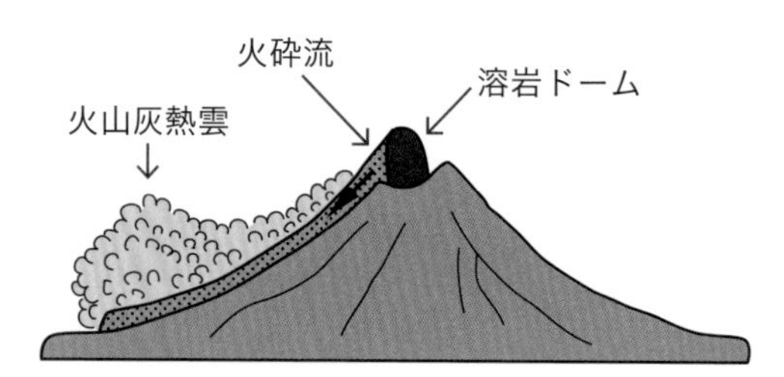

a　溶岩ドームの崩壊

b　山体崩壊

図4.7
セントヘレンズ火山の噴火の状況図
米国ワシントン州にあり、1980年に山体崩壊した。ブラスト現象、溶岩ドーム形成、火砕流や土石流の発生など、一連の過程が観察された。
平（2004）より

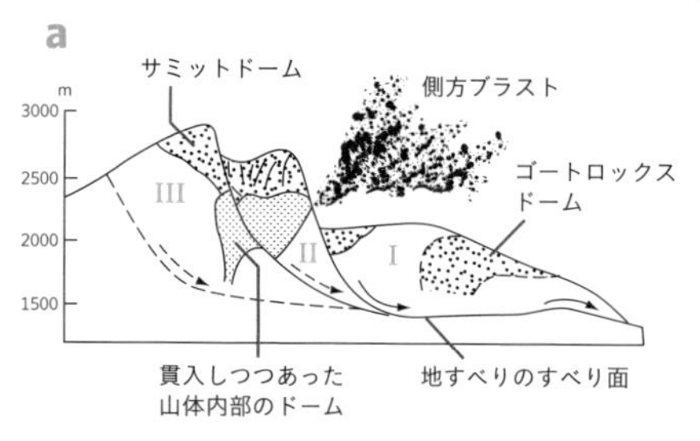

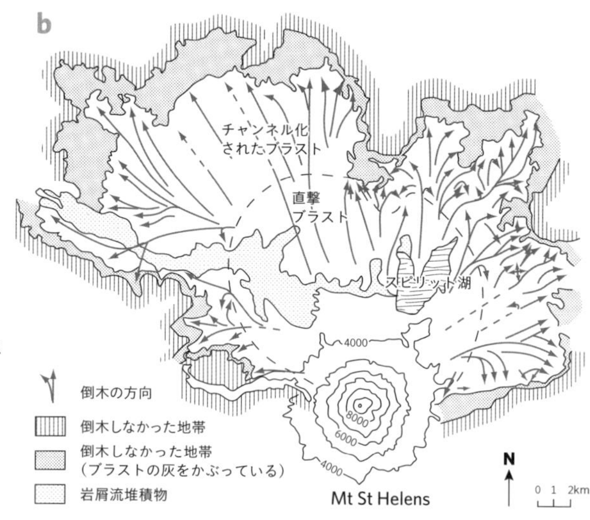

と枕状溶岩の“枕”は、基本的には同じものである。枕状溶岩では、急冷によって球状となった溶岩の中から、流動的な部分が外殻を割って出て、積み重なって形成される。冷却によってつくられたガラス質の物質が堆積してハイアロクラスタイトとなる。

溶岩流は、凹地などに集まり厚く蓄積した場合には、ゆっくり冷えて、柱状節理を形成する（図4.5c）。日本では福井県の東尋坊、兵庫県玄武洞などが有名であり、また世界の各地（たとえばイギリスのジャイアンツ・コーズウェイ）で見られる。

2　火砕堆積物、降下火山灰

マグマが火道を上昇してゆく途中で起こる圧力低下により、水蒸気などの揮発性成分が爆発的に体積増加し、マグマを吹き飛ばして噴煙となる。さまざまな大きさのマグマの破片を総称して火山砕屑

c　噴煙柱の降下・崩壊

図4.8　水中での火山噴火

動画4.8

↓マリアナ海域、水深530m。深い海底での噴火を捉えた貴重な映像。火砕物が“噴煙状”に拡散してゆく様子が見られる。

https://youtu.be/s4E31LdoJE4

物（あるいは火砕物）という。噴煙は、時に上空10km以上に上昇し、さらに偏西風などによって、広く分散してゆく。

火砕流は、高温のガスを発泡する粒子を多量に含む混合流体が、高速で山体を流下する現象である。このような流体には、噴煙柱から密度の大きい部分が降下・流下して形成される場合、山体崩壊時に流体が直接噴出し流れ出す場合、溶岩ドームの崩壊などによって形成される場合がある（図4.6）。

噴煙および火砕流からは、降下火砕物（スコリアや軽石など）、火砕流堆積物（溶結凝灰岩）、降下火山灰が形成される（降下火砕物や火山灰を総称して火砕堆積物という）。代表的な例として、阿蘇の溶結凝灰岩や鹿児島の入戸火砕流堆積物がある。降下火山灰は、時に数千kmの範囲まで広がることがある。

噴火が海中や湖で起こると、水底で火砕堆積物が形成される。海中噴火の様子は、無人探査機で撮影された例がある（図4.8）。海中でも、火砕物の懸濁流体がつくられ、モクモクと広がってゆくこと

図4.9
神奈川県三浦半島に見られる
海底火砕堆積物（補足写真 4.2.2）

a　泥岩層の上に堆積したスコリア堆積物。下部はより粗粒で下位の泥岩の中に食い込んでいるスコリア礫がある。
b　城ヶ島に見られる火焔構造（Flame Structure）を示すテフラ層。
c　三浦半島に見られる海底火砕堆積物の観察。

動画4.9

https://www.youtube.com/playlist?list=PLz4tPmq5d-8qJh3KHbIRYsDD-3lRAUYfJ

〈動画4.9〉は、三浦半島でのフィールドワークをまとめた9本の動画の再生リストです。
01三浦半島の地質　02三浦層群のスコリア層
03スコリア層から泥岩へ　04スコリア層堆積過程
05逆断層　06乱雑堆積物
07スコリア岩脈　08乱雑堆積物と整然層
09乱雑層形成メカニズム

が分かる。

海底では、降下火砕堆積物、水中火砕流堆積物、乱泥流堆積物などが複雑に降り重なった地層がつくられる。三浦半島に分布する第三系においては、海底で堆積した火砕堆積物の様子がよく認められる。ここでは、自由落下した降下スコリア粒やテフラ（図4.9a、b）、乱泥流として流れた火砕堆積物の堆積の様子が観察できる（図4.9c）。また海底のコア試料でも観察できる（図4.10）。

3　山体の重力崩壊

火山は、山体が急速に形成されること、断層などの構造運動を伴うこと、山体内部に高圧のガスが蓄積されることなどの理由で、重力的に不安定であることが多く、しばしば山体崩壊を起こす。

山体崩壊の全体像が捉えられたのは、米国ワシントン州セントヘレンズ火山の例である（図4.7）。火山性地震の頻発の後、山体がすべり落ち、直後にマグマ流体の急激膨張・大爆発（ブラスト）が起こり、火砕流が発生した。爆風は木々をなぎ倒し、そこに火砕物が堆積した。火砕物はさらに泥流となって流れた。山体崩壊と噴火の後には、溶岩ドームがつくられた。

わが国では、雲仙火山の例や磐梯山の例が有名である。磐梯山では、1888年7月15日に山体崩壊を伴う噴火が起こり、岩屑なだれが長瀬川をせき止めて、檜原湖、小野川湖などの湖沼群が形成された。雲仙火山では、眉山大崩壊が1792年に発生、有明海に大津波が引き起こされた。この事件は「島原大変肥後迷惑」として記録されている。

図4.10
伊豆・小笠原島弧の第三紀海底火砕堆積物
掘削船「ジョイデス・レゾリューション」によって採取された漸新世の厚い級化層理を示す海底火砕堆積物。島弧初期の激しい火山活動を示す。

01：https://youtu.be/BWy2dLDzTsI
02：https://youtu.be/L0taIhb0Plo
03：https://youtu.be/4WCi3DzME9w

動画4.10

01
地質発達史

02
初期伊豆・小笠原列島

03
火砕流の級化層理

chapter 4.3

ハワイ島――火山の世界遺産

ハワイ島は、海底の火山体麓の差し渡しは200km、海底からの高さが9000m以上という、世界最大級の活火山である（図4.11）。ハワイ島は、過去70万年間の火山活動で出来上がったが、最近の活動はハワイ島南東のキラウエア火山周辺のリフト帯に沿って集中している（P98図4.12a、b、c）。キラウエア火山は、1790年に形成されたと考えられるカルデラを有し、カルデラの中には1970年の噴火によってつくられたハレマウマウ火口が存在する（図4.1、図4.12a）。さらに

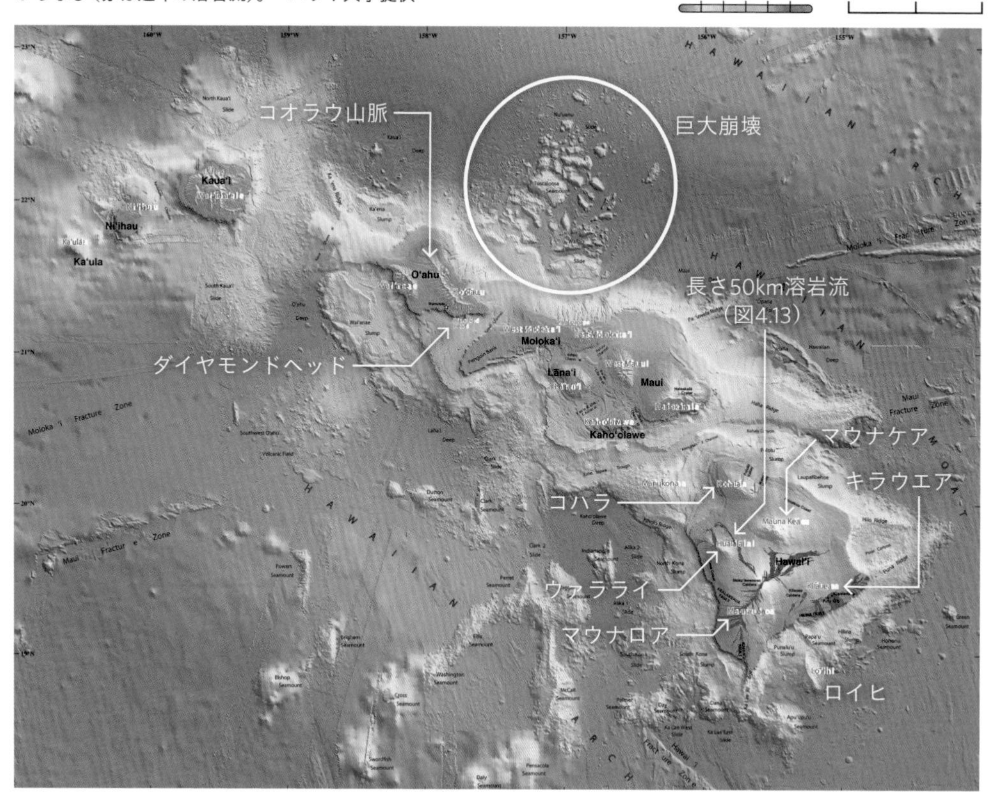

図4.11
ハワイ諸島の地形図
モロカイ島からオアフ島の北部海底に巨大な山体崩壊の跡が見られる。ハワイ島は5つの楯状火山からなる（赤は近年の溶岩流）。　ハワイ大学提供

1974年には、カルデラのすぐ南西側で割れ目噴火が起こった。2008年3月、ハレマウマウ火口で小規模な噴火が起こり、火山岩礫が74エーカーにわたって飛び散ったが、溶岩の噴出はなかった。火口からの溶岩の流出は確認されなかったが、二酸化硫黄の噴気が激しくなり、2013年、キラウエアカルデラの半分ほどは立ち入り禁止となった。2018年5月には東南部のプナ地区の住宅地から溶岩が噴出し、住民の避難がよぎなくされた。

近年において、最も継続的なのは、プウオオ火口からの溶岩流の活動で、1969年から始まり、今も続いている。溶岩流は海に達しており、海食崖では、溶岩の滝が認められる。

キラウエア火山周辺のリフト帯からの溶岩は、主にパホイホイ溶岩であり（P91図4.5b）、溶岩トンネルが多く見られる（図4.12d）。噴火で飛び散ったマグマは、急冷した火山ガラスであるペレの涙やペレの毛となって、堆積している。溶岩流は海中に入ると枕状溶岩となる。

ハワイホットスポット全体を俯瞰すると、火山活動の変遷を見ることができる。ホットスポットの最も活動的な場所は、ロイヒ海底火山である。ここでは大量の枕状溶岩の噴出が確認されている（図4.15）。このような海底火山が成長し、大きな楯状火山をつくる。

ハワイ島は、マウナケア（4206m）とマウナロア（4169m）、ファラライ（2515m）、コハラ（1678m）、キラウエア（1247m）の大きな5つの楯状火山を主体として構成されている。これらの楯状火山のうち、歴史時代に活動の記録があるのは、マウナロア、コハラ、キラウエアである。マウナロア火山では50kmにもおよぶ長大な溶岩流が知られており、その観察から溶岩トンネルと溶岩チャンネルが流れの維持に有効であることが分かる（図4.13）。マウナケアやコハラ火山は、山頂から麓にかけて、多数の火砕丘が認められ、火山活動終焉期での活動を示している（図4.14）。

オアフ島は約200万年前に形成された楯状火山であり、その原形はコオラウ山脈として残っているが、一部は巨大な山体崩壊によって失われている（図4.11）。オアフ島南東部には、ダイヤモンドヘッド、パンチボール、ハナウマ湾（図4.16a）、ココクレーター（図4.16b）などの火山地形が存在する。これらは、最近30万年間に形成された、若いマグマ水蒸気噴火活動の記録である。スコリア丘やタフリングとよばれ、噴き上がった火砕物が火口の周囲に堆積したものであり（図4.16b）、斜交葉理を示し（動画4.16c）、火山豆石（ピソライト）を伴っている（図4.16c）。また、火砕物とともに石灰岩などの異質岩塊が堆積している。オアフ島では、約100万年間の休止期を経て、小規模な火山活動が復活していることが分かる。この理由については、まだよく分かっていない。

ハワイ諸島は、火山活動の多様な変遷を見ることができ、まさに世界自然遺産として相応しい。

（補足写真4.3）

図4.12
キラウエア火山の地質（補足写真4.3）

a　ハレマウマウ火口

https://youtu.be/YKZ8yDTf1tk

b　キラウエア・イキのクレーター

動画4.12. b

https://www.youtube.com/playlist?list=PLz4tPmq5d-8ov7osOfZsJ9ig_F1tooKWy

〈動画4.12.b〉は、キラウエア火山でのフィールドワークをまとめた5本の動画の再生リストです。
01キラウエア・イキクレーター
02プウオオ火山からの溶岩トンネル
03溶岩平原と断崖壁
04キラウエア・クレーターの地層
05キラウエア・クレーターの噴石丘

c　リフト帯の溶岩流

d
立木の跡
（ツリーモールド）
動画4.12.d

e
キラウエア火山の
地質観察
動画4.12.e

d：https://youtu.be/z_OymCpq4mk
e：https://youtu.be/D86ptqIgAd0

図4.13
マウナロア火山の50km長大溶岩流（補足写真4.3）

a　溶岩流上流の割れ目火口

動画4.13.a

https://www.youtube.com/playlist?list=PLz4tPmq5d-8qspwlbgerc3mLBIVpwgpwr

〈動画4.13.a〉は、マウナロア火山でのフィールドワークをまとめた4本の動画の再生リストです。
01割れ目噴火と火口
02溶岩流と溶岩トンネルの陥没穴
03溶岩チャンネルの出現
04溶岩チャンネルとアア溶岩

b　溶岩流を追う

動画4.13.b

長大溶岩流の観察その1

長大溶岩流の観察その2

1：https://youtu.be/2SO7jcYwfs4
2：https://youtu.be/oo8rlQ5oOZA

c　ルート200におけるマウナロアからの溶岩流観察。

動画4.13.c

https://youtu.be/TjuJc-oFzWM

図4.14
マウナケア火山の地質

a　マウナケア火山の火砕丘群
b　マウナケア火山の地質観察

動画4.14.b

https://youtu.be/OOJYZIJAKuY

図4.15　ロイヒ海底火山の地質

a　ロイヒ海底火山潜水観察 

https://youtu.be/KgKMKH15nGc

b　ロイヒ海底火山の枕状溶岩

図4.16　オアフ島の火山地質（補足写真4.3）

01：https://youtu.be/ZHUMEXgP224
02：https://youtu.be/hlmutF0jl0o

a　ハナウマ湾全体　動画4.16.a

https://youtu.be/1WveJo40QXY

b　ハナウマ湾・ココクレーターの火山地質観察

動画4.16.b

01 スコリア層

02 ガス排出チューブ

c　ココクレーターのピソライト層

動画4.16.c
ココクレーター海岸の斜交葉理

https://youtu.be/iuMKzGtBu2s

d　ハワイ諸島の火山活動

動画4.16.d
オアフ島・ハワイ島の成り立ち

https://youtu.be/HivjomyDIOs

chapter 4.4

伊豆大島にて

日本列島では、プレート沈み込み帯に伴う火山のさまざまな地質が観察できる。伊豆大島は、伊豆・小笠原島弧に属する火山島であり、北北西－南南東にのびた特徴的な地形を示す（図4.17a）。これは、側火山群の配列の方向と一致しており、広域応力場を表している（図4.17b）。すなわち、水平引張応力場が東北東－西南西であることを示しており、これは相模トラフへ沈み込むフィリピン海プレートの曲がりと伊豆半島における衝突テクトニクス（北北西－南南東の圧縮応力）の両方で説明できる。

伊豆大島の最近の活動は1986 ～ 87年に起こり、三原山カルデラの中央火口から流れ出た溶岩流や大量のスコリアの降下があり（図4.18）、全島の住民避難が行われた。また、カルデラの東南東側で、顕著な割れ目噴火の活動があった。

それ以前の顕著な活動は、1777 ～ 78年の安永年間に大規模な溶岩流の活動があり、三原山のカルデラではパホイホイ溶岩が形成された。カルデラは、5世紀頃に形成されたと考えられている。島の南部には顕著な側火山群があり、波浮港もそのような火口の一つであり、津波で海と繋がったとされている。また海岸沿いでは、三原山から流れ出た溶岩の扇状地や溶岩トンネルが認められ、海水と接しマグマ水蒸気噴火が盛んに起こっていたことが分かる（図4.19）。

古い時代の活動については、島内南西部都道沿いの地層大切断面で観察できる（図4.20）。ここでは、約2万年間に堆積した主に降下スコリア、火山灰からなる地層が露出しており、現在まで100回以上の噴火活動が認められる。スコリア層とスコリア層の間には、古土壌の層が頻繁に挟まれており、土器などの考古遺物が産出している。スコリア層の“褶曲”は、地形の起伏を表したものであり、また顕著な不整合が認められるので、浸食が活発に起こった時期の存在も推定できる。さらにそれ以前の火山体には、筆島火山、

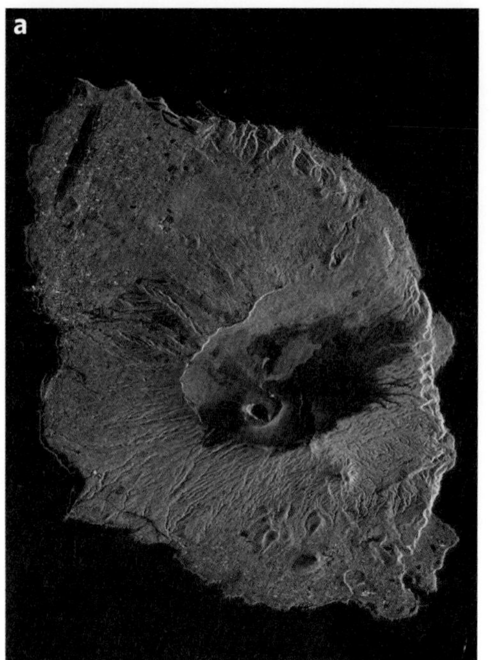

図4.17
伊豆大島の地形と火山地質

a　2014年の伊豆大島衛星写真。三原山火口と1986～87年に北東へ流れ出た溶岩流がよく分かる。　JAXA提供

b　側火山の位置。伊豆大島は、北北西－南南東方向へ伸長した山体を示し、また、側火山も同じ方向に並んでいる。これは、東北東－西南西方向に引張応力が働いているためと考えられる。
産業技術総合研究所・伊豆大島火山地質図より

動画4.17

https://youtu.be/qLQiNu6rkdk

岡田火山などの数百万年前の古期火山があるとされている。

伊豆・小笠原島弧は始新世～漸新世にその原形が誕生したと考えられ、その時の火山の歴史は、小笠原列島に露出する地層や深海掘削のコアから読み取ることができる（図4.10）。初期の活動は、非常に激しい水中火砕流や乱泥流を伴ったものであり、また、ガラス質の自破砕溶岩が頻繁に認められる。四国海盆の拡大時期には、活動は低下したが、現在の島弧の形成にいたってからは、スコリアの堆積そして軽石の大量な堆積が認められる。これらの火山活動の変遷は、島弧の進化過程を反映している。

図4.18
三原山の溶岩流と火口
（補足写真4.4）

a　三原山の遠景と溶岩流
b　三原山のアア溶岩
c　三原山中央火口
d　三原山火山地質を観察する

動画4.18

01
三原山
噴火概要

02
溶岩流

03
火口丘の
地質

01：https://youtu.be/9G0_sf80yYw
02：https://youtu.be/sB_a2fyrw-k
03：https://youtu.be/ojdewgJ9Tdg

図4.19
伊豆大島マグマ水蒸気噴火の火砕岩類
(補足写真4.4)

a　スコリア層の上に落下した火山弾

動画4.19.a

01スコリア層と火山弾

02火山弾と火山豆石

03成層したスコリア層

01：https://youtu.be/EfXvKMNyJJA
02：https://youtu.be/ViWCzhj_5s8
03：https://youtu.be/E1_zDYq9Jj4

b　溶岩トンネルの観察

動画4.19.b

https://youtu.be/PxilFiV-LTw

図4.20
地層大切断露頭に見える
大島噴火の歴史(補足写真4.4)

ここでは、2万年前からの100回以上の噴火の歴史を読み取ることができる。

a　露頭の遠景
地層の褶曲は谷などの地形を埋めた形状を表している。

b　地層大切断面の解説

動画4.20.b

https://youtu.be/1uiYnY1Oj-s

chapter 4.5

雲仙火山の歴史

石英安山岩質や流紋岩質など、粘性の高いマグマの活動は特徴ある火山を形成する。雲仙火山は、そのような例の一つである。

1990年11月に九州・島原半島の雲仙火山（図4.21）の普賢岳山頂付近より噴火が開始し、1991年5月には溶岩ドームが出現、同年6月3日に溶岩ドームが崩壊し、火砕流が発生、死者43名を出す大惨事となった。この中に、著名な火山学者クラフト夫妻も含まれていた。その後も溶岩ドームが形成されては崩壊するという事象を繰り返し、1995年に噴火は休止した。この一連の活動については、山体の変遷の様子が定地点撮影によって記録されている。溶岩ドームが数ヵ所につくられ、また、それが崩壊してゆく様子が見事に捉えられており、さらに報道カメラによって火砕流発生の様子も撮影された稀有な例となった。火砕流発生時には、ドームの崩壊と爆風によって、巨大な噴石が山麓に散らばった（図4.23d）。その中には、直径10mを超すものもある。火砕流だけでなく、その後に土石流も襲い、建物が埋没した（図4.23c）。溶岩ドームは平成新山（1483m）と命名され、旧来の普賢岳（1359m）より高い雲仙火山の最高峰となった（図4.22、図4.23a）。

雲仙火山は、1792年にも噴火した。この時には眉山が山体崩壊を起こし、崩壊物が有明海に流れ込んで、津波を起こし、向かい側の熊本（肥後）を襲った。「島原大変肥後迷惑」として知られる事変である（図4.23b）。

雲仙火山は、流紋岩質や石英安山岩質の溶岩がゆっくりと上昇し、それが溶岩ドームを形成し、さらに崩壊して、火砕流や土石流を発生させて火山地質を形成し、時に大規模な山体崩壊を引き起こしてきたのである。平成の活動で山容は一変したが、これも数万年にわたる活動の一時期を見ているにすぎない。

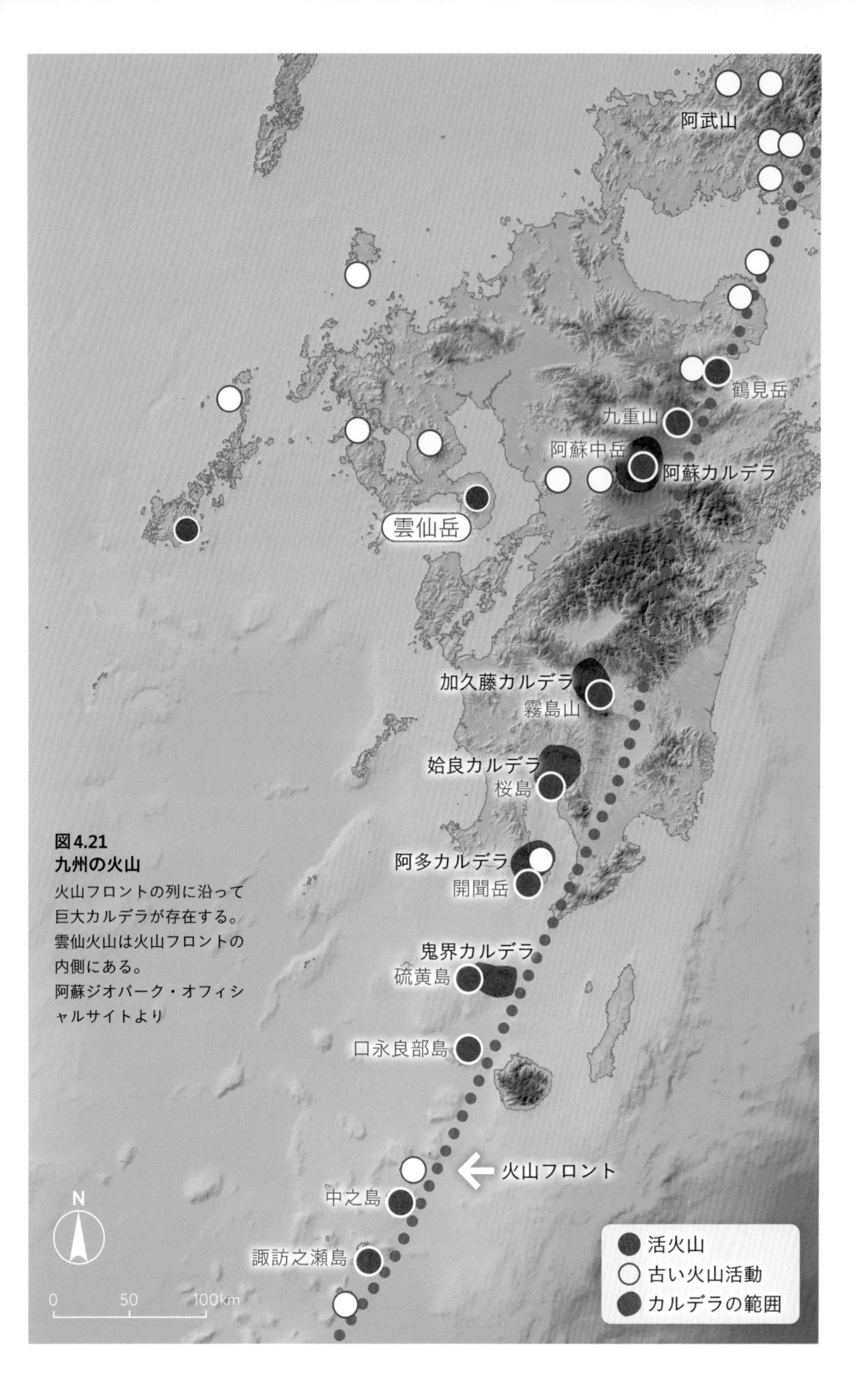

図4.21
九州の火山
火山フロントの列に沿って巨大カルデラが存在する。雲仙火山は火山フロントの内側にある。
阿蘇ジオパーク・オフィシャルサイトより

図4.22　雲仙火山
ヘリコプターからの観察。

動画4.22

01
山頂全景

02
巨石群と
防砂工事

03
眉山

01：https://youtu.be/h0V5CXQJR9o　02：https://youtu.be/-72vQFvoepQ　03：https://youtu.be/KsQKzkoyKgk

図4.23　雲仙火山の火山地質（補足写真4.5）

a　平成新山溶岩ドーム

b　島原の九十九島（つくもじま）。
1792年の山体崩壊で生じた“流れ山”。

c　土石流被災家屋保存公園にて

d　普賢岳山麓に飛んできた
溶岩ドーム崩壊時の巨大岩塊。

動画4.23.d

01
水無川の堆積物

02
水無川の
巨大火山弾

01：https://youtu.be/VFiDWQevhlY
02：https://youtu.be/ubAebXUEJb4

chapter 4.6

阿蘇火山および九州のカルデラ群

九州には、火山フロントに沿って阿蘇、霧島、桜島から、さらに海域に続く、巨大カルデラが存在する（P106図4.21）。これらのカルデラは、過去に非常に大きな噴火を起こしており、日本全体から太平洋海底に広域火山灰（テフラ）を降下させた。

カルデラは、マグマ溜まりが浅所にある場合に、噴火によって物質が大量に噴出、地下の圧力が低下し火山体が陥没してできた円形の凹地をいう。カルデラは多くの火山体に存在し、その大きさも多様であるが、阿蘇カルデラは世界最大級のカルデラであり、南北約25km、東西約18kmの大きさを持つ（図4.21、図4.24b、図4.25）。カルデラの中央には、火口丘群が存在する（図4.24a）。阿蘇火山では、9万年前に巨大噴火があり、火砕流が九州北部から山口県までに達しており、火砕流台地を形成、火山灰（テフラ）は北海道まで広がった（Aso4火山灰）。全体の火砕物の噴出量は600km^3（富士山の山体に匹敵）におよび、カルデラ形成を引き起こした。高千穂峡では、この時の火砕流が溶結し（溶結凝灰岩）、見事な柱状節理をつくっている（図4.26）。

図 4.24
阿蘇火山の火山地質

a　阿蘇中央火口丘と手前は米塚火口

b　阿蘇外輪山のカルデラ壁

動画4.24

01
草千里

02
中岳中央火口丘

03
カルデラ全景

01：https://youtu.be/zzdt1-joTqA
02：https://youtu.be/cvcbLveFNRQ
03：https://youtu.be/UsHXb3OXKq8

6500年前、鬼界カルデラの巨大噴火によって鬼界アカホヤテフラ（K-Ah）が降下し、南九州から四国にかけては20cm以上の厚さに堆積した（補足写真4.6）。さらに関東から東北にかけて、数cmの厚さにテフラが広がっており、海底のコア試料からも多くの地点で発見されている。南九州では、火砕流が襲い、種子島や大隅・薩摩半島では植生に大きな打撃があったと考えられる。このテフラを境に、縄文土器の変化が認められており、当時の縄文人の生活にも大きな被害があった可能性がある。

2万4000年前には、現在の桜島を含む始良(あいら)カルデラの巨大噴火が起こった。南九州では、大隅降下軽石とその上に堆積した100mを超す厚さの入戸火砕流からなるシラス台地を形成している。入戸火砕流は、鹿児島湾の北部から東部では、溶結凝灰岩となっている。さらに九州から四国にかけて火砕流が分布しており、熊本では、1000mを超える標高の山地でも堆積が認められる。火砕流は、広域に、そして谷を越え、山を這い上がって広がったのである。噴火の総量は450km^{3}に上った。

この噴火で降下した始良Tnテフラ（ATテフラ）は、関東から東北地方に広がり、また、海底コアでも発見されている。

カルデラ巨大噴火に伴う火砕流、降下軽石、テフラは環境変動の要因ともなり、また、地質学的な年代指標としても重要な役割を果たしている。

巨大噴火がもし発生すれば、人間社会に重大な影響を及ぼす大災害となる可能性もある。そのメカニズムの解明をさらに進める必要がある。

図4.25　阿蘇火山
露頭の観察（補足写真4.6）

動画4.25

01
阿蘇中岳
火口

02
砂千里の
火山噴出物

03
火砕流の
底部

04
火砕流の
内部構造

01：https://youtu.be/XdLszKd7zHI
02：https://youtu.be/ZWy3x4WFzpw
03：https://youtu.be/qmddpgtm12Q
04：https://youtu.be/Z4FCdqf8KAs

図4.26
高千穂峡の溶結凝灰岩
（補足写真4.6）

chapter 5

プレートの沈み込みと付加体の形成

海洋プレートが海溝から
陸側プレートの下に入り込んで行く時に、
海洋プレート上に堆積した地層や、
海洋地殻の一部がはぎ取られ、
陸側プレートの先端部に付加されることがある。
このようにしてできた地殻を付加体、
その形成の仕方を付加作用という。
付加体は、日本列島の基盤そして大陸地殻の
重要な構成要素である。
付加作用においては、地層から間隙水が排出され、
メタンハイドレートの形成や海底湧水の原因となっている。
付加体は固結し、巨大地震をひき起こす
ひずみエネルギーを蓄積する地殻となる。
付加体の形成は、プレートテクトニクスのもたらす
重要な地質現象の一つである。

図5.1
高知県芸西村住吉海岸に露出する四万十帯の枕状溶岩
赤道付近から3000km以上のプレート運動でここにたどりついた。

chapter 5.1
南海トラフの地形

動画2.4

https://youtu.be/79-UNd7wuuk

南海トラフは、付加体の形成が典型的に認められ、また、その研究が最も進んでいる場所である。南海トラフには、フィリピン海プレートの一部である四国海盆が沈み込んでいる（第2章参照）。四国海盆は、2500万～1500万年前の間に古伊豆・小笠原島弧の背弧海盆として誕生・拡大し、1500万年前以降、西南日本に沈み込んでいるが、その歴史は十分には分かっていない。おそらく、1500万年前頃の衝突と浅い沈み込みの時期、沈み込みの停滞した時期（1300万～800万年前）、沈み込みが本格的になった時期（800万年前～現在）に区分できると考えられる。約200万年前以降、伊豆衝突帯からの堆積物の供給がトラフに沿って活発となった。

南海トラフの海底地形を西から東へとたどる動画で見てみよう（動画2.4、図5.2）。南海トラフの西端は、豊後水道沖にあり、九州・パラオ海嶺と接している。ここでは九州・パラオ海嶺の衝突によって陸側斜面は湾入したような地形を示す。足摺沖の陸側斜面下部は、直線的なリッジの地形が認められ、南海トラフの海底も平坦である。室戸沖では、陸側斜面に大きな湾入地形が存在し、四国海盆には紀南海山列が存在する。室戸沖の湾入地形もまた、過去の海山の衝突によるものと考えられる。紀伊半島串本沖では、前弧海盆から陸側斜面を横切る潮岬海底谷が顕著である。南海トラフ軸には、深海チャンネルが明瞭に認められ、蛇行しながら東へと続いている。東海沖では、陸側斜面のリッジはやや不明瞭となり、天竜海底谷によって陸側斜面が大きく浸食

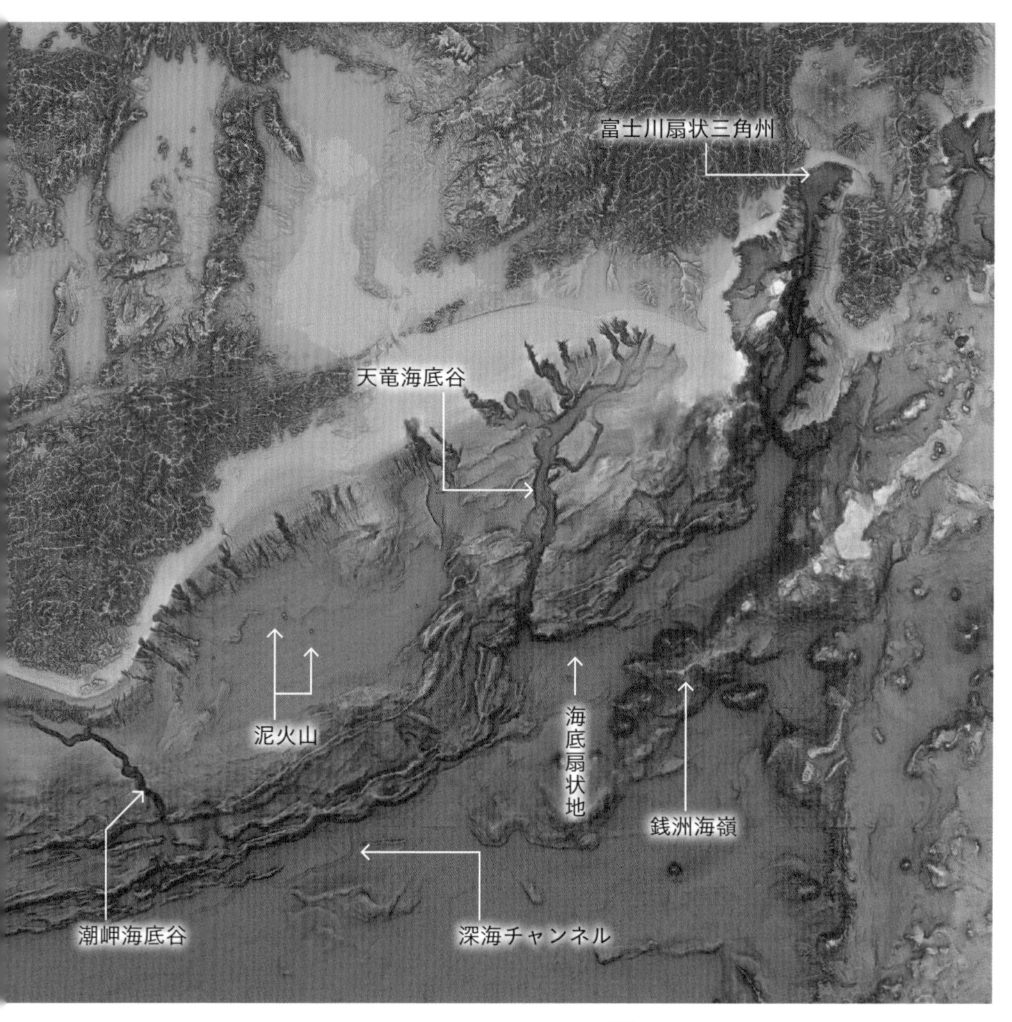

図5.2
南海トラフ東部の地形図
（傾斜を赤影で強調してある）
南海トラフは、フィリピン海プレートの一部である四国海盆が、東海地方から西南日本沖に沈み込む場所に位置する海溝である。水深は最深部でも5000mより浅く、トラフ底は平坦であり、東部では深海チャンネルが顕著に発達している。陸側斜面には、トラフ軸にほぼ平行に発達した多数のリッジが存在している。平坦なトラフ底とチャンネルは乱泥流による堆積作用を表し、リッジは付加作用による衝上断層と褶曲構造を表している。

されており、海底谷は南海トラフ底で海底扇状地をつくっている。陸側斜面は、駿河トラフにおいて北方にトレンドが変化しており、南海トラフの深海チャンネルは、そのまま富士川河口の扇状三角州（図5.2）の急斜面に直結している。南海トラフの中軸部では、富士川起源のタービダイトが深海チャンネルにより運搬され、堆積している。

chapter 5.2

反射法地震波探査からみた南海トラフの構造

図5.3に示した、室戸沖の地質構造探査によって、次の事が読み取れる。

1. 四国海盆の堆積物は、南海トラフで乱泥流堆積物（タービダイト）に覆われている（トラフ充填層）。
2. トラフでは、その陸側でトラフ充填層全体に変形が起こっている（プロトスラスト帯）。
3. 海溝陸側斜面の下部には、衝上断層（スラスト）群が発達し（前縁スラスト帯）、それらは、下面で水平断層（デコルマ）に収束している。

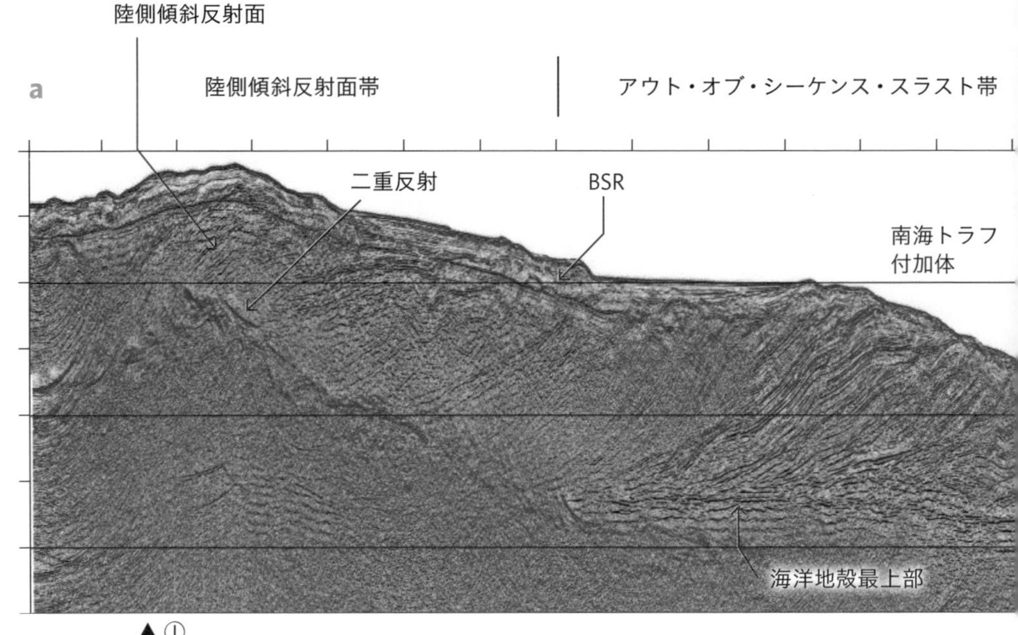

図5.3
南海トラフの地質構造
平（2004）より

トラフ底の地層は、四国海盆の海洋基盤上に堆積した地層と、トラフにて堆積した乱泥流堆積物（タービダイト）からなる。これらが、プレート運動により衝上断層（スラスト）と褶曲構造を形成しながら付加体をつくっている。

4　海溝陸側斜面の上部では、これらのスラスト構造をさらに切って発達する一連の断層（アウト・オブ・シーケンス・スラスト帯）が認められる。これらのうち特に顕著なものを巨大分岐断層とよぶ。このゾーンでは所々に斜面盆地が発達している。

5　巨大分岐断層によって持ち上げられた付加体が海溝陸側斜面の急傾斜部をつくっている。

6　上部陸側斜面の内部は、陸側へ傾斜した反射面が卓越した内部構造の不明瞭な変形した付加体からなる（陸側傾斜反射面帯）。

7　陸側斜面から前弧海盆にかけて海底疑似反射面（ボトム・シミュレーティング・リフレクター：BSR）が認められる。これはメタンハイドレートの安定領域の下限境界面と一致する。

以上のように、反射法地震波探査によって南海トラフ付加体の地質構造がくわしく分かってきた。

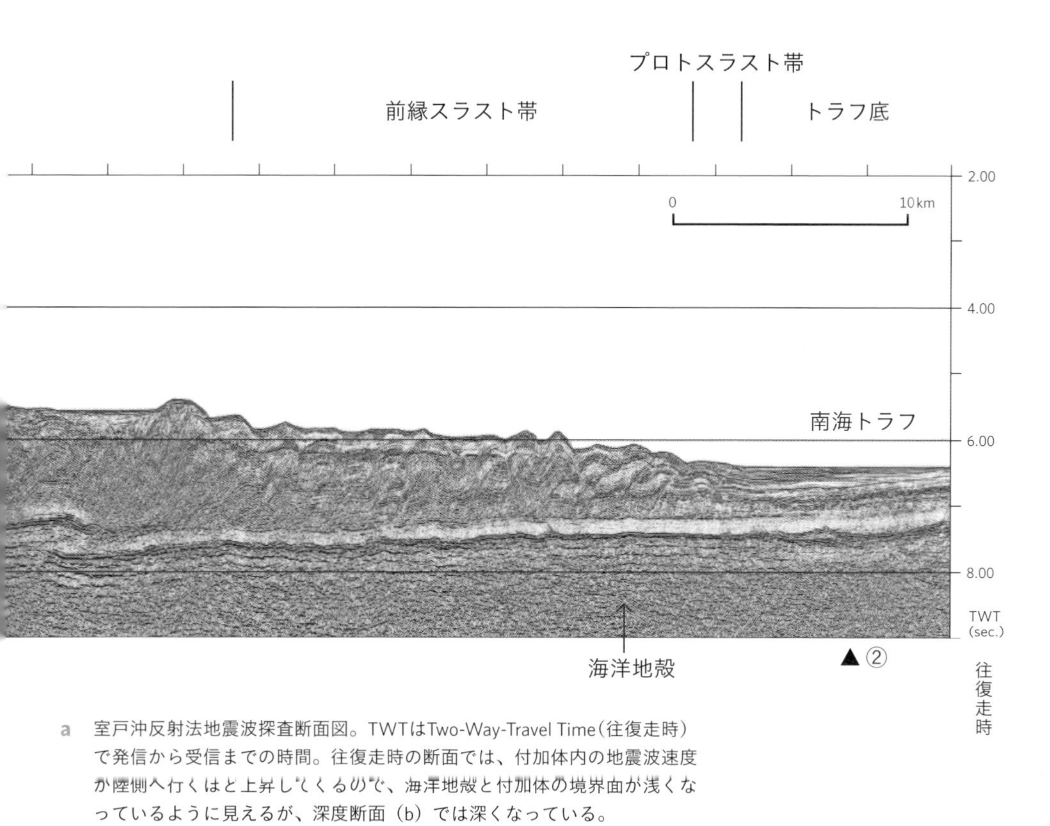

a　室戸沖反射法地震波探査断面図。TWTはTwo-Way-Travel Time（往復走時）で発信から受信までの時間。往復走時の断面では、付加体内の地震波速度が陸側へ行くほど上昇してくるので、海洋地殻と付加体の境界面が浅くなっているように見えるが、深度断面（b）では深くなっている。

b

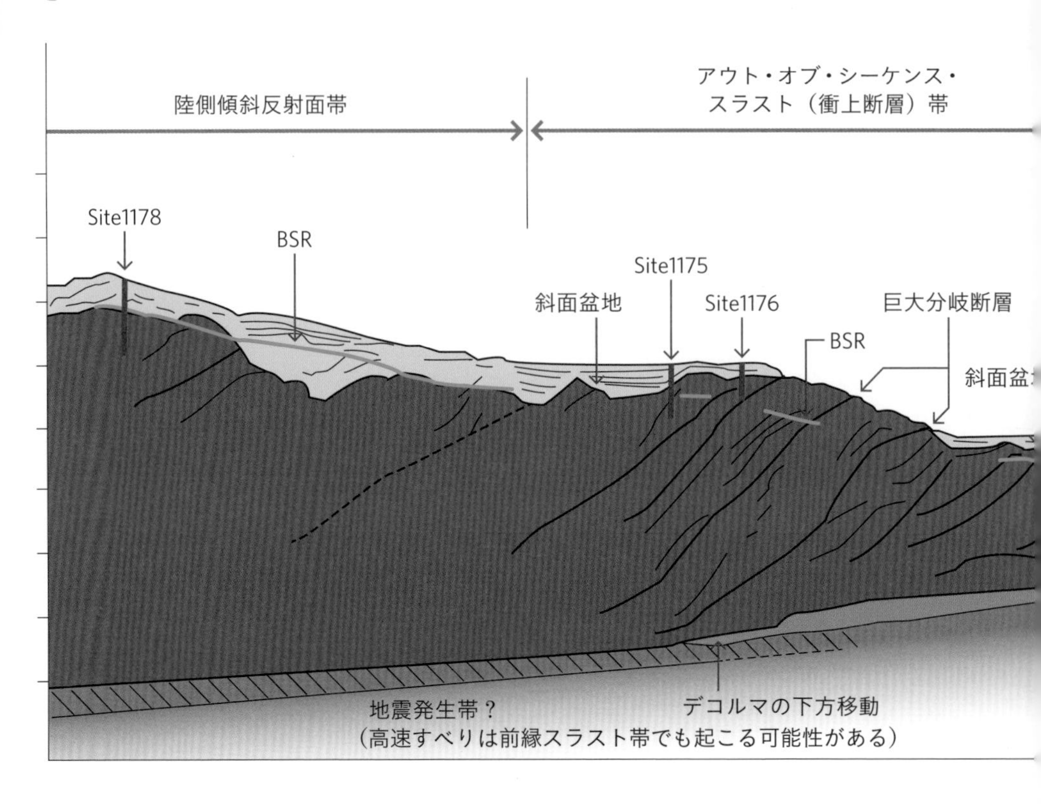
陸側傾斜反射面帯
アウト・オブ・シーケンス・
スラスト（衝上断層）帯
Site1178
BSR
Site1175
斜面盆地
Site1176
巨大分岐断層
BSR
地震発生帯？
（高速すべりは前縁スラスト帯でも起こる可能性がある）
デコルマの下方移動

c

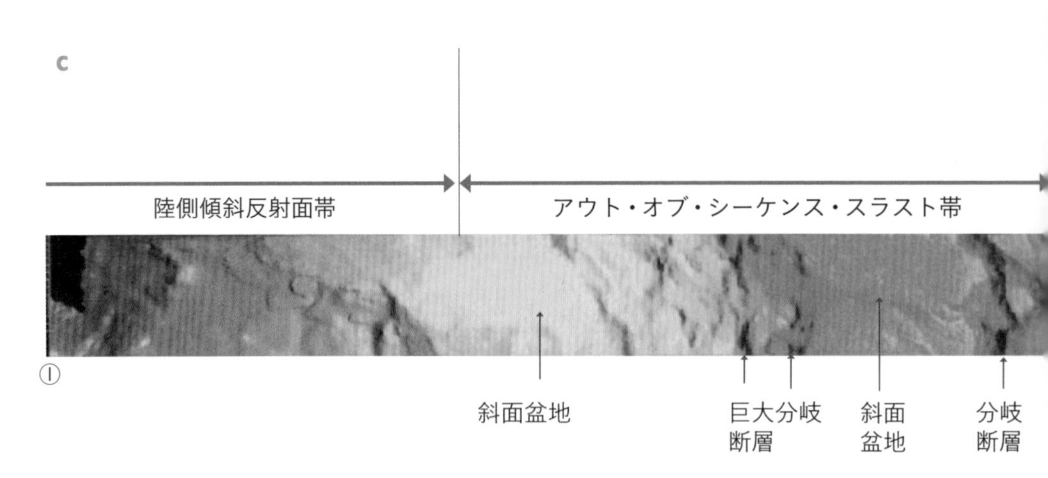
陸側傾斜反射面帯
アウト・オブ・シーケンス・スラスト帯
①
斜面盆地
巨大分岐
断層
斜面
盆地
分岐
断層

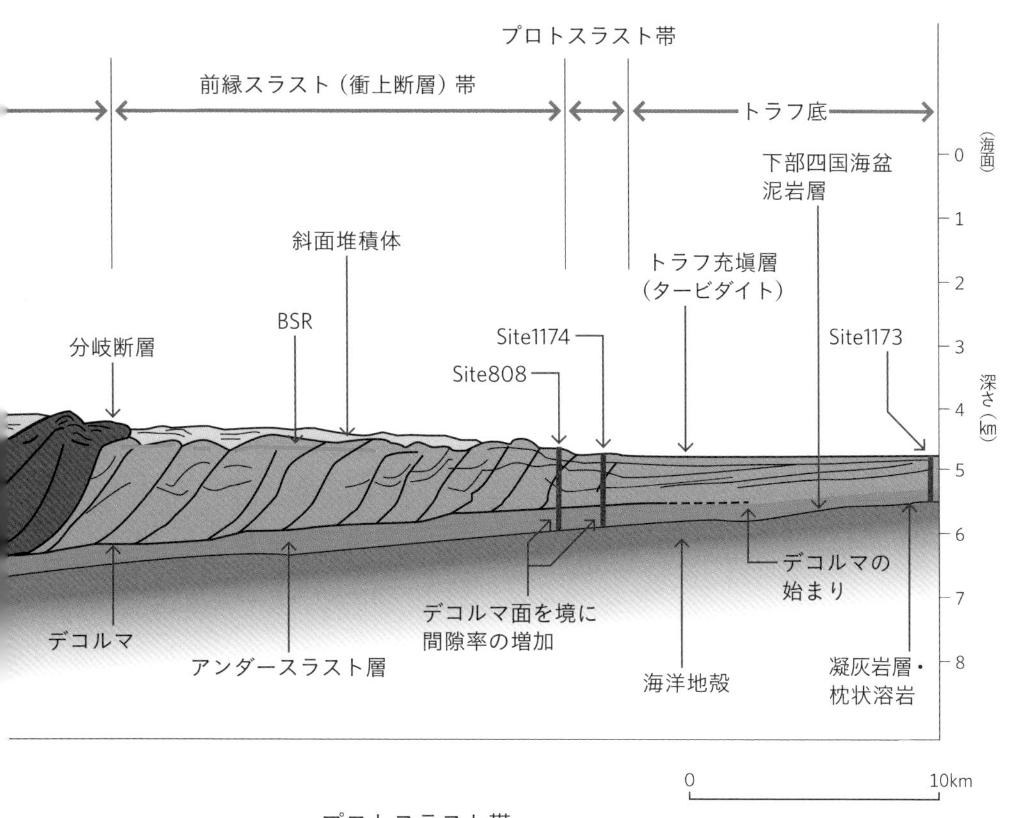

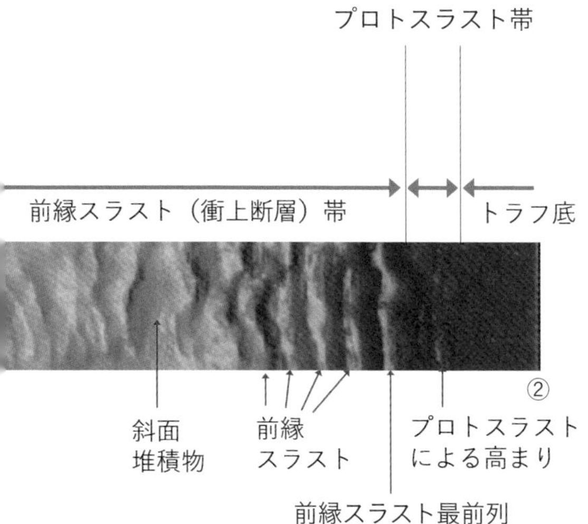

図5.3
南海トラフの地質構造

b　地質構造の解釈。縦軸は深さ（km）である。国際深海掘削計画のサイト（Site808, 1174, 1173など）も示してある。

c　断面図を沿う海底地形。スラストによる地形の特徴がよく表れている。水深は2000mより、500m区分で、赤、黄、緑、青、濃青で示す。図5.3aに比較して水平距離は12%短縮してある。

chapter 5.3

南海トラフの地質――深海掘削の成果

有人潜水船や無人探査機を用いた探査による南海トラフの海底の様子については、すでに第2章で紹介した。トラフ底は主に泥質堆積物に覆われ、海底谷沿いには、傾斜した地層が露出し、また、シロウリガイを主体とする湧水生物群集が存在している。前弧海盆には泥火山が存在し、そこでは炭酸塩のチムニーや含礫泥岩が認められた。

しかし、以上のような表層での探査では、南海トラフの地質のほんの一部しか観察することができない。さらに海底下の地質を調べるには、掘削が必要である。南海トラフでは、過去に足摺沖、室戸沖で国際深海掘削計画時代（DSDP、IPOD、ODP）に5航海、熊野沖および室戸沖で

（本文はP120に続く）

図5.4

a

b

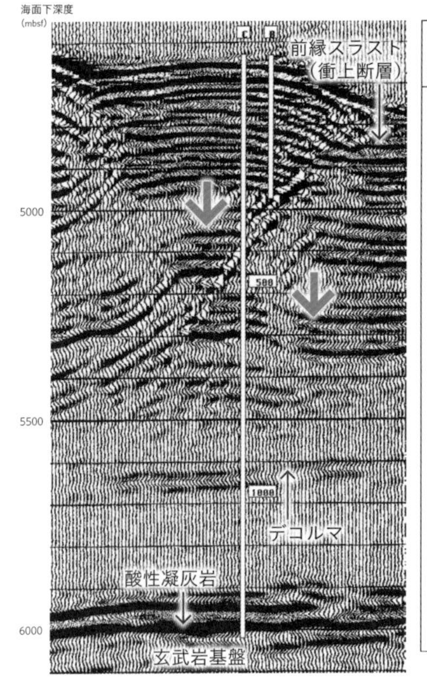

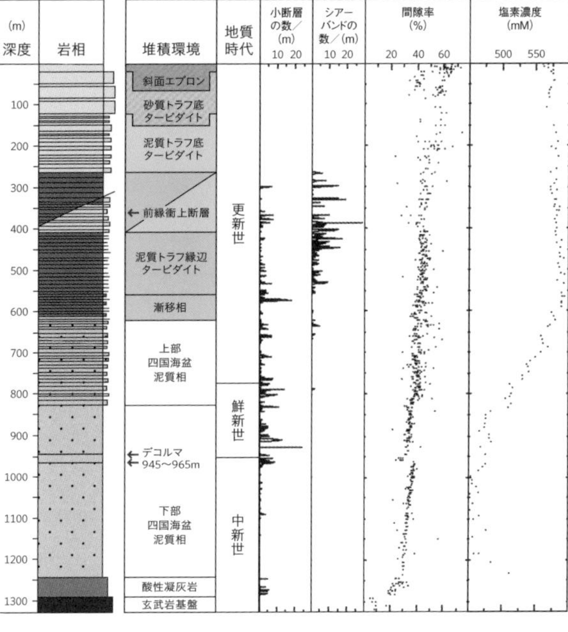

図5.4
南海トラフの掘削成果

←国際深海掘削計画（DSDP〜IODP）において、南海トラフでは計30サイトで掘削がなされ、その地質学的な枠組みや付加作用のメカニズムについて研究が進展した。さらに、地震発生のメカニズムについても、多くの知見が得られつつある。

a

Site808の掘削コア解説　動画5.4.a

https://youtu.be/cChHoO-Kmes

b

Site808における柱状図と地質構造、物性のデータ。左図の下向き矢印は同一地層面を表わす。逆断層で変位している。　平（2004）より

この図は、南海トラフODPSite808の特徴を種々の指標から示してある（P114図5.3も参照）。左側には、反射法地震波探査のプロファイルが示してある。縦軸は深度、この解像度だと、個々の受信波形が並べられていることがよく分かる。2つの白い柱は掘削孔の深度を示す。まず注目すべきは、前縁スラスト（衝上断層）が見事にイメージされていることである。それによって青の矢印で示した反射面が150mほどオフセットしていることが分かる。この前縁スラストは、デコルマに収束しており、デコルマは変位していない。反射法では、発信した信号は、音圧が上がって下がる一対のウェーブレットからなる。音圧が上がった波を右側に描き、見やすくするために、その部分は黒塗りにして示すのが一般的である。海底面では、水中と比べて音響インピーダンスが上がるので、反射波は、同じウェーブレットの形で受信できる。しかし、地下において、下位に音響インピーダンスの小さい層があると、逆波形の波が帰ってくる。この図で海底面を見ると、白、強い黒、白の反射面として認められる。一方、デコルマは、黒、白、黒と反射が逆転（Inversion）している。これは、下位で音響インピーダンスが下がる境界であることを示している。掘削されたコアは、岩相を調べ、また微化石（主にナンノプランクトン）によって時代が決められた。地質構造のデータとしては、掘削コア1mあたりの小断層の数、シアーバンド（図5.5b）の数を示す。小断層の数（上部300mほどは未固結なので発達していない）は、デコルマの上部に多い。また、シアーバンドは、前縁スラスト沿いに発達している。これらのことは、デコルマの上の地層にひずみが集中していることを示している。

一般に、岩石は、それを構成する鉱物粒子とその間隙の空間から構成される。粒子間の空間は、間隙（空隙ともいう：Pore Space）と呼ばれ、そこに水が含まれる場合には、それを間隙水（Pore Water）という（ガスなどを含めて間隙流体：Pore Fluidという場合もある）。岩石の物理的な性質（密度、剪断強度、弾性波速度、電気伝導度など）は、粒子の性質と間隙の分布に依存している。岩石の中に間隙がどれだけあるのかは間隙率（%）で表すことができる。堆積岩の場合には、間隙率は埋没深度とともに減少していき、表層での数十%のレベルから、1000mの深度では20%程度となる。その間、海底堆積物においては、間隙に含まれた海水が排出され、また、温度・圧力の上昇とともに間隙水と鉱物の化学反応あるいは微生物の活動によって、物質の生成や変化が起こる。図5.4bでは、間隙率の深度方向への変化が示されている。この結果においては、表層から300mまでは、60%程度を示すグループと40%程度を示すグループの2つのプロットから構成されている。前者は、泥質岩であり、後者はタービダイトである。400m付近では、間隙率の低下にブレークがあり、やや上昇している部分が認められる。これは反射法地震波探査のプロファイルにあるスラストによって地層の繰り返しがあるからである。その下部、820mまでは、間隙率の値はばらついているが、これは、上部四国海盆泥質相における泥岩と火山灰層（間隙率が大きい傾向がある）のバリエーションを示している。下部四国海盆泥質相のデコルマにおいて間隙率は約10%もの大きな変化を示す。すなわち、デコルマを境界として、その下で間隙率が高い。このことは、デコルマより下位の地層は、埋没によって間隙率が減少した後に、ある時期から間隙の減少が妨げられたことを示している。デコルマは、南海トラフ軸付近から発達を始めるので、その後、デコルマは下部層からの排水を阻止するシール層として働いたことを示している。デコルマの間隙水圧が高いこと、透水係数が小さいことなどが原因として考えられる。この物性の変化が、反射法地震波の記録では、反射の逆転として現れている。

間隙水の地球化学的な測定も多くの有用な情報をもたらす。図5.4bの塩素濃度は、深度600mまでは、ほぼ一定であり、海水のそれと一致している。それより深い地層の中では、塩素濃度が減少している。これは、粘土鉱物の脱水反応が起こっているためと考えられる。結晶格子に水分子を含むモンモリロナイトが60〜70℃でイライトに変化する時に起こる反応である。また、デコルマを通じて、深部からの水の供給があった可能性も指摘される。このように深海掘削では、反射法地震波探査のデータ、掘削孔のデータを統合して、地下の状態を解析していく。Site808の結果は、そのような解析の好例である。

統合国際深海掘削計画時代（IODP）になって「ちきゅう」による12航海が実施されている（P48図2.5）。

Site808の掘削の結果（図5.4、図5.5）、四国海盆の海洋基盤最上部は、玄武岩の枕状溶岩からなることが分かった。

枕状溶岩の直上の堆積物は主に凝灰岩からなり、白、緑、赤茶などの多色岩となっている（図5.5d）。凝灰岩の中には、厚さ数mのものがあり、その中には西南日本外帯の1500万年～1400万年前の大規模な火成活動によるもの、たとえば熊野酸性岩類にその起源を持つものがあると推定できる。フィリピン海プレートの運動を考えると、Site808は1500万年前には今より数百km南東側にあったはずなので、巨大な火砕流が海上を渡ってきたのかもしれない。その上位には、主に陸源の細粒物質からなる泥岩層、下部四国海盆層（図5.4bでは下部四国海盆泥質相と記している）が重なる。その後、四国海盆では、泥岩に火山灰を多く挟む地層が広く堆積した。これを上部四国海盆層という（図5.4bでは上部四国海盆泥質相）。火山灰が多くなるのは約300万年前からの日本列島での火山活動の活発化を示している。

上部四国海盆層から上の地層の重なりは、プレートの移動を考えることで説明できる。Site808が移動してきて南海トラフに近づくと、上部四国海盆層の上にシルト層が挟まれるようになり（漸移相）、約50万年前から、その上部に細粒タービダイトが重なり、さらに粗粒で厚い（数mに達する）タービダイトを含む層へと変化する（図5.5a）。この変化を上方粗粒化、上方厚層化という。タービダイトを構成する鉱物組成は富士川の供給する砂の鉱物組成と一致するので、南海トラフの深海チャンネルの活動があったことが分かる。Site808では、図5.6のように、プレートの

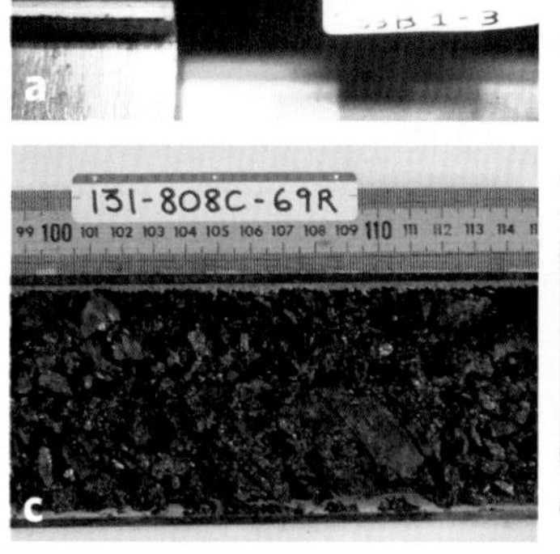

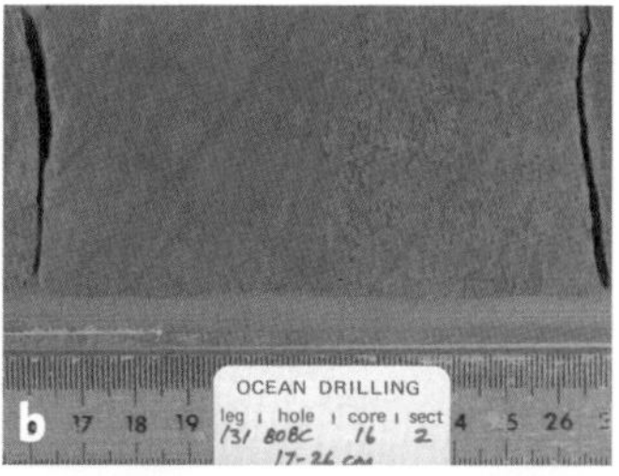

図5.5
南海トラフSite 808コア写真
Taira, Byrne and Ashi（1992）より

a　タービダイト砂
b　水平圧縮応力によって形成されたシアーバンド（Shear Band）構造

動画5.5.b

c　デコルマの破砕帯

動画5.5.c

d　海洋基盤直上の火山砕屑岩層

b：https://youtu.be/5Pci_FwL1SQ　c：https://youtu.be/YFQQOTvwc-I

移動（4cm/年）とともに深海チャンネルの海側縁辺からチャンネル中軸に堆積した粗粒タービダイトへと上方へ重なる堆積相の変化が起こる。この間のプレートの移動距離は4cm/年×50万年＝20kmである。この距離はトラフの海側縁辺からSite808までの距離とほぼ同じなので、南海トラフの中軸チャンネルと自然堤防を越えた乱泥流による堆積プロセスによってトラフ充填層が形成されたことが分かる。

デコルマは破砕された泥岩からなり、掘削されたところでは、約700万年前の下部四国海盆層の泥岩中に発達している（図5.5c）。

付加体の上部ではコアの試料や温度、比抵抗の値などからメタンハイドレートの存在が推定されており、海底疑似反射面（BSR）は、メタンハイドレートの相転移の面であることが分かっている。

図5.6
南海トラフにおけるタービダイトの堆積

過去50万年間、南海トラフの深海チャンネルの位置はほぼ一定であるとする。Site808の50、20、10万年前の地点を示した。深海チャンネルの海側自然堤防には、チャンネルの外側に溢流した乱泥流、さらに大規模な流れではトラフの縁辺まで細粒物質を含む流れが届いたと考えられる。プレートの移動によってタービダイト層に上方粗粒化、上方厚層化の堆積相の変化が起こる。

column 11

南海トラフ付加体の3次元断面と深海掘削

JAMSTEC
倉本真一

海底下の地質構造の探査には弾性波（音波）を用いた3次元的音響イメージング技術が有効である。この技術が成熟することによって、より精密な深海掘削が可能となり、求める地質試料を手に入れることも可能となる。新たな技術を礎に、新たな科学が切り拓かれていくことが現在の南海トラフ付加体で行われている。

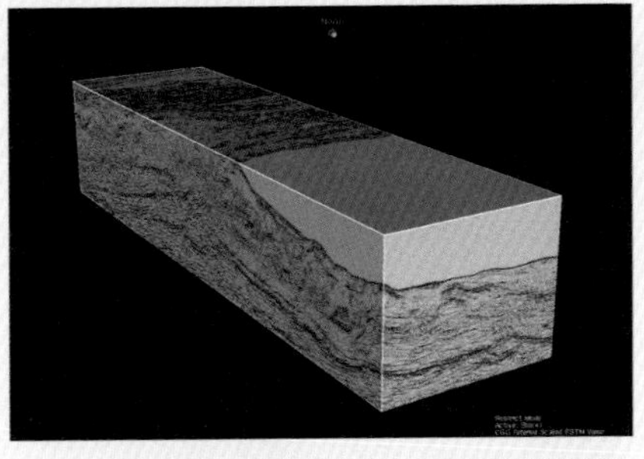

紀伊半島熊野灘沖での3次元反射法地震波探査によって可視化された3次元地質構造図。断層の平面的な追跡により、より活動性の高いところなどを判断し、掘削地点を決定した。

※コラム全文は、QRコード、または〈特設サイト〉（P8記載）へ。

chapter 5.4

地震発生帯を調べる

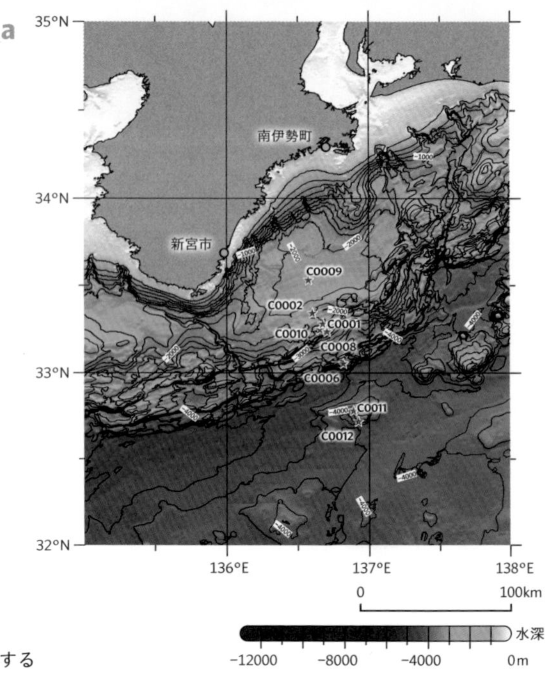

図5.7
紀伊半島沖地震発生帯の構造

a　IODP「ちきゅう」掘削地点
b　熊野沖南海トラフの断層熱履歴
堆積物に含まれる木片は、温度が数百℃に上昇すると石炭化する。石炭化の度合いによって熱履歴を知ることができる。巨大分岐断層と前縁スラスト最先端部において、300 ～ 400℃の熱履歴があり、これは地震時の高速すべりによる摩擦熱発生があったことを示す。

紀伊半島沖南海トラフにおけるIODP掘削の成果の一つとして断層の熱履歴の解析がある。反射法地震波探査の位置と東南海地震の断層破壊域を左上に示す。反射法地震波探査のプロファイルでは、斜面海盆、前弧海盆の堆積物をダークブラウンに塗色してある。この掘削結果の得られる前は、図で示したようにプレートの固着域から巨大分岐断層までが、地震が発生する境界（地震発生帯）であり、その前縁は、付加体の強度が小さく、弾性ひずみエネルギーを蓄積することができない非地震発生帯と考えられていた。「ちきゅう」は巨大分岐断層、最先端前縁断層において、それぞれ400 ～ 500mの掘削を行い、断層を掘り抜いた。断層コアについて、X線CTスキャンによる画像を撮影して断層面を特定し、さらにその岩石について、含まれる炭質物の輝炭反射率を測定した。それをR_0で表す。R_0の値は、炭質物の最高温度履歴を表すことが知られている。断層の中心において、R_0が上昇し1%以上、すなわち300 ～ 400℃の熱履歴を示すので、これは、過去に、高速すべり（1分間で10m以上）による摩擦熱を受けたことを表す。南海トラフでは、巨大地震時のすべりが、トラフ先端まで達していたことが示された。　Sakaguchi et al.（2011）より

南海トラフは、巨大地震の発生年代やマグニチュードが歴史資料などより推定されており、過去の記録が最もよく分かっている地震発生帯である。それによれば、巨大地震は100～200年間隔で起こっており、多くの場合、津波を伴っている。紀伊半島沖では「ちきゅう」による掘削が集中して実施されてきた（図5.7a）。その結果、巨大分岐断層と前縁スラストの最先端部で高温（400℃）の熱イベントがあったことが分かってきた（図5.7b）。熱イベントは堆積物中に含まれる木片の石炭化度合い（輝炭反射率）で検出できる。この結果は、これらの断層が高速すべりを起こしたこと（摩擦熱が発生）を示しており、付加体の先端部まで地震性すべりが到達したことを示唆する。これはプレート境界で起こる地震像の大

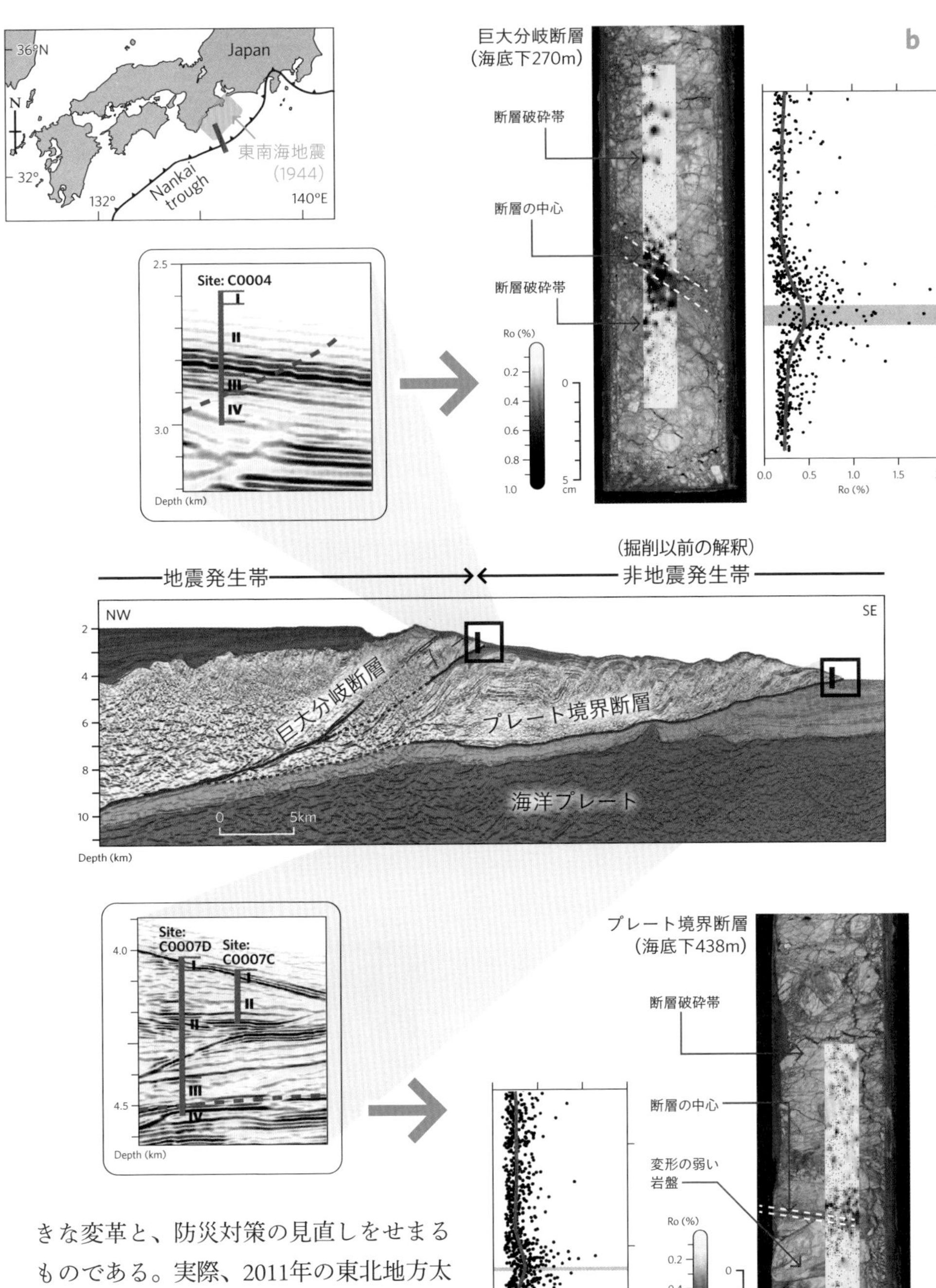

きな変革と、防災対策の見直しをせまるものである。実際、2011年の東北地方太平洋沖地震では、海溝まで地震性すべりが達していた。このことについては第6章でのべる。

chapter 5.5

付加体のモデル実験

今まで見てきたように南海トラフでは、伊豆衝突テクトニクスにより隆起した南アルプスや富士箱根火山帯からの堆積物がトラフを充塡し、フィリピン海プレートの運動によって付加体が現在進行形でつくられている。

このような付加体形成の様子は砂箱を用いた模型実験でよく再現できる（コラム12）。箱に砂を敷き詰め、中部にガラスビーズを入れておき、上部層と下部層に分ける。底部のシートを移動させると、砂層は変形する上部層とそのまま移動する下部層に分かれ、ガラスビーズ層はすべり面として働く。すなわち、ガラスビーズ層はデコルマ面であり、上部層は付加体、下部層はアンダースラスト層となる。この実験では、砂箱の後壁を上部層だけに接するように調整してあり、摩擦の少ないガラスビーズ層の存在が構造形成の要因となっている。自然の条件では、付加体の形状は、砂箱の後壁に相当するバックストップ（付加体背後の地殻）の状態、デコルマ層の性質、付加体の物性などに依存する。模型実験や数値モデル実験（図5.8、コラム12）により、これらの力学的関係を調べることができ、付加体の形成メカニズムの研究に大きく貢献してきた。

column 12

付加体モデル実験

JAMSTEC　山田泰広

日本周辺のようなプレート境界では、数万年から数百万年という長い時間をかけて地層が徐々に変形し、結果として複雑な形になる。中でも付加体は、多数の断層によって特に複雑に変形しているので、露頭や探査データを観察したときに理解できないことが多い。このような場合には、「どのようにしてできるのか」ということに着目して変形を再現することによって、付加体を理解することができる。モデル実験は実験室で地層の変形を再現する方法の一つである。

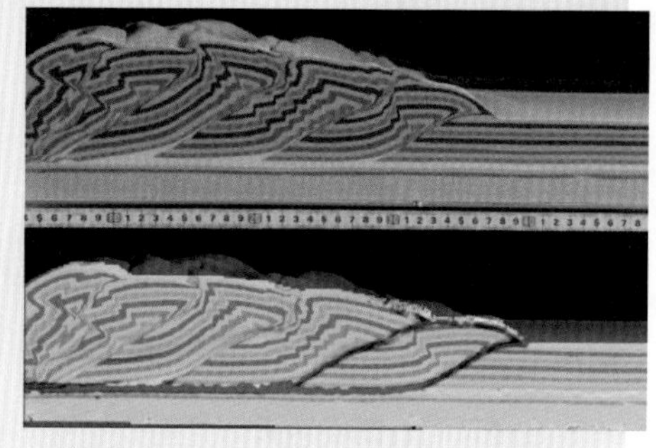

モデル実験によって再現された付加体（上図）。画像解析によって活断層を表示することも可能である（下図）。

※コラム全文は、QRコード、または〈特設サイト〉（P8記載）へ。

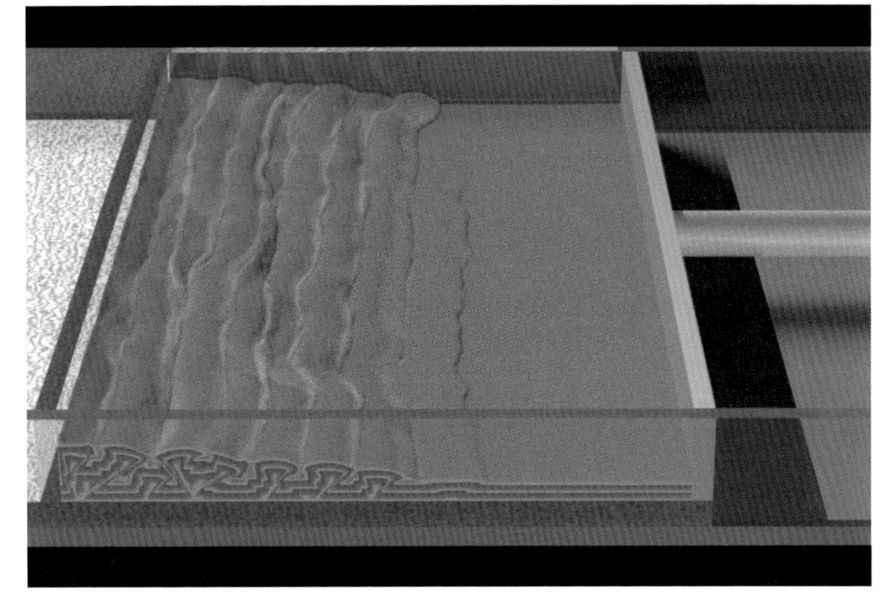

図5.8　付加体の数値モデル実験

動画5.8

流体・固体粒子挙動解析モデルによる数値実験。地質現象には、固体粒子と流体の相互作用によって引き起こされる現象が多数存在する。例えば、堆積作用や断層運動などである。流体・固体粒子挙動解析モデルは地質現象の解析に非常に有効な手法である。第8章を参照。　JAMSTEC 西浦泰介氏提供

https://youtu.be/18heQHc1Lp8

column 13

NanTroSEIZE物語

東京大学地震研究所 教授　木下正高

統合国際深海掘削計画（IODP）による南海トラフ地震発生帯掘削（NanTroSEIZE）は、紀伊半島沖で2007年9月に開始以来、13地点で掘削、これまで延べ170名超の研究者が「ちきゅう」に乗船した。4ノットを超える黒潮下でのライザー掘削、東北地方太平洋沖地震の津波による破損など、さまざまな困難を粘り強い努力により乗り越え、海底下7kmにあるM8の東南海地震の断層固着域に向けて掘削を進めている。これまで地震時には活動しないと思われていた同断層の浅部が、実は強度が低く、過去に地震性すべりを起こしていた証拠などが発見されている。

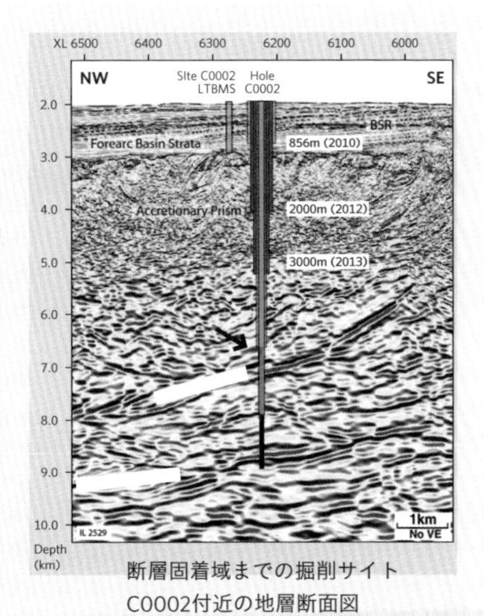

断層固着域までの掘削サイトC0002付近の地層断面図

※コラム全文は、QRコード、または〈特設サイト〉（P8記載）へ。

chapter 5.6

四万十帯——謎の地層の解明

関東地方から西南日本の太平洋側そして南西諸島に、砂岩と泥岩の互層を主体としながら、枕状溶岩やチャートなどを含み、場所により激しく変形した地層が連続して存在する。走行方向の長さで1500km、傾斜方向の幅で最大100kmの分布を示す日本で最大規模の地層群を構成している（図5.11）。この地層群を四万十帯という。四万十帯は、その名の通り、四万十川流域を模式地として定義された地層に由来する名前であり、帯と付くのは、地層が長く帯状に分布しているからである。

四万十帯は長い間、化石の産出が少なく、時代未詳の謎の地層とされ、その成因が明らかでなかった。成因解明に大きな役割を果たしたのが、放散虫化石である。1970年代後半から、筆者（平）を含む高知大学グループが、放散虫化石の抽出に成功し、鑑定を進めていった結果、四万十帯は逆に、最もよく時代が分かる地層の一つとなった。

また、古地磁気学も重要な役割を果たした。岩石は固結した時の地球磁場を記録として残していることがある。これを残留磁気という。火成岩の場合は、冷却時に獲得される熱残留磁気であり、堆積岩の場合には、堆積後に固結してゆく過程で獲得される（堆積残留磁気）。地球磁場は緯度によって伏角が変化するので、当時の水平を示す指標、たとえばラミナやジオペタル構造（溶岩などにできた空隙に堆積物が積もってできた構造）を基に残留磁気伏角を調べると古緯度を決定できる。

四万十帯は四国において最もよく研究されている。四国では、四万十帯は、大きく白亜系の北帯、第三系の南帯に区分できる。それぞれの地帯は、岩相でみると、タービダイト帯とメランジュ帯から構成される（図5.11）。

タービダイト帯は、砂岩（タービダイト）と泥岩の互層からなる（図5.9）。砂岩は、級化層理、リップアップクラスト（砂岩中にとり込まれた礫状泥質部。偽礫ともいう）、砂岩層下底のソールマーク、砂岩層上面のリップルマークなどが発達している。砂岩層下底の生痕化石は深海特有の群集を示す。また、堆積後の変形を示す排水構造、コンボリューション、砂岩岩脈（図5.10c）などが豊富に認められ、堆積後の不安定な状態（急速な堆積による間隙水圧の上昇や地震などによる震動）が継続されたことが読み取れる。タービダイト帯には、さらに大規模な海底地すべり層が認められる（図5.10b）。これも当時、斜面が不安定であったことを示す。このような海底下の浅い部分での変形は、神奈川県三浦半島でもよく観察できる（P179–180 図7.10）。

タービダイト帯は、さまざまなスケー

ルで褶曲しており、またスレートへき開（図5.10d）が発達している（図5.9、図5.10a）。タービダイト帯では、堆積とほぼ同時に変形に巻き込まれ、さらにスレートへき開を伴う大きな波長の褶曲構造が発達したことが分かる。地層の層理面は、概ね北上位であるので、見かけ上は南に時代の古い地層が分布することになる。しかし実際の地質構造では、若い時代の地層が、断層によって次々と接合している（図5.11の断面図）。

タービダイト帯に挟まれて、メランジュ帯が存在する（図5.11、図5.12）。メランジュは大きく、マトリックス（基質）とブロックに区分できる。マトリックスは、剪断変形の著しい泥質の岩石を主体とするが、内容は不均質であり、ブロックを構成する岩石の小片が混在している。これらは、システマチックな剪断変形様式を示している（図5.13h、i、j）。ブロックは、数cmより大きい岩石の断片であり、大きいものは、径数十m以上となる（図5.13a、f、g）。ブロックは大きく分けて5種類の岩石からなる。それらは、①枕状溶岩（図5.13b）、②ナンノプランクトン質石灰岩、③放散虫チャートおよび赤色頁岩（図5.13c、d）、④多色頁岩（図5.13e）、⑤砂岩である。

メランジュ帯の中のブロック間、ブロックとマトリックスの関係は、ほとんどがテクトニック・コンタクト（初生的な堆積や噴火による接触状態が後の変形で失われている）なので、化石時代論によって新旧を決定する必要がある。ここで放散虫化石年代が大きな役割を果たした。

P132の図5.14に、高知県の白亜紀メランジュ帯について、ブロックとマトリックスを放散虫化石年代順に分けて、岩相を重ねた層序と古緯度のデータを示してある。この図より、メランジュ帯のブロックは、海洋底を構成した溶岩とその上に堆積した地層からなることが分かる。復元した層序全体は南海トラフの層序（図5.4b）と類似している。

図5.9
和歌山県周参見（すさみ）でタービダイト帯の地層を野外観察する

動画5.9

01褶曲の概要　　02大褶曲構造

03褶曲構造の景観　　04褶曲砂岩ロードキャスト

01：https://youtu.be/NHyZcxgiHa8　02：https://youtu.be/pyrJRxXO2Bk
03：https://youtu.be/jjqzkxX308E　04：https://youtu.be/vPSXf1lxNi8

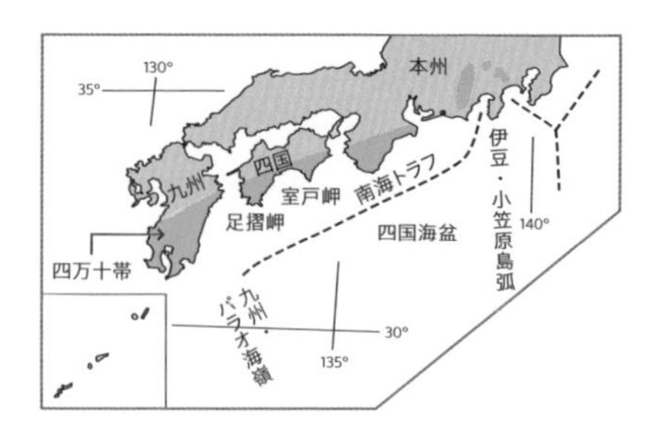

図5.10
タービダイト帯の地質（補足写真5.6）

a　タービダイト砂岩層の見事な褶曲（始新世、和歌山県）
b　砂と泥の混在した海底地すべり堆積物（始新世、高知県）
c　堆積後の液状化現象を示す砂岩岩脈（始新世、高知県）
d　堆積後の圧密を示すスレートへき開（始新世、高知県）

動画5.10  https://www.youtube.com/playlist?list=PLz4tPmq5d-8qmDgXMbYzNWxpjHD26Pops

〈動画5.10〉は、高知県室戸でのフィールドワークをまとめた14本の動画の再生リストです。
01行当岬から黒耳海岸の砂泥互層　02海底地すべり攪拌
03海底地すべり砂岩層　04海底地すべり堆積物
05生痕化石　06タービダイト砂岩岩脈1
07タービダイト砂岩岩脈2　08スレートへき開　09砂岩岩脈
10厚い砂の層　11室戸岬先端　12室戸沖南海トラフ
13行水の池隆起　14ハンレイ岩脈

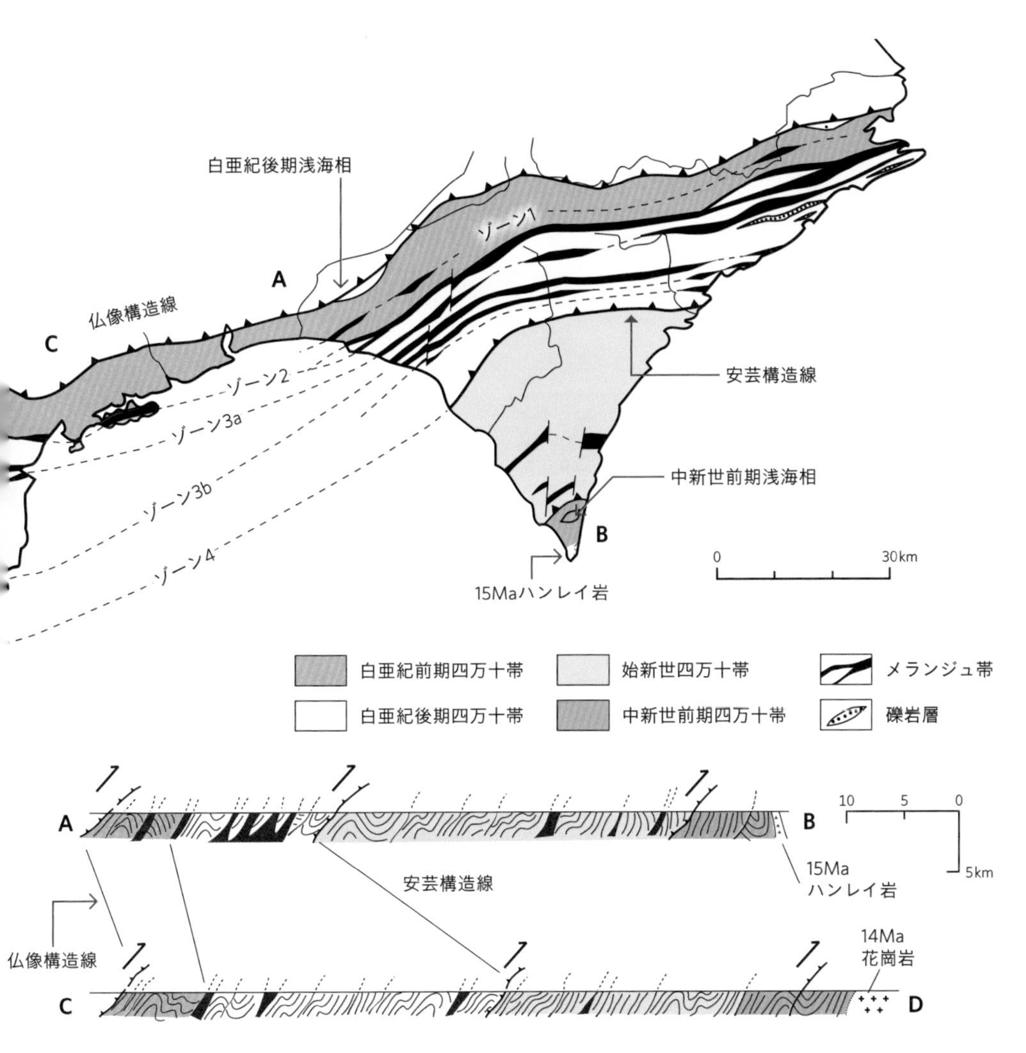

図5.11
四国四万十帯の分布と地質構造
タービダイト帯とメランジュ帯から構成され、年代は南へと若くなる。これらを被覆して斜面・前弧海盆堆積物（浅海相堆積物）が点在する。　平（1990）より

図5.12
メランジュ帯の地質　高知県芸西村住吉海岸にて
メランジュ（Mélange）とは仏語でかき混ぜるという意味。枕状溶岩、チャート、多色頁岩、砂岩などが岩塊、岩片となって泥岩基質中に散在する混在岩を指す。基質の変形様式からメランジュは剪断変形によって形成されたことが分かる。　（補足写真5.6）

a
6
7
5
4
4
b
c
d
e
f
g

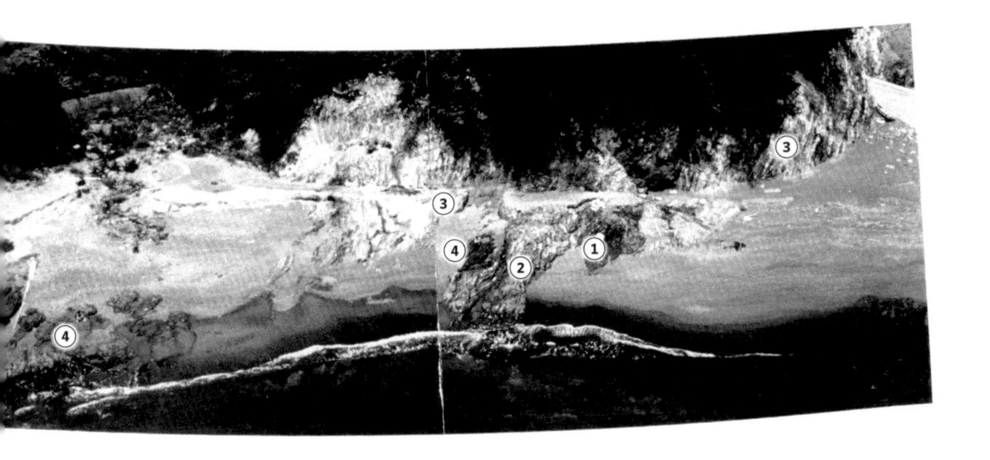

図5.13
メランジュの岩相
（高知県芸西村、須崎市、中土佐町久礼）

Taira, Byrne and Ashi（1992）より

a　高知県芸西村のメランジュ帯空中撮影
　①枕状溶岩　②チャート　③多色頁岩
　④泥岩基質　⑤砂岩ブロック
　⑥タ　ビダイト帯
　⑦メランジュ帯とタービダイト帯の境界断層

b　枕状溶岩

c　層状放散虫チャート

d　多色頁岩（白い層は火山灰層、他は放散虫を多産するシルト質頁岩）

e　赤色頁岩とチャートの互層

f　赤色頁岩と泥岩基質

g　玄武岩溶岩（下）とチャート層（上）、その間に薄く泥岩基質が挟まっている（人物の頭の所）

h　露頭レベルでの剪断構造を示す泥岩基質

i　岩石標本レベルの大きさで見た泥岩基質剪断構造

j　薄片レベルの大きさで見た泥岩基質剪断構造（写真の幅2.5mm）

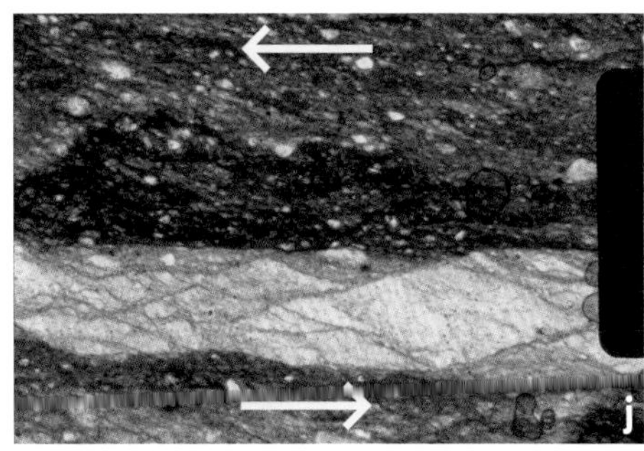

（補足写真5.6）

〈動画5.13〉は、高知県芸西村住吉海岸から中土佐町久礼でのフィールドワークをまとめた13本の動画の再生リストです。
01メランジュ帯の説明　02枕状溶岩
03枕状溶岩内部（ナンノプランクトン石灰岩）
04枕状溶岩からチャート　05層状チャート
06マトリックス　07マトリックス・剪断
08剪断　09東部のまとめ　10西分漁港の多色頁岩
11プレート層序　12四万十帯とプレートテクトニクス
13山中ブレートテクトニクス

https://www.youtube.com/playlist?list=PLz4tPmq5d-8r2jgrx-vOlp4dqTIYQMttl

chapter 5.7

四万十帯の起源

高知県芸西村住吉海岸から土佐市横浪半島にいたる白亜紀のメランジュ帯（P129図5.11 ゾーン2）の地質からみた四万十帯の起源は、次のようにまとめることができる（図5.15）。

1　約1億3000万年前に、赤道付近に中央海嶺が存在し、そこで枕状溶岩が形成され、石灰質ナンノプランクトンが堆積した。

2　海洋底は北上し冷却されて、やがて炭酸塩補償深度（CCD）より深くなると、放散虫が堆積するようになった。さらに北上すると海洋の生物生

図5.14
四万十帯白亜紀メランジュ帯（ゾーン2）から復元された白亜紀海洋プレート層序

地層の厚さはメランジュ帯に含まれるブロックの最大の厚さなどから推定した。古地磁気学的研究から求められた古緯度も示してある。
平（1990）より

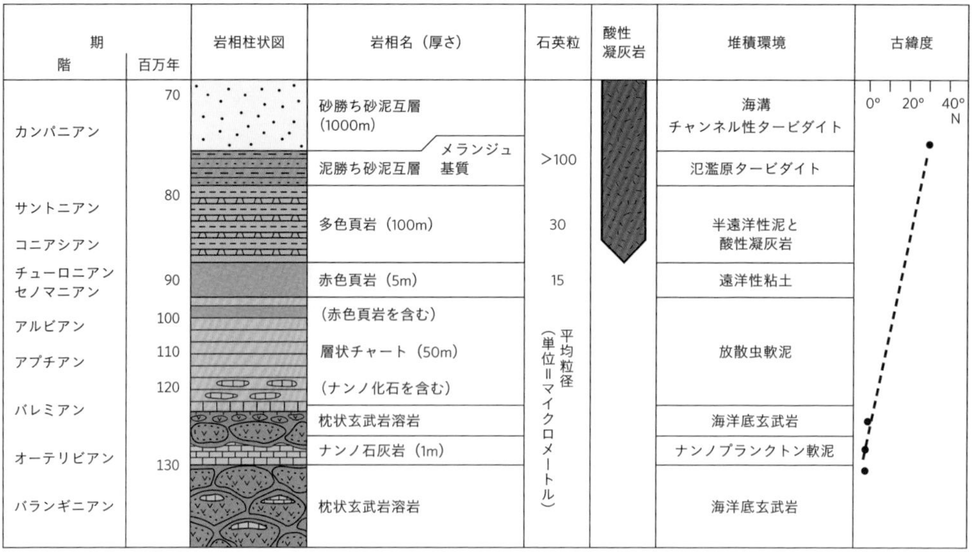

期 階	百万年	岩相柱状図	岩相名（厚さ）	石英粒	酸性凝灰岩	堆積環境	古緯度
カンパニアン	70		砂勝ち砂泥互層（1000m）			海溝 チャンネル性タービダイト	0° 20° 40° N
			泥勝ち砂泥互層　メランジュ基質	>100		氾濫原タービダイト	
サントニアン コニアシアン	80		多色頁岩（100m）	30		半遠洋性泥と 酸性凝灰岩	
チューロニアン セノマニアン	90		赤色頁岩（5m）	15		遠洋性粘土	
アルビアン アプチアン	100 110 120		（赤色頁岩を含む） 層状チャート（50m） （ナンノ化石を含む）	平均粒径（単位＝マイクロメートル）		放散虫軟泥	
バレミアン			枕状玄武岩溶岩			海洋底玄武岩	
オーテリビアン	130		ナンノ石灰岩（1m）			ナンノプランクトン軟泥	
バランギニアン			枕状玄武岩溶岩			海洋底玄武岩	

産性の低い場所に移動し、主に風成粒子からなる赤色頁岩が堆積した。

3 海洋底がプレート沈み込み境界に次第に近づくと（海溝からおそらく数百km程度の距離）、半遠洋性の泥岩と火山弧からの火山灰が堆積した（多色頁岩）。約8500万年前のことである。

4 7000万年前、海洋底は海溝に到達し、そこでタービダイトに被覆された。タービダイトの厚さは、500mから1000m程度であった。タービダイトは深海チャンネルを通じて運搬されたと考えられる。

5 これらの層序全体が陸側斜面で付加体をつくり、四万十帯の北帯を形成した。

6 赤道から北緯30度まで直線距離にして3000km、移動に6000万年要しているので、その間の平均プレート運動速度は、年5cmとなる。

このようにして世界で初めて、付加体の地質学的立証とそこから読み取れる海洋プレート層序が、四万十帯において復元された。このことは、海洋底拡大説を露頭レベルの地質学で実証した最初の例でもある。

図5.15
四万十帯における海洋プレートの移動とプレート層序の形成

図5.14の層序が中央海嶺から海溝へのプレート移動でどのようにつくられるのか示した。 平（1990）より

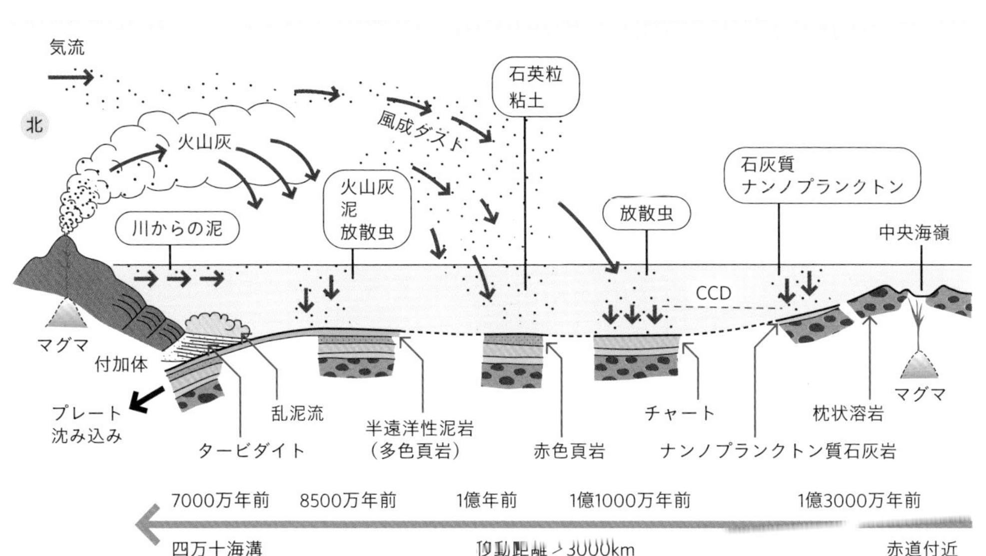

chapter 5.8

メランジュの成因

四万十帯において、まだ十分にその形成過程が分かっていないのが、メランジュの変形と四万十帯の隆起・上昇過程である。四万十帯のメランジュは次の特徴をもつ。

1. 海溝堆積物（タービダイト）と海洋底上部の層序が混在している。
2. マトリックスには剪断による延性変形が卓越している。
3. テクトニック・ブロックには塑性変形を示すフラクチャーが発達してい

図5.16
徳島県牟岐の
シュードタキライト露頭の解説

動画 5.16

https://www.youtube.com/playlist?list=PLz4tPmq5d-8qJsSMI3KgLclGqi48yQdI_

〈動画5.16〉は、徳島県でのフィールドワークをまとめた7本の動画の再生リストです。

01徳島県シュードタキライト1
02徳島県シュードタキライト2
03徳島県シュードタキライト3
04徳島県シュードタキライト4
05徳島県シュードタキライト5
06徳島県シュードタキライト6
07徳島県シュードタキライト7

図5.17
シュードタキライトの薄片写真
高温で溶けたガラス質の岩石が割れ目に注入されている。
坂口有人氏提供

る。

4 メランジュ帯とタービダイト帯全体を切って、断層で接した大きな熱構造ユニットが存在する。この断層と関連して、高速での変形と高温化を示すシュードタキライトも発見されている（図5.16〜18）。これは過去の地震活動を示すと考えられる。

これらのことから、メランジュ帯は、デコルマが海洋底上部に下方移動（たとえばP116図5.3b）した場所で当初、物質が混在し、延性変形と塑性変形が共存するような状態での剪断変形帯（おそらくプレート境界そのものあるいは巨大分岐断層帯）としてできたと考えられる。

四万十帯北帯メランジュの剪断方向は、西南日本を45度回転させると（日本海の開いた分を閉じると）、ほぼ南から北方向になる。これは当時のプレートの斜め沈み込みの方向を示している（P174図7.7b）。

四万十帯は付加体形成のプロセスを解き明かす最高のフィールドといえる。

図5.18
高知県興津の海岸にあるメランジュ帯中の断層

この断層からは高速すべりによって岩石が溶解した痕跡を示すシュードタキライトが見つかっている。この断層は、過去の地震断層と推定でき　たとえば、南海トラフに認められる巨大分岐断層は、このような断層の現在の例である。　坂口有人氏提供

特別収録

Photographic Atlas of an Accretionary Prism
Geologic Structures of the Shimanto Belt

by Taira, A., Byrne T., and J. Ashi　1992, University of Tokyo Press

「付加体の地質構造―四万十帯の写真アトラス」の掲載について

本書の主著者（平）は、1977年〜1985年まで高知大学理学部に勤務した。赴任当初、層位学と野外地質学の授業を担当したが、主任の甲藤次郎先生（故人）の意向で、主に四万十帯と呼ばれていた地層を授業で扱うこととなった。私が、それまでに研究した地層は大学の卒論で新潟の油田地帯の地層、また米国でもカリフォルニアの第三紀の地層、そして現世堆積物であった。これらの地層は、褶曲や断層によって変形はしているが、地層と地層の初生累重関係は保たれた整然とした地層であった。ところが野外調査を行なってみると四万十帯には、場所によって（というより走向方向のあるゾーンに沿って）地層の整合関係や初生的な接触関係が全くわからない場所が存在していた。そこには砂岩・泥岩の他に玄武岩の枕状溶岩、チャートと赤色頁岩、シルト岩と火山灰の互層（多色頁岩）などが混在し、かつ、良く観察すると規則的な変形構造が認められた。初めは、何を教えたら良いのか全くわからず呆然としていた私も、地層の持つ圧倒的な迫力に感動し、四万十帯の謎を解明しようと決心、同僚の田代正之、岡村真、小玉一人氏、そして多くの学生諸君の協力のもと、野外調査、貝化石や放散虫微化石による時代の決定、古地磁気学的な分析を進めて、四万十帯が数千kmにおよび海洋プレートの移動と海溝における付加作用でできたとする考えを提示することができた。日本列島のみならず、変動帯の地質の見方が大きく変わった瞬間だった。その後、東京大学海洋研究所に移り、海洋地質の研究を進める一方、四万十帯の迫力ある、そして美しい地層の姿を、写真のアトラスにして後世に残そうという仕事を進めた。付加体研究者であるTim Byrne、芦寿一郎両氏の協力を得て、東京大学出版会より、表記の図書を出すことができた。本書では、この写真集で記録したいくつかの場所でロケを行っている。私としては、本書の動画とこの写真集とその説明は有機的に結び付いており、さらに一体化することによって四万十帯や付加体一般の学習に大いに役立つと考え、今回、東京大学出版会、特に本書を担当した小松美加さんの尽力により、特設サイトに掲載を許可してくださった。また、サイエンス・イラストレータの金原富子さんは、スキャン原稿の補修をオリジナルな写真に戻って実施してくれた。ここに皆様に感謝いたします。30年を過ぎた今でも、四万十帯は、感動を与えてくれる素晴らしい地層である。そのことを伝えてくれる貴重な本だ。

Photographic Atlas of an Accretionary Prism

同書の日本語訳および正誤表

2011年3月11日に起こった東北地方太平洋沖地震は、
巨大地震・津波の猛威について再認識させるとともに、
地質学の役割についても多くの教訓を残した。
海底でどのような変動が起こったのかを知ることが、
地震・津波の全容を理解する上で必須である。
また、津波がどのように地形を変化させ、
浸食や堆積を起こすのかということは、
過去の津波堆積物記録の検証という点でも、重要なデータとなる。
さらに広域的な液状化現象が発生し、
住宅や建造物に多大なる被害が出た。
なぜ、これほどの液状化現象が発生したのか、
これらの理解について、地質学の役割は大きい。

chapter 6

地質学的に見た 東北地方太平洋沖 地震・津波

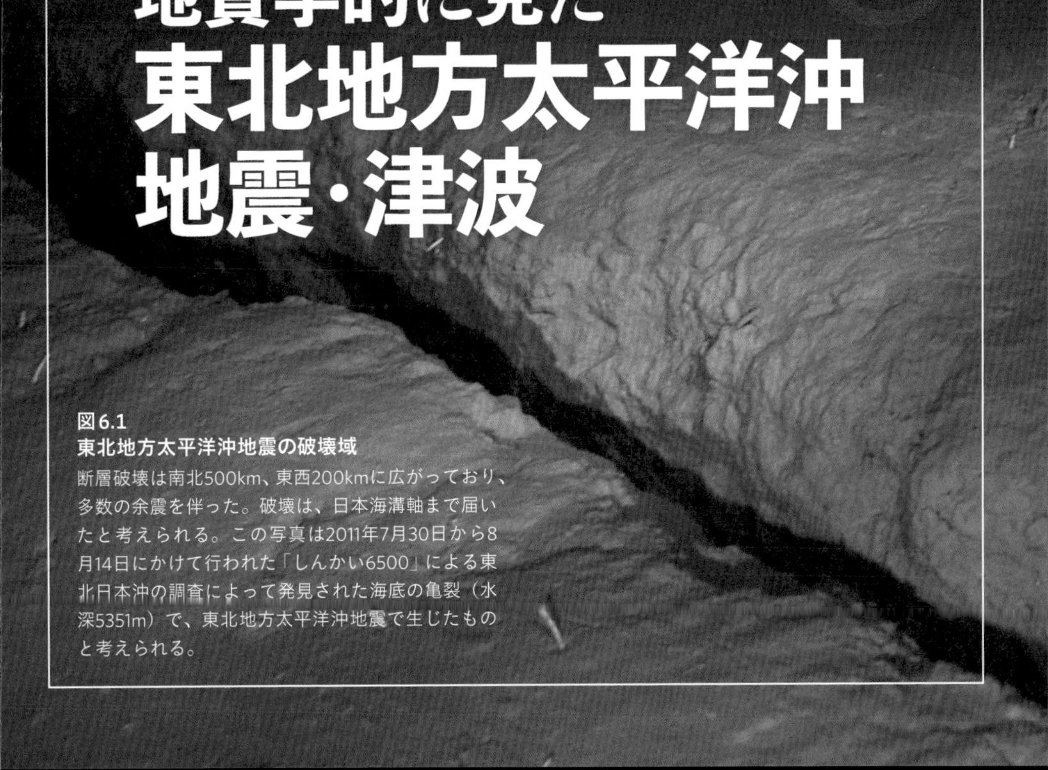

図6.1
東北地方太平洋沖地震の破壊域
断層破壊は南北500km、東西200kmに広がっており、多数の余震を伴った。破壊は、日本海溝軸まで届いたと考えられる。この写真は2011年7月30日から8月14日にかけて行われた「しんかい6500」による東北日本沖の調査によって発見された海底の亀裂（水深5351m）で、東北地方太平洋沖地震で生じたものと考えられる。

chapter 6.1

海底の大変動

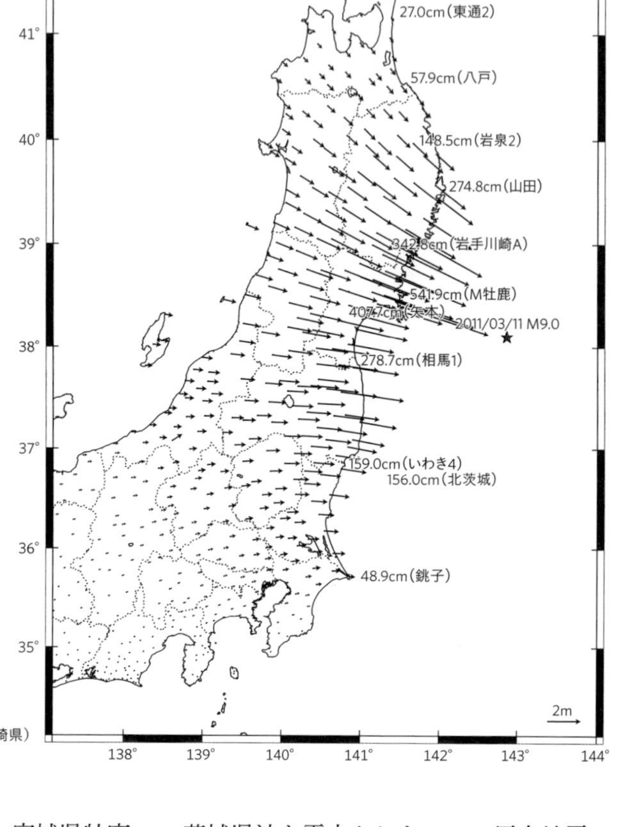

図6.2
衛星測位観測システムによって明らかになった地震時の地殻変動
宮城県牡鹿半島は、541.9cm東へ移動、107.6cm沈降した。
国土地理院ホームページより。

2011年3月11日14時46分、宮城県牡鹿半島東方沖150kmを震央として、マグニチュード9（P156図6.21を参照）の巨大地震が発生した。東北地方太平洋沖地震である。太平洋プレートの沈み込み境界に沿って、海溝と平行に約500km、海溝から陸側へと向けて約200kmの範囲に破壊が起こった（図6.3）。さらに余震であるM7クラスの地震が、15:08、15:15、15:25に起こった。このうち、15:15の余震は、茨城県沖を震央とした。この巨大地震に伴って、陸上の衛星測位観測システムは、宮城県牡鹿半島で東方へ約5mもの移動を記録した（図6.2）。

海洋研究開発機構（JAMSTEC）では、3月11日の大震災の後、すぐに研究船の手配をし、次の調査を実行した。震源域の地形調査と反射法地震波探査による地質構造調査、「しんかい6500」による海底調査である（図6.3、図6.4、図6.5）。

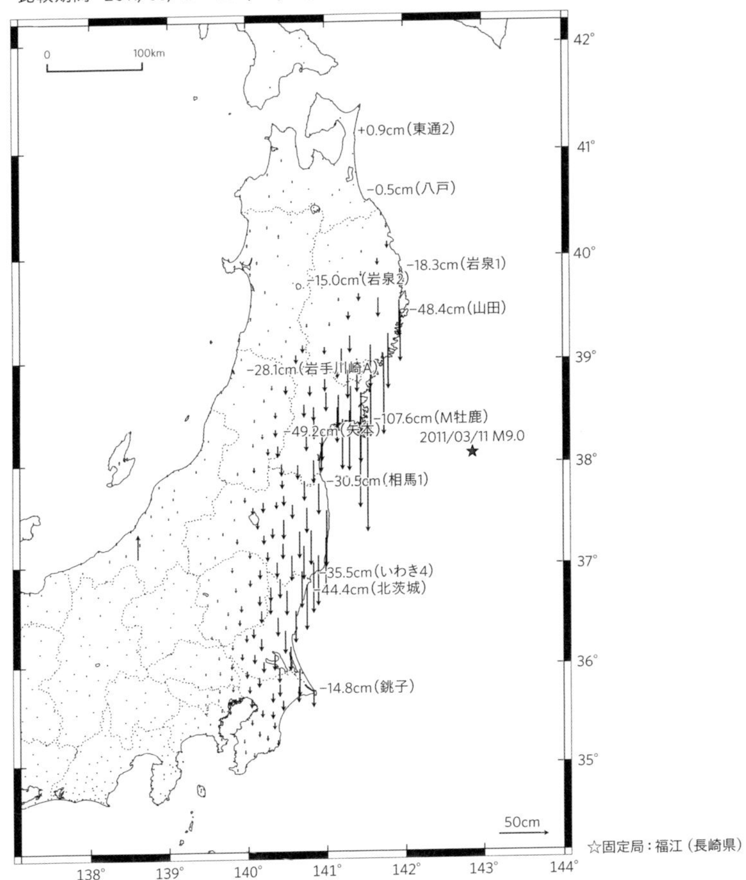

震源域の海底地形調査については、1990年代に震源付近を通る測線について2回実施しており、地震後の調査と比較検討することが可能であった。その結果、海溝陸側斜面は、最大50m東へ移動、10m隆起したことが分かった（図6.3）。海底の音響測位観測では、水深1000m付近で東へ20mの移動が観測されており、東北日本の太平洋沖は、全体として、大きく東へ移動したことが分かった。

同じ測線上では、反射法地震波探査のプロファイルも取得されており、地震前後での、地質構造の変化が比較できた。顕著な変化は、海溝陸側斜面最深部から海溝にかけて起こっていた。ここでは、衝上断層の運動によって、海溝堆積物が新たに変形しており、さらにデコルマは、海洋地殻の直上付近に存在することが推定された（図6.4）。

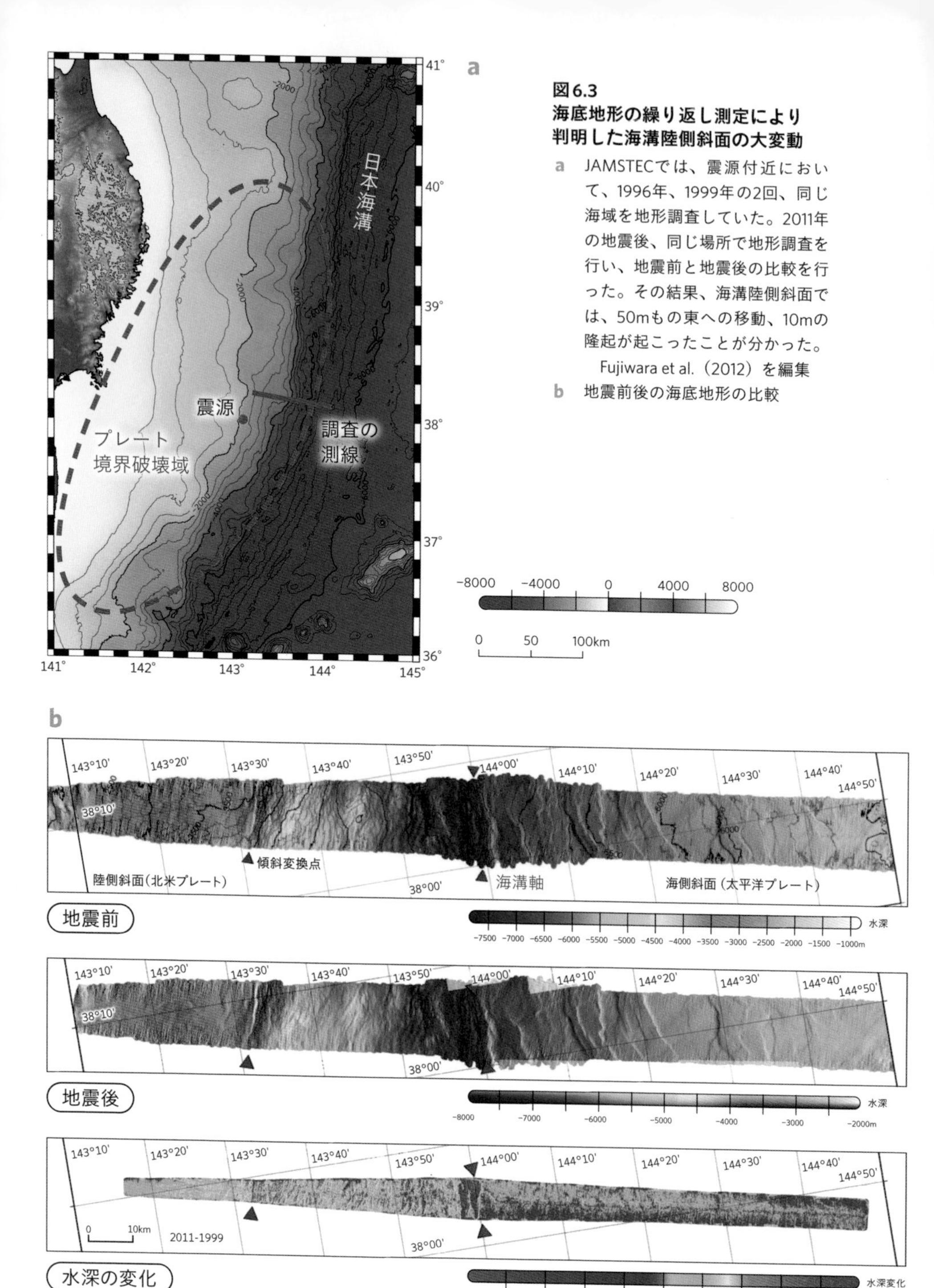

図6.3
海底地形の繰り返し測定により判明した海溝陸側斜面の大変動

a JAMSTECでは、震源付近において、1996年、1999年の2回、同じ海域を地形調査していた。2011年の地震後、同じ場所で地形調査を行い、地震前と地震後の比較を行った。その結果、海溝陸側斜面では、50mもの東への移動、10mの隆起が起こったことが分かった。
Fujiwara et al.(2012)を編集

b 地震前後の海底地形の比較

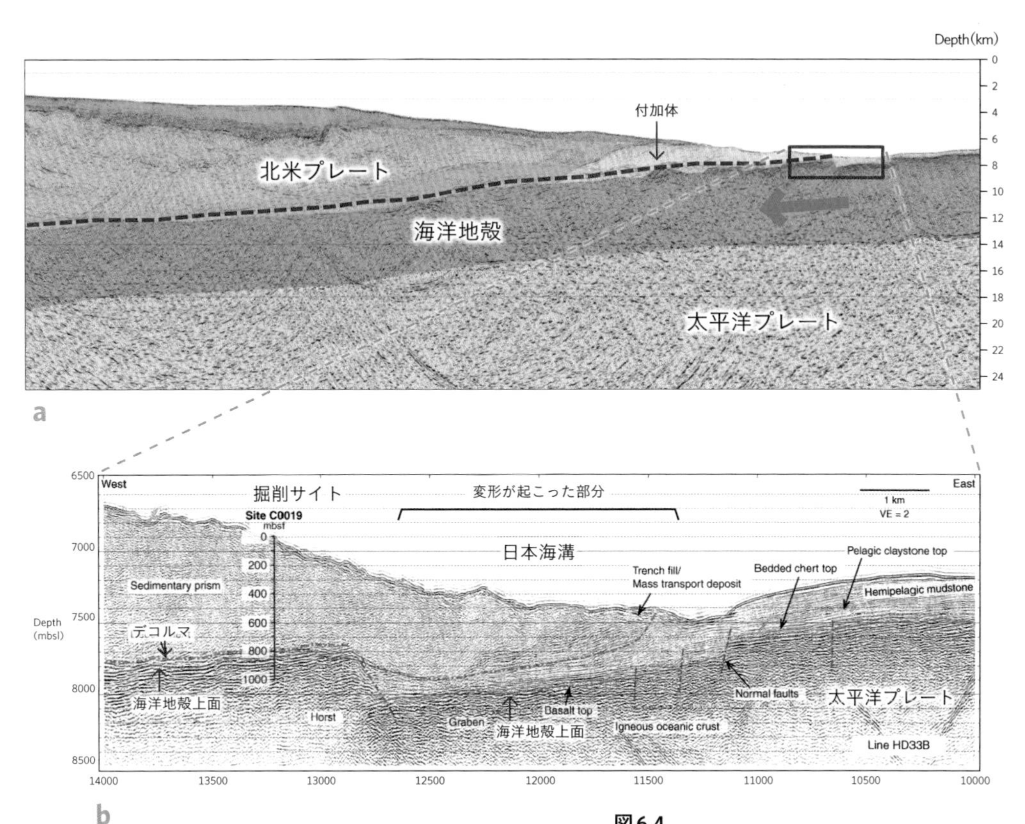

図6.4
日本海溝を横切る反射法地震波探査プロファイル　Kodaira et al.（2012）より

a　図6.3aで示した測線の反射法地震波探査プロファイル。

b　東北地方太平洋沖地震後の海溝陸側斜面と日本海溝の堆積物の反射法地震波探査からみた地質構造。

https://youtu.be/In_JrYcsVuo

動画6.4は地震前後での構造の比較と南海トラフ掘削結果との比較。

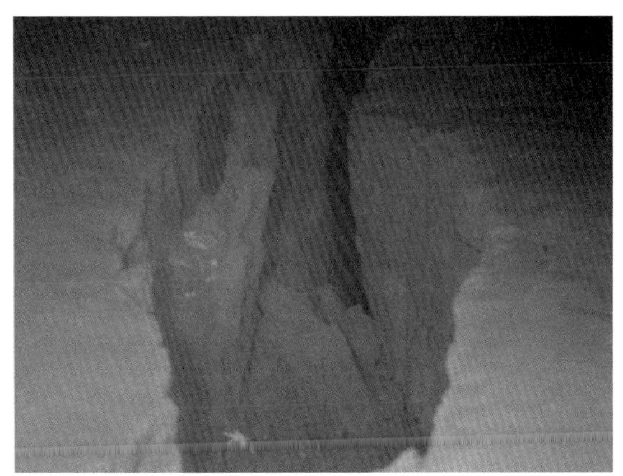

図6.5
「しんかい6500」が地震後の海底を調査

この付近は以前にも潜水調査しており地割れはなかった。水深5351mで新鮮な地割れを発見した。

https://youtu.be/ZR-tntPfsek

chapter 6.2

「ちきゅう」による掘削

2012年4～5月に、統合国際深海掘削計画（IODP）のもと、日本海溝で「ちきゅう」による掘削が行われた。その結果、水深6900mの海底下820mにおいて、掘削同時検層により5m以内の厚さの主要な破砕帯が発見され（図6.8）、コア掘削によって、破砕帯は摩擦係数の小さい遠洋性粘土層からなることが確認された（図6.6）。さらに温度センサーストリングが設置され、8ヵ月間の孔内温度計測が試みられた。その結果、破砕帯において0.2℃の温度異常が見つかった（図6.8）。これは高速すべりによる摩擦熱が発生していたことを示す証拠となった。

東北地方太平洋沖地震において、海溝陸側斜面は、海溝の軸まで50mのすべりを起こした。従来の考えでは、海溝近傍のプレート境界断層は、地震時におけるような高速すべりにおいて速度強化を起こす物質からなっていると考えられていた。したがって、地震時には摩擦が大きくなり、高速すべりが起きにくいとされていた（図6.7）。東北地方太平洋沖地震で観測された海溝付近での巨大変位は、この考えが間違っていたことを示した。

実は、このことは、南海トラフの「ちきゅう」による掘削において示唆されていた。南海トラフの掘削では、デコルマの先端部（前縁スラスト）において、断層破砕帯中の木片の輝炭（ビトリナイト）反射率が上昇している部分が見つかった（P123図5.7b）。また、分岐断層においても300～400℃の熱履歴があり、これらはいずれも地震時の高速すべりによる摩擦熱発生があったことを示す。すなわち、前縁スラストの最先端部や分岐断層は、南海トラフにおいても高速にすべった履歴があり、巨大津波の原因になっていた可能性がある。

東北地方太平洋沖地震では、プレート境界固着域で巨大な破壊が起こったが、破壊は海溝まで到達し、巨大津波が起こった。海溝へ到達した理由は、プレート境界断層が摩擦係数の非常に低い粘土層（スメクタイト層）からなっており、また同時に摩擦発熱により、水分の気化膨張が起こり内部圧力が上昇（サーマル・プレッシャリゼーション）して、さらなる摩擦の低下が加わったと推定される。海底の地形、地質、掘削調査によって、巨大地震・津波発生メカニズムの新たな姿が浮かび上がってきた。

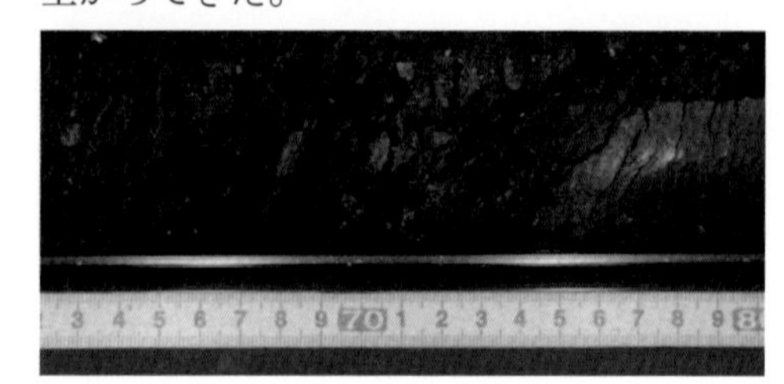

図6.6
日本海溝プレート境界破砕帯の粘土層
海底下820mにおいてコアが回収された。

1 非地震発生時の
プレート沈み込み帯のモデル

プレート境界断層
日本列島地殻
（古い時代の岩石）
海溝斜面
海洋プレート
海溝
30〜
40km
分岐断層
弾性ひずみ
エネルギーの
蓄積
固着域
新しい付加体
プレートからはぎとられて付け加わった堆積物。水を多く含む。ゆっくりしたプレート運動で変形。岩石が軟らかく弾性ひずみエネルギーを蓄積できない

2 従前の地震発生時モデル

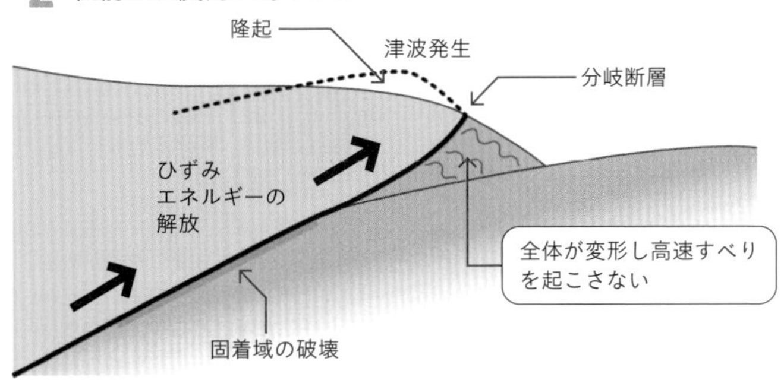

3 東北地方太平洋沖地震の
地震・津波を起こした運動

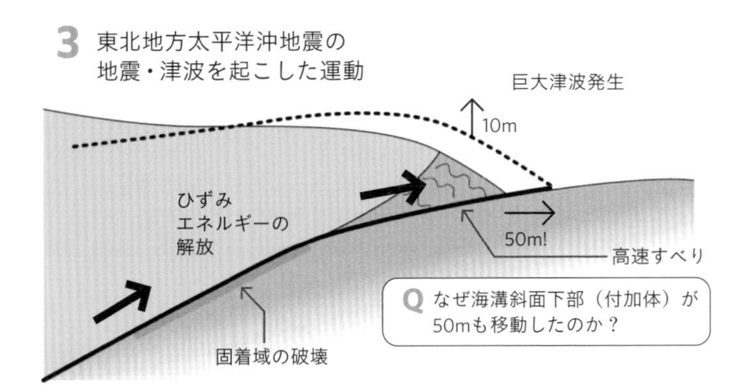

図6.7
地震・津波の発生メカニズム
従来の考え方では海溝まですべりが達するとは考えていなかった。
南海トラフの掘削で3が起こることが示唆されていた。3の問いに
答えるために「ちきゅう」による掘削が実施された。

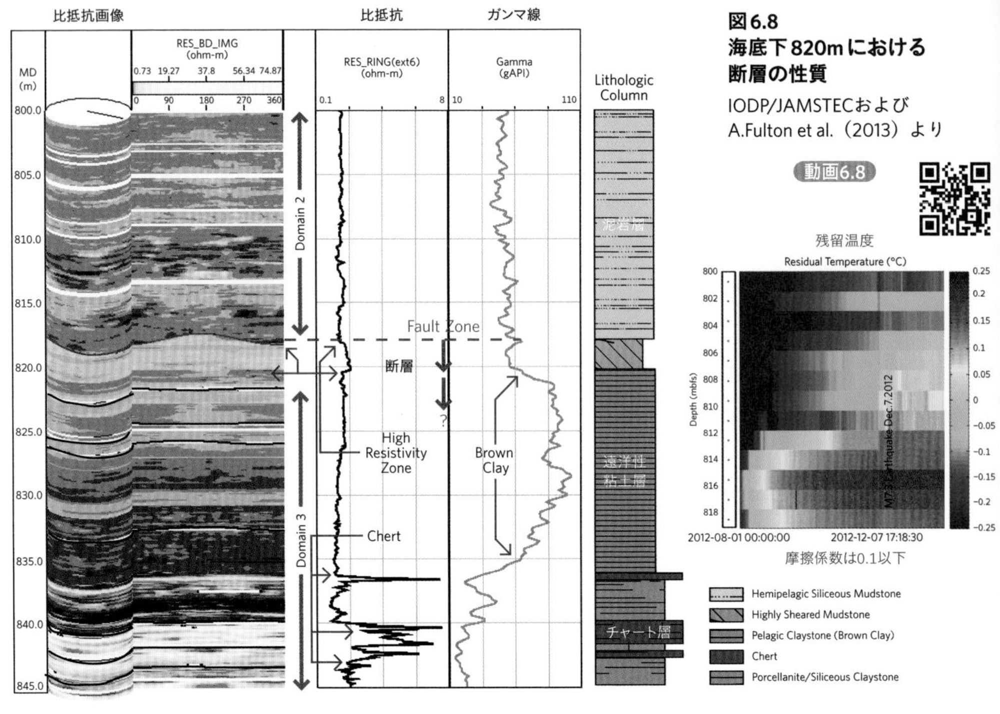

図6.8
海底下820mにおける断層の性質
IODP/JAMSTECおよびA.Fulton et al.（2013）より

動画6.8

IODPExp343におけるプレート境界断層の特徴と長期温度観測の結果を示す。プレート境界断層は、反射法地震波探査記録より、海底下800m以下に推定されていた。そのため、まず掘削同時検層を行い、地層の物性を測定した。この図では、左に孔の周囲の地層の比抵抗を連続測定した結果を示す。地層の比抵抗は、間隙率に大きく依存する。間隙水の成分は海水に近いので間隙率が大きい部分は電気をよく通す（電気抵抗が小さい）。この図では、抵抗の大きい部分をより明るい色、抵抗の小さい部分をより暗い色で表している。左端に掘削孔の半分の画像と360°平面展開した図を示した。また、比抵抗の平均値も示してある。掘削深度818mに比抵抗のシャープな境界（断層で抵抗が大きい）が認められた。また、ガンマ線の測定（粘土鉱物の量を表している）では、821mからガンマ線が上昇し、ここで岩相が大きく変化していることが分かった。検層の結果、818〜821mの間に断層があることが予想された。コアリングの結果、800mより深い部分では、泥岩層、遠洋性粘土層、そして下部にチャートを含む層が確認できた。820m付近で、剪断の著しい破砕された地層が回収され（P142図6.6）、ここがプレート境界断層と推定された。この部分で、集中的に約8ヵ月間の残留温度異常の観測を行った。その結果を右上端に示す。816〜818mで0.2°Cの温度異常（海底下の温度勾配からのずれ）が測定され、この部分が東北地方太平洋沖地震時に摩擦熱を発生させたことが分かった。この掘削サイトにおいては、掘削コア、掘削同時検層、長期温度観測の結果から、科学史上始めてM9地震断層の海溝斜面先端部における挙動を捉えることに成功した。　動画6.8：https://youtu.be/WpqlIf99hdY

column 14

JFAST物語

JAMSTEC
江口暢久

東北地方太平洋沖地震が起こった直後から、世界中の地震学者・地質学者はその地震発生のメカニズムを解明するために立ち上がった。ターゲットは水深7000mの海底から、さらに1000m下のプレート境界断層だ。世界中でそこまで掘削できるのは、地球深部探査船「ちきゅう」のみ。研究者チームが「ちきゅう」に乗って、プレート境界断層に向かったのは、2012年4月1日だった。

※コラム全文は、QRコード、または〈特設サイト〉(P8記載)へ。

chapter 6.3

巨大津波による浸食と堆積

東北地方太平洋沖地震において、東北地方から茨城県さらに千葉県の海岸にかけての広い範囲で、海岸部に津波が侵入し、多くの人命が失われ大被害を出した（図6.9）。岩手県釜石沖には、東京大学地震研究所の海底ケーブルが敷設されており、海底水圧計が沖合80kmと50kmの2地点に設置されていた（図6.11）。沖合の地点TM1では、14時46分の地震発生時に震動が伝わり、水面が上り始め、14時58分頃までに2mの上昇を記録した。そして地震発生から10分後に急激な水面の上昇が始まり、15時には水面はさらに3m上昇した。この異常な水位上昇イベントは、「ちきゅう」による掘削で明らかになった、海溝に到達したプレート境界断層の高速すべりのイベント（図6.6にモデルとして示した）と対応している可能性がある。この急激な水位上昇のピークは、30km離れたTM2地点に約4分で到達している。このことから津波の速度が450km/時と新幹線以上であることが分かる。このピークが陸地に侵入した時、いわゆる津波堆積物が形成された。

今回の津波堆積物の堆積構造、粒度、層厚などは、多様である。巨礫を含む粗粒堆積物、砂質堆積物、泥質堆積物などのバリエーションがあり、堆積構造も無層理塊状構造、級化層理、リップル葉理、平行葉理などが認められた。さらに岩手県宮古市では、海岸から700m内陸まで消波ブロックが運ばれていた（図6.10）。

映像でみると、津波はさまざまな流動の形態を示していた。たとえば、気仙沼や志津川などの三陸の奥深い湾では、津波は急速に高くなり、大量の瓦礫を伴って流入した。内陸へ侵入していった津波の先端部では、おそらく高密度の流体（土石流状態）がつくられており、消波ブロックなどが流された。やがて、流れはおさまり、高い水位のまま10分程度停滞し、非常に強い引き波の流れに変化し、海へと大量の物質が運び出され、浅海域へと砂や消波ブロックが運ばれた。

平野部の津波は、やはり先端部の一部には高密度の流体が存在するようで、それが真っ黒な流れとなり侵入していった。平野の内陸部では、停止後の引き波の流れは弱く、海への流れを示す堆積構造はあまり見られず、泥質堆積物が表面を被

図6.9　仙台平野に侵入する津波
砂や泥を巻き込み、真っ黒な色となっている。

図6.10
宮古市において海岸から700m内陸で発見された消波テトラポッドなどの巨大ブロック群

津波の運搬能力には驚かされる。この例は、各地で発見されている“巨大津波石”の実例として貴重である。　後藤（2012）より

覆した。

海岸の地形変化も著しい。とくに宮城県から福島県の砂浜、干潟では、津波前後で大きく地形が変わった場所がある。福島県相馬市や松川浦で撮影された映像には、津波到着時からの定点撮影を行っているものがある。緩やかな水面上昇が続いた後、3分後には堤防を越し始め、そして8分後には巨大な海の壁が来襲してくる様子が捉えられている。この急激な海面上昇は、釜石沖で観測された水位の急激上昇イベントと同じピークと推定され、この時に浜堤、防潮林などが一挙に破壊・浸食された。映像で見る福島第一原発を襲った巨大波浪もこのピーク来襲における出来事と推定される。福島県松川浦では防潮林が壊滅し砂浜が大きく浸食され、また、干潟には堆積物が運び込まれた（図6.12）。防波堤の陸側には深い洗掘溝がつくられた（図6.13）。

松川浦の津波堆積物については、東北大学 後藤和久らの調査で明らかになってきた（図6.12）。この堆積物は、砂礫質であり、泥を主体とする通常の底質とは明らかに異なっていた。

砂浜から沖合へは、引き波の時に砂が運ばれ、厚さ10cm程度の新しい層がつくられた。この新しい層は、水深10m以深では波浪などによる浸食を受けずに残っているのが、2013年に確認されている。

仙台平野には、貞観津波（AD869年）によって堆積したと考えられる津波堆積物が広く分布している。この堆積物は現在の海岸より最大4kmほど内陸まで分布しており、2〜5cm程度の砂層が、十和田a火山灰（AD915年）の下から産出する。

津波による堆積物は、湖沼においても保存される場合がある。高知大学の岡村真らは、南海トラフに面する高知県須崎市糺ヶ池（ただすがいけ）において、湖沼に特徴的な年縞の発達した有機物の多い泥層にまじって、貝殻や植物片を含む砂層が挟まれていることを発見した。注目すべきは、この砂層が何枚か繰り返して堆積していることである。砂層上部は、貝や海棲プランクトンの殻を多く含み、さらに上方に向かって植物片の多い堆積物に変化する。このような堆積サイクルは、津波の来襲によって沿岸の砂や貝殻などと湖沼周囲の植物片が運ばれ、植物片は軽いので砂層の上に堆積したために形成されたと考えられる。このような湖沼が発達する場所は、南海トラフ沿いではヒンジゾーンと呼ばれ、地震後の沈降域に位置する。したがって、地震と同時に一時的に海が侵

東大地震研釜石沖ケーブル観測点

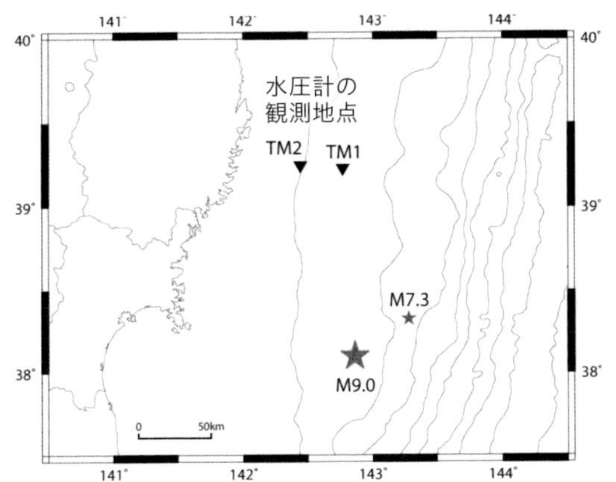

観測波形

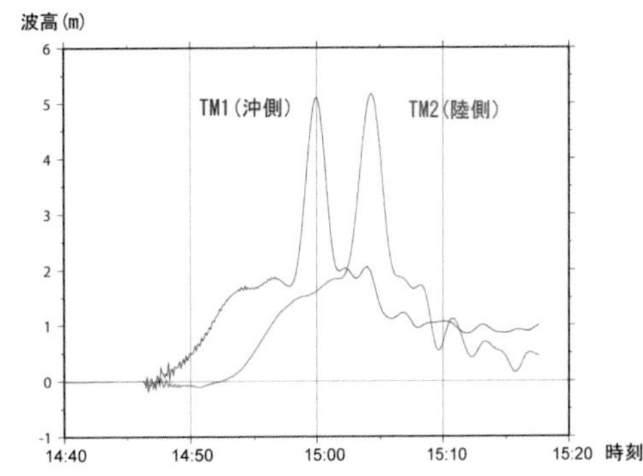

図6.11
釜石沖の海底水圧計のデータ

左図は水圧計の観測地点を示す。右のグラフより、14時46分頃、本震（M9.0）の震動が水圧計に伝わり、TM1（海寄り）では、その時から徐々に海面が上昇している。約2m上昇し、地震発生から約10分後には約3m急激に上昇し、合計約5m海面が上昇した。約30km陸寄りのTM2では、TM1から約4分遅れて同様の海面上昇を記録した。このように海面水位は2段階上昇を記録しており、とくに2回目の上昇はきわめて急激でシャープな波形を示した。これは海溝プレート境界の高速すべりを表している可能性がある。　東京大学地震研究所提供

入し、やがて砂州などが回復し、再び湖沼となる。南海トラフ沿いでは、このヒンジゾーンに沿って湖沼が存在し、そこが津波堆積物の格好の保存地となっている。このような調査によって歴史記録の少ない場所や長期にわたる津波の歴史が分かってきた。

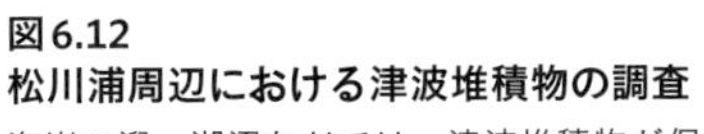

図6.12
松川浦周辺における津波堆積物の調査

海岸の潟、湖沼などでは、津波堆積物が保存されることがあり、しばしば過去の津波堆積物の研究にとって重要な例となる。今回の津波でどのような堆積物が形成されたのか、その貴重な例を福島県の松川浦で撮影した。（補足写真6.3）

動画6.12

津波の被害状況と津波堆積物

湖上調査の様子その1

湖上調査の様子その2

津波堆積物

左より：https://youtu.be/ySaHpurKxzk　https://youtu.be/-i1YT2bZghM
https://youtu.be/xB3BmBfIOHw　https://youtu.be/hEnSBrOQGRA

図6.13
福島県松川浦において津波の痕跡を調べる

ほとんど消滅した防潮林、海岸近くの建物の中の様子、巨大洗掘痕など、津波の痕跡を調査する。
(補足写真6.3)

動画6.13
https://youtu.be/pOm-VVkrsjA

図6.14
福島県相馬市のポートハウスの内部における被害の様子

この建物を津波が襲った映像は本書の特設サイト内「図の引用、参考文献と関連インターネット情報のリスト」の「福島県相馬市原釜」から見ることができる。
(補足写真6.14)

column 15

東北地方太平洋沖地震津波シミュレーション

徳島大学大学院 教授
馬場俊孝

2011年東北地方太平洋沖地震に伴って発生した津波は、我が国において未曽有の大災害を引き起こした。津波災害の軽減のためには、私たちはまずこの津波をよく調査し、理解する必要がある。津波の伝搬には、海底や陸上での複雑な地形を考慮する必要があるため、コンピュータによる数値解析を用いて計算する。

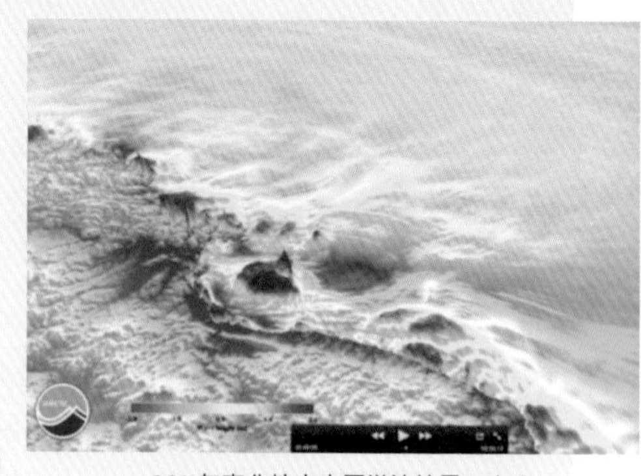

2011年東北地方太平洋沖地震による津波の伝搬の様子

※コラム全文は、QRコード、または〈特設サイト〉(P8記載)へ。

chapter 6.4

地盤の液状化

東北地方太平洋沖地震では、東日本の広い範囲で地盤の液状化が起こり、とくに東京湾臨海部の埋立地や河川低地において被害が多く報告されている。被害の最も大きかったのは千葉県浦安市で、家屋被害は8700戸にのぼった。筆者(平)は千葉県浦安市に居住しており、自宅を含めて、近隣の住宅地では液状化によって大きな被害を出した。

浦安の地下は、厚さ40〜50mに達する軟弱地盤(沖積層と呼ばれる過去1万年の間に堆積した内湾の地層)から構成されており、新しい市街の大部分は、その上に1960年代から埋め立てた土地の上に造成されている。

沖積層の下位は、氷河時代の海面低下期に形成された古期河川堆積物であり、礫岩や砂岩の互層からなり、剪断強度が大きく、工学的基礎と呼ばれている。その上に完新世海進初期の湿原堆積物や腐植土が重なり、さらにその上は、最大海進期(縄文海進と呼ばれている)の厚い内湾シルト層に覆われる。このシルト層は東京では有楽町層と呼ばれており、厚さ50mに達する。最上位に河口や干潟のある場所では、砂層が数mの厚さで発達する(図6.14)。

浦安で埋立の始まる前には、旧江戸川の河口には大三角州と呼ばれる干潟が存在していた(図6.15)。1960年代から始まった埋立工事によって、一帯は大きく変貌した。埋立は、近くの海底で浚渫(しゅんせつ)した海砂を運搬し、ポンプによってパイプ中を移送、放出して行われた。

浦安付近では、3月11日14:46の本震と15:15の余震が顕著に震動として感じられた(以下、15:15の茨城県沖M7.7の地震を余震と呼ぶことにする)。すなわち、今回、浦安付近では、本震の後、29分後に余震が感じられたことになる。

今回の地震動は、浦安付近では本震で200ガル弱、余震で25ガル程度であり、本震の震度は5強から6弱であった。しかし、特徴は地震動の時間の長さである。本震で、3分におよぶ震動が観測された。本震の後、早い場所は数分後から、さらに余震の時にも、割れ目(特に側溝と道路)、家の基礎の周囲、電柱の周囲などから、最初は水が多い土砂、後にはより土砂を多量に含んだ噴砂が起こった。

震災後、一面に噴出した土砂が住宅地を覆い、街の様子は一変していた。道路の両側の家並みは、道路から裏庭側へと傾いていた。これは、ほとんどの場所で認められた傾向であった（図6.16、図6.19）。さらに、公園や学校などの広い場所では、噴砂丘が多くの場所で認められた（図6.17）。またマンションなど基盤まで杭打ちを行った建物では“抜け上がり”と呼ばれる相対的な地盤沈下が顕著であった。

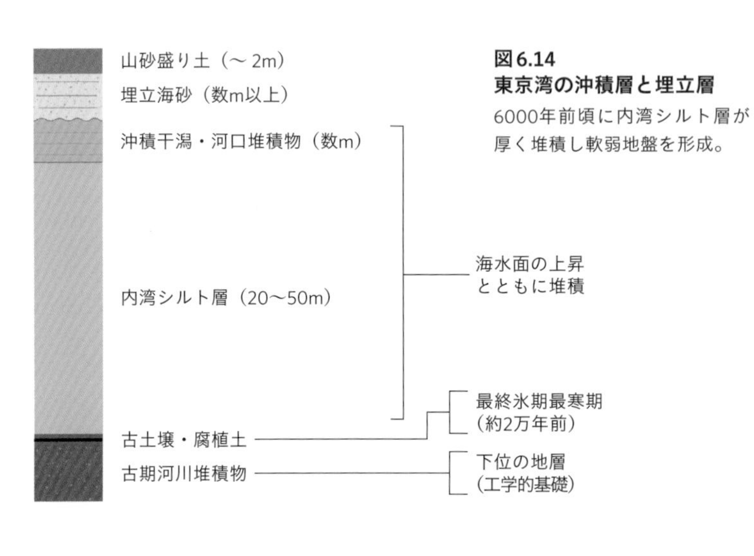

図6.14
東京湾の沖積層と埋立層
6000年前頃に内湾シルト層が厚く堆積し軟弱地盤を形成。

図6.15
浦安町航空写真図
（浦安市の資料より）
戦後に新しく埋め立てられた所が液状化した。

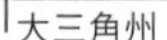

住宅地にて採取された柱状試料をJAMSTECが所有するX線CTスキャンで詳しく観察した（図6.18）。その結果、地表下2.1mまでが黄色い山砂の盛り土、その下位に成層構造（地層が堆積した時に積み重なった砂やシルトの層理面が残っている構造）が認められる堆積物が6.3mまで存在し、6.3mから9mまでの地層は、地層のできた時の構造が完全に破壊されていた。その下位には、また成層構造が認められた。これらのことから、この住宅地の地下では、液状化は、地層の構造が破壊されている6.3～9mの範囲で起こったと推定できる。

これらの地層は貝殻片を豊富に含んでいる。これについて放射性炭素年代測定を実施した。この結果、2mから9mまでの砂は、現世（年代が測定できない）と700～1500年前の砂の混合したものであることが分かった。一方、液状化層の下位の地層は、ボーリングの範囲ではすべて現世である。この年代測定の結果から、年代が不規則である9mまでの地層は、液状化層も含めて埋立に使用した海砂層（他の場所の海底から運搬してきた砂層）であり、それを1960年代に河口の海底表層（現世の年代を示す）に撒いて土地造成を行ったことがわかる。液状化は、その埋立層の下部で起こったことになる。

これらの調査から、浦安市のすくなくともこの住宅地では、埋立した厚さ7mの海砂層の下部3mほどが液状化を起こし、その後も剪断強度の低い状態が続いている。その層が液状化した理由については、急速な埋立による間隙水圧の上昇が原因と考えられるが、さらなる解析が進められている。

図6.16
地震直後（2011年3月12日）に撮影した千葉県浦安市の住宅地で起った液状化の様子
砂が70cmほど堆積した場所があり、多くの住宅が傾いた。

図6.17
浦安市での液状化による噴砂現象
公園での噴砂丘

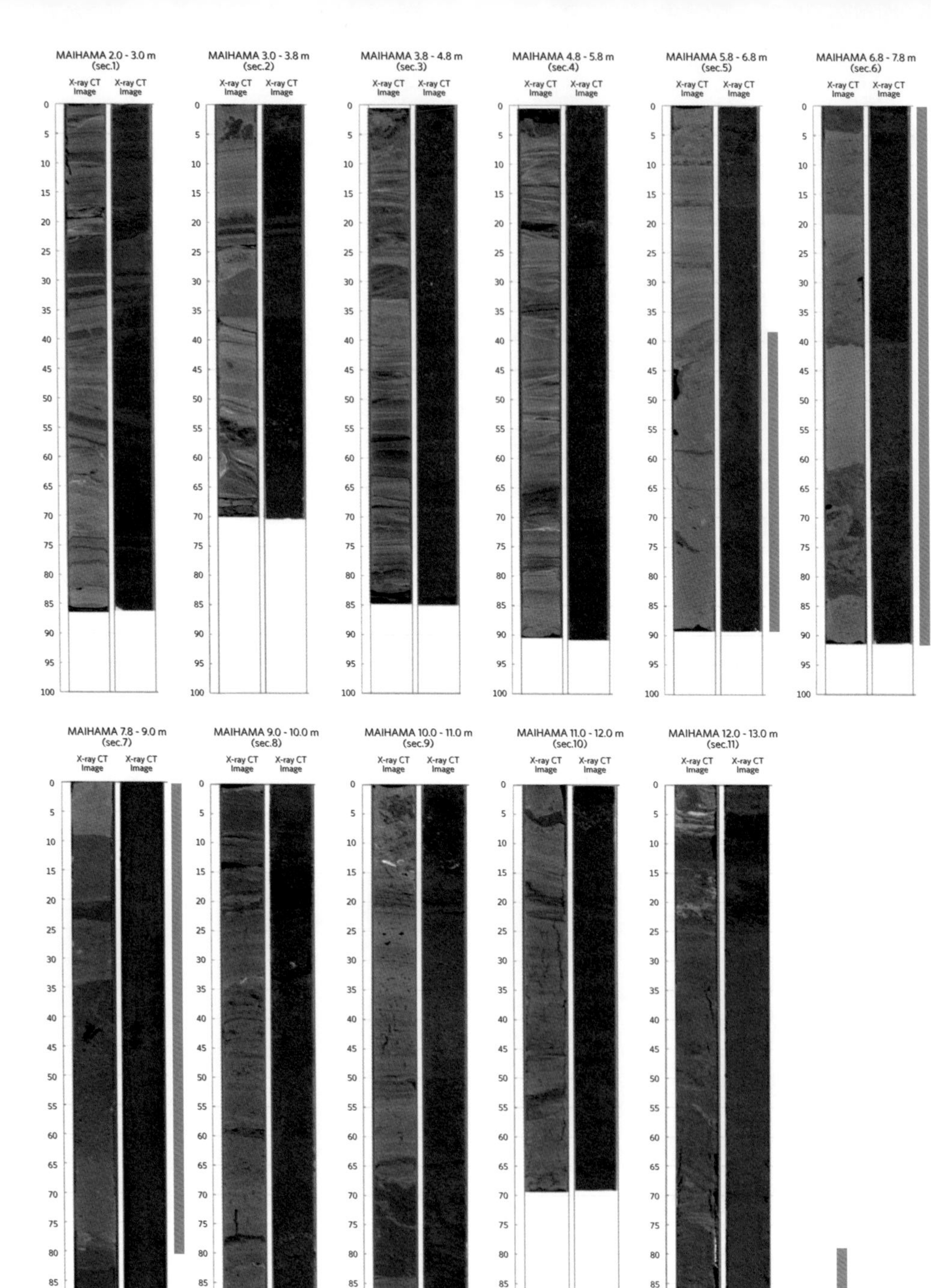
MAIHAMA 2.0 - 3.0 m (sec.1)
MAIHAMA 3.0 - 3.8 m (sec.2)
MAIHAMA 3.8 - 4.8 m (sec.3)
MAIHAMA 4.8 - 5.8 m (sec.4)
MAIHAMA 5.8 - 6.8 m (sec.5)
MAIHAMA 6.8 - 7.8 m (sec.6)
MAIHAMA 7.8 - 9.0 m (sec.7)
MAIHAMA 9.0 - 10.0 m (sec.8)
MAIHAMA 10.0 - 11.0 m (sec.9)
MAIHAMA 11.0 - 12.0 m (sec.10)
MAIHAMA 12.0 - 13.0 m (sec.11)
X-ray CT Image
X-ray CT Image
0
5
10
15
20
25
30
35
40
45
50
55
60
65
70
75
80
85
90
95
100

液状化層

図6.18
浦安市住宅地で採取された
ボーリングコア

⬅写真とX線CTスキャン画像を示す。深度6～9mでラミナなどの内部構造が認められず、液状化層準と推定できる（ピンクで彩色したゾーン）。この深さの層は、この住宅地では海砂による埋立層の下部に相当する。千葉県浦安市の住宅地で、ボーリングを行い地表から13mまでのコアを採取した。コアライナー（プラスチック製の筒）に入ったコアをそのまま、X線CTスキャナー（医療用のものと同じ）で内部X線画像を撮影、さらにコアを半裁して、その表面の写真を撮影した。この図では、左側にコア内部X線画像、右側に写真画像を示してある。両者とも泥質層と砂質層の判別やその境界などは容易に判断できる。しかし、詳しい内部堆積構造、特に砂質層の級化層理、リップル葉理などは、X線CTでのみ判別できる。このコアでは、地下6mより上の地層には、級化層理、斜交葉理、リップル葉理、コンボリューションなどの堆積構造がよく発達している。この地層は、埋立の際に浚渫した海砂を放出して再堆積させた地層である。まさに広域な堆積実験を行ったことに等しく、さまざまな堆積構造が見事に発達しているのは、当然とも言える。一方、液状化層の下は、上部の地層と比べて、X線の透過が大きく（粒子のサイズが小さく、間隙が大きい：画像ではより黒い）、シルト層と薄い砂層からなり、リップル葉理、生物擾乱構造が認められる。生物擾乱の有無は急速に堆積した人工の地層と自然の地層を区別する指標になりうる。液状化層（ピンクで示した部分）は、地層の変形構造が残っている部分やほぼ完全に混合している部分などから成り立っている。X線CTスキャンによるコアの解析は、「ちきゅう」船上でも活躍しており、堆積環境や変形状態を知る上で極めて有効な手法である。　平ほか（2012）より

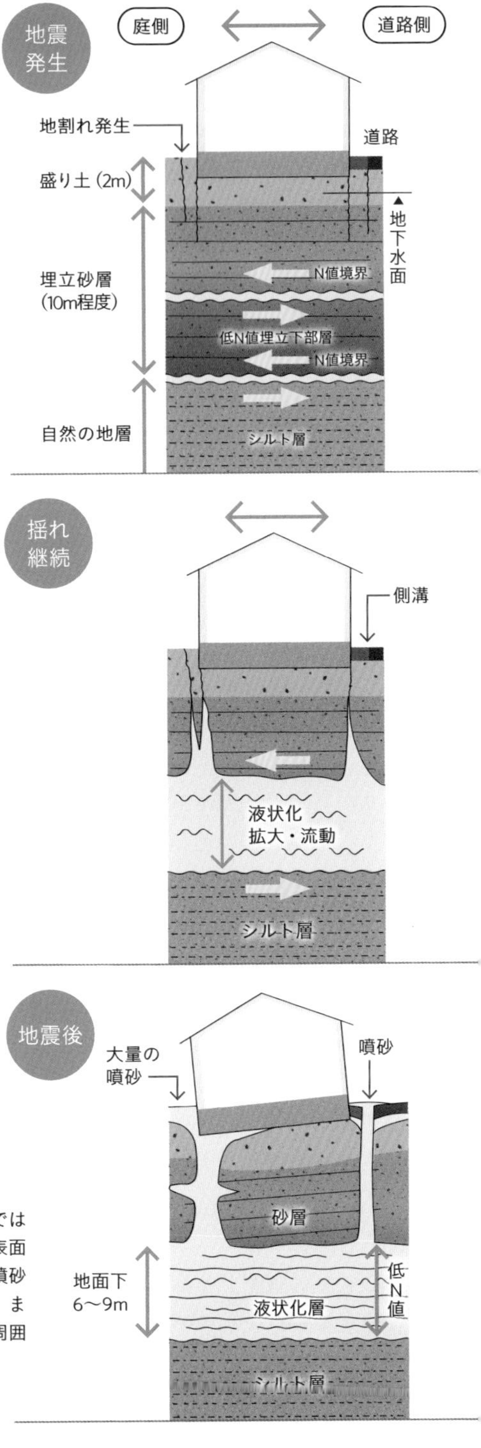

図6.19
宅地の液状化進行モデル

液状化層内部で流動が起こり、道路では舗装によって噴砂は抑えられたが、表面に固い被覆の無かった庭では大量の噴砂が起こり、家屋は裏庭方向に傾いた。また、電柱や家の周りなどの構造物の周囲で砂が噴き出した。

chapter 6.5

日本列島の地震テクトニクス

東北地方太平洋沖地震から、ほぼ5年1ヵ月後、2016年4月14日21時26分、M6.2の地震が熊本地方で発生し、住宅などに大きな被害を出した。震源の深さは11km、震度は熊本県益城町で7を観測した。さらに、4月16日午前1時25分には、こんどは本震とされるM7.0の地震が発生、被害はさらに拡大した。阿蘇火山では、カルデラの壁が崩壊し、巨大地すべりが発生し、熊本城も大きな被害を受けた。この一連の地震で人命にも大きな被害が出た。その後の地震活動も活発であり、実に、有感地震が1800回以上(2016年6月25日まで)発生している。熊本地方は、別府－島原構造帯(地溝帯)と呼ばれる活断層集中地帯に位置している。今回は、この構造帯のほぼ全域にわたって活動が起こった(図6.20)。八代海へ延びる日奈久断層帯から大分県中部の別府－万年山(はねやま)断層帯まで、広く地震活動が広がっている。

少し長い時間スケールで見ると、熊本地震もまた日本列島で起こっている活発な地震活動の一つであることが分かる。100年間というのは、人間の一生の時間スケールといってよい。なぜなら、家族3代(自分の両親から子供まで)にわたって経験しうる可能性のある時間スケールであるからである。ここで、20世紀以降の日本列島で起こった主な被害地震活動について振り返ってみよう。ここでは、亡くなった方が1000人以上の地震を示してある(図6.21a)。これを見ると、太平洋プレート、フィリピン海プレートの沈み込み境界での巨大地震の他に、内陸とくに西日本においても大きな被害をもたらした地震が起きている。

内陸の地震は、活断層に沿って起こる。活断層とは、最近数十万年の間に繰り返し地震を発生させた断層である。地震のマグニチュードは断層面の大きさとずれに対応して変化する(図6.22)。

大きく見ると、日本列島では、太平洋プレート、フィリピン海プレートの沈み込みによるプレート境界地震(海溝型地震)、内陸の活断層の地震、日本海東縁のオホーツクプレート(北米プレートとする考えもある)とアムールプレートの衝突境界の地震が起こっている。日本列島内部は太平洋、フィリピン海プレートの押し

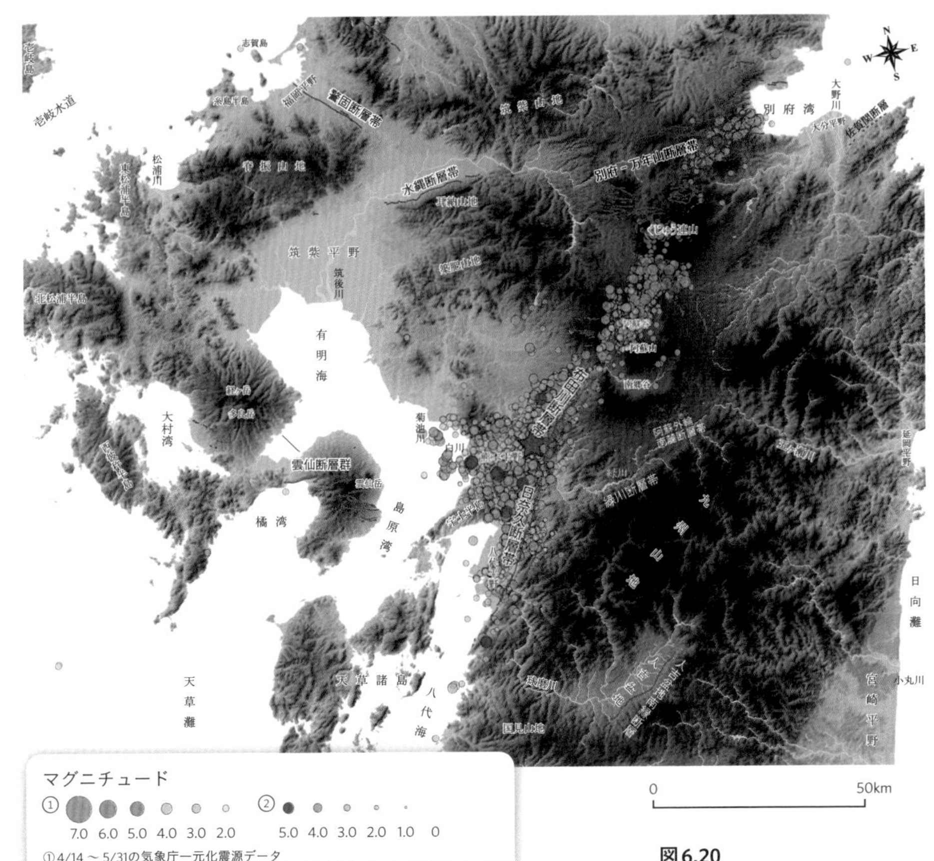

図6.20
熊本地震の震源と活断層帯

赤線は別府－島原構造帯と周辺に分布する活断層。2016年熊本地震に関連した地震の震源分布を示す。阪神コンサルタント提供

とアムールプレートの東進によって強い東西圧縮応力の場となっている（図6.21a）。この結果、西北海道から東北日本にかけては南北方向に延びた逆断層（日本海東縁構造帯・東北背梁構造帯）となり、一方、中部日本から西日本にかけては、2つのセットからなる横ずれ断層群が形成されている（中央構造線・糸魚川－静岡構造線、能登構造帯・新潟－神戸構造帯・山陰構造帯）。九州中部（別府－島原構造帯）では、沖縄トラフ拡大による南北方向の引張応力と中央構造線の右横ずれ運動の両方が混在している。このような日本列島の構造帯の発達と地震テクトニクスは、約300万年前から活発になったと考えられる（第7章を参照）。

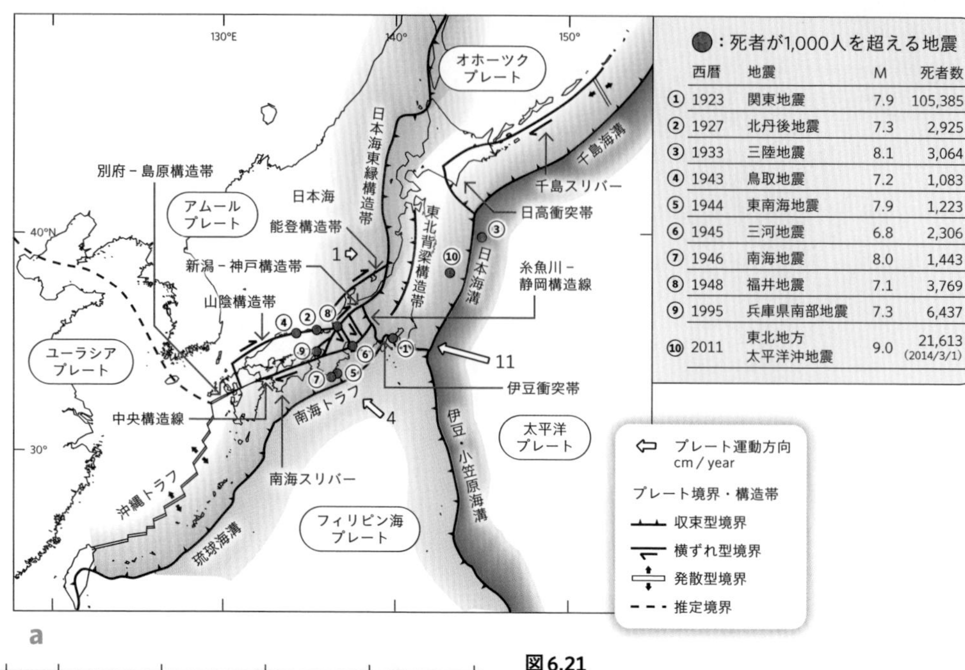

●：死者が1,000人を超える地震

	西暦	地震	M	死者数
①	1923	関東地震	7.9	105,385
②	1927	北丹後地震	7.3	2,925
③	1933	三陸地震	8.1	3,064
④	1943	鳥取地震	7.2	1,083
⑤	1944	東南海地震	7.9	1,223
⑥	1945	三河地震	6.8	2,306
⑦	1946	南海地震	8.0	1,443
⑧	1948	福井地震	7.1	3,769
⑨	1995	兵庫県南部地震	7.3	6,437
⑩	2011	東北地方太平洋沖地震	9.0	21,613 (2014/3/1)

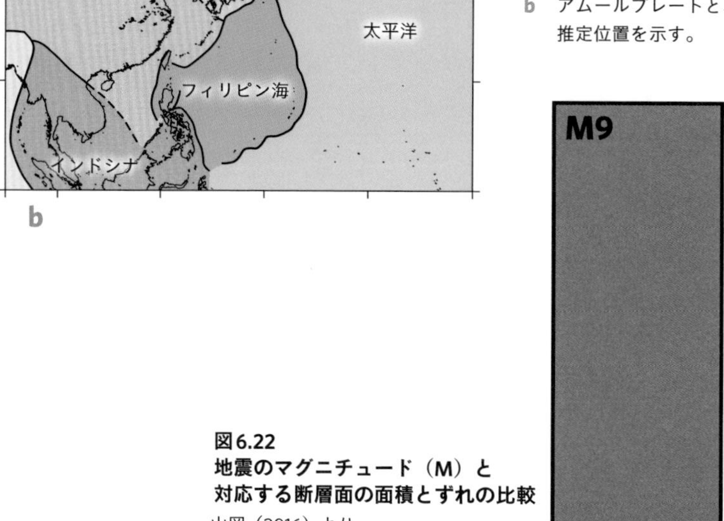

図6.21
日本列島のテクトニクス
Taira（2001）より

a プレート境界と構造帯の位置と性質を示す。千島、南海の前弧部分の推定されるマイクロプレート（スリバーという）も示してある。過去100年間で死者1000人を超した地震の震央も示してある。

b アムールプレートとオホーツクプレートの推定位置を示す。

図6.22
地震のマグニチュード（M）と対応する断層面の面積とずれの比較
山岡（2016）より

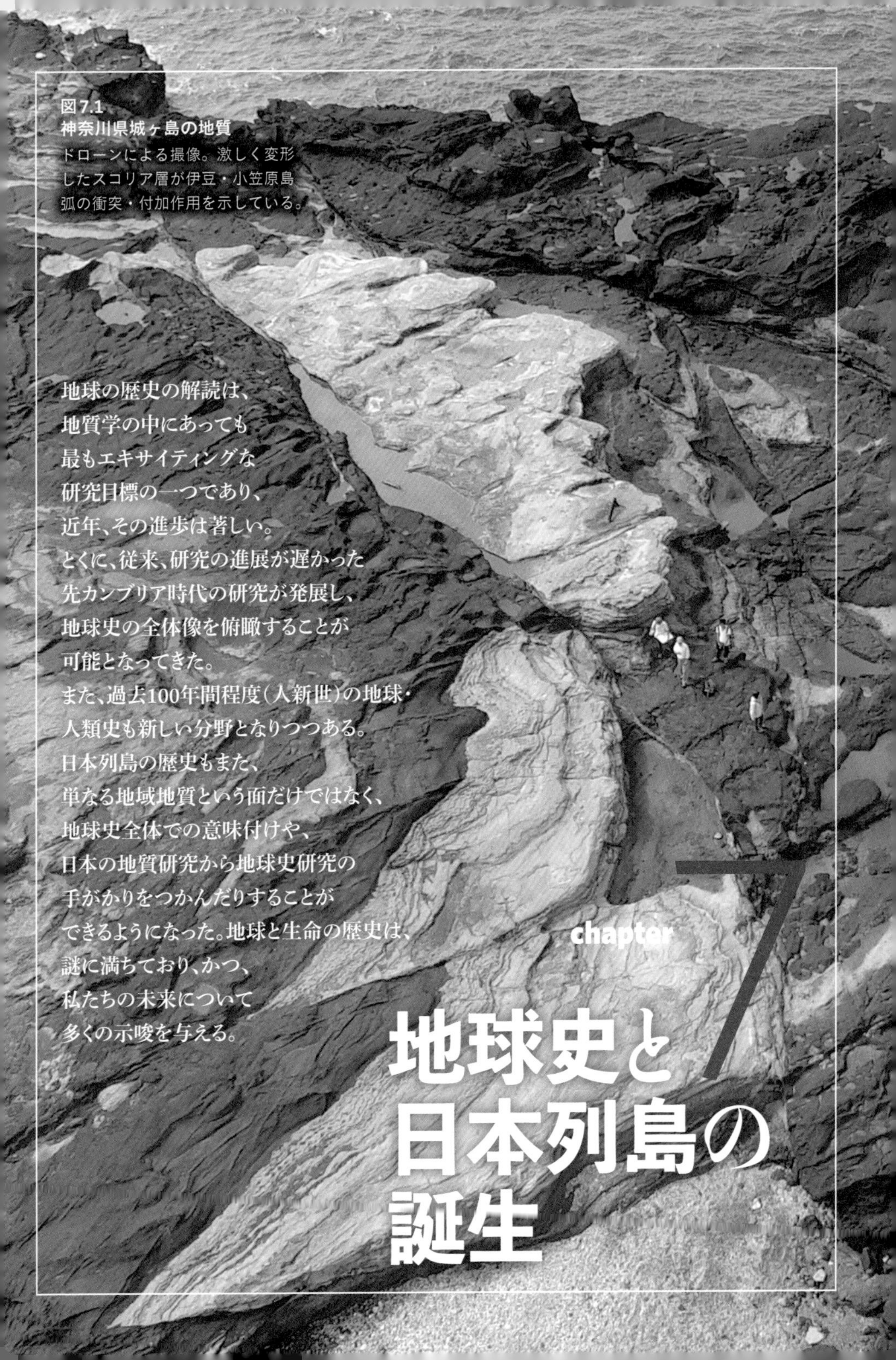

図7.1
神奈川県城ヶ島の地質
ドローンによる撮像。激しく変形したスコリア層が伊豆・小笠原島弧の衝突・付加作用を示している。

地球の歴史の解読は、
地質学の中にあっても
最もエキサイティングな
研究目標の一つであり、
近年、その進歩は著しい。
とくに、従来、研究の進展が遅かった
先カンブリア時代の研究が発展し、
地球史の全体像を俯瞰することが
可能となってきた。
また、過去100年間程度(人新世)の地球・
人類史も新しい分野となりつつある。
日本列島の歴史もまた、
単なる地域地質という面だけではなく、
地球史全体での意味付けや、
日本の地質研究から地球史研究の
手がかりをつかんだりすることが
できるようになった。地球と生命の歴史は、
謎に満ちており、かつ、
私たちの未来について
多くの示唆を与える。

chapter 7

地球史と日本列島の誕生

chapter 7.1

地球史の概観

地球史を概観した時にいくつかの重要なポイントがある。まず、見開き年表（図7.2）を見ながら、それらについて見てみよう。

1 太陽系形成時の太陽輝度は、現在に比べて70%程度であり、"暗い太陽"が存在していた。太陽輝度は、直線的に増加した。これは恒星の研究などからほぼ確かである。

2 微惑星の集積で形成された初期の地球は、ほぼ全体が溶けていて（マグマオーシャン）、鉄がコアへ沈み、マントルは珪酸塩から形成された。

3 この頃、大きな惑星が衝突、地球の一部が分離して月となった（ジャイアント・インパクト仮説）。

4 初期地球には、濃密な二酸化炭素大気が存在していた。

5 海洋は、マグマオーシャンが冷えた時、大気からの降水によってできあ

冥王代
46億年

◇"暗い太陽"の時代・マグマオーシャン
◇ジャイアント・インパクトと月の形成 45・3億年前
◇海の誕生
◇原始地殻の形成
◇世界最古のジルコン年代 44・04億年前

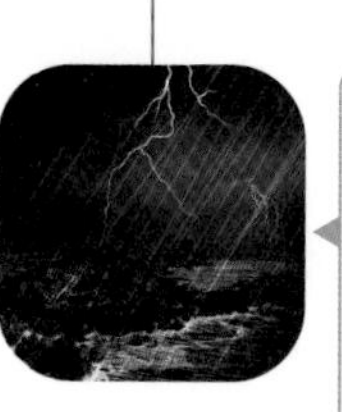

この頃の地球は、とても温度が高く、溶けた岩石が地表を覆っていた。温度が下がるにつれて、地球を覆っていた水蒸気は水となり、海が誕生した。

太古代
40億年

◇地球最古の岩石（アカスタ片麻岩）
◇後期隕石重爆撃期（月などのデータより推定）

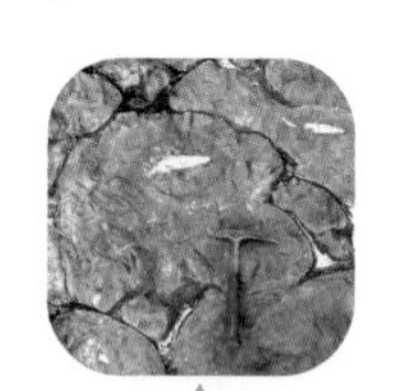

オーストラリアで見つかった35億年前の枕状溶岩。

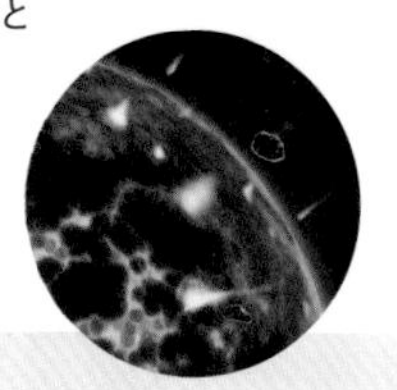

地球誕生
太陽系がつくられる中、周りに散らばっていた塵などが集まり、合体して惑星のもと（微惑星）ができた。この微惑星が集積して地球が生まれた。

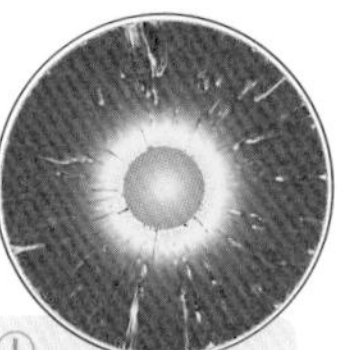

地球の進化①
重い鉄が地球の中心に落下して核（コア）を形成していく。外側の部分（マントル）は溶けていた。

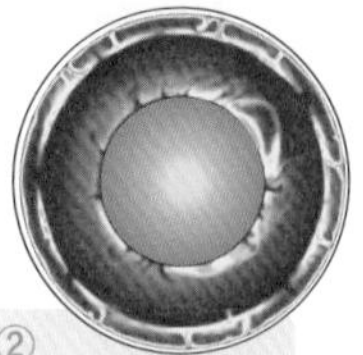

地球の進化②
マントルは固まり、岩石となった。マントルは深さ700kmを境に2層に分かれて対流していた。

がった。また宇宙空間からの氷の集中集積も寄与したらしい。

6 マグマオーシャンが冷えて原始地殻が形成された。原始地殻はその後の隕石の衝突で破壊された（特に40億年前頃に隕石の重爆撃期があったらしい）。

7 大陸は、地球初期にはほとんど存在せず、地球は水惑星であった。

8 初期の大陸地殻は、プレートの沈み込みによって安山岩質島弧地殻がつくられ、それが集まって形成された。

9 生命は地球史の初期、地球誕生から数億年くらいで生まれた。

10 光合成生物は30億年前には存在していた。

11 大陸の風化・浸食され厚い地層や付加体が形成されるようになったのは、30億〜25億年前であり、海洋への栄養塩供給経路がつくられた。

12 これによって光合成生物の繁栄が始まり、大気に酸素が蓄積された。20億〜10億年前に細胞の進化が進み、真核生物が多様化して、多細胞

図7.2
地球史のパノラマ年表
地球史はコア、マントル、地殻、海洋、大気そして生物の共進化の歴史である。
神奈川県立生命の星・地球博物館で学ぶ。

動画7.2.a

左より：https://youtu.be/CklUWaf9O60　https://youtu.be/pGLlxO_H7dM

原生代

35億年　25億年

◇最古の地球磁場の証拠

◇最古の生物化石

オーストラリアで原始的な生物（原核生物）の化石がみつかっている。

オーストラリアの縞状鉄鉱層。縞々の模様から当時の環境変動が研究できる。

◇地球磁場強度が増加？

アフリカ・ジンバブエの27億年前の溶岩（コマチアイト）。コマチアイト溶岩はマントルが溶けたもので、太古代に見られる岩石。当時のマントルの温度が高かったことを示す。

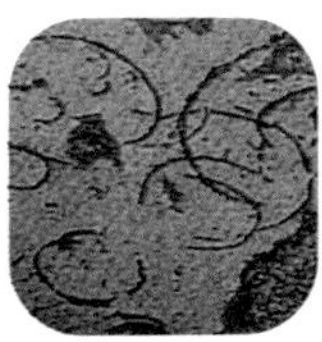

◇酸素濃度急増（シアノバクテリアの大爆発）

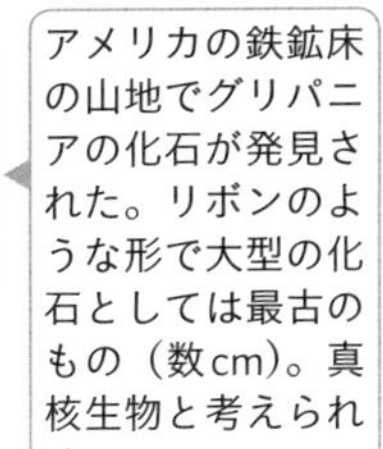

アメリカの鉄鉱床の山地でグリパニアの化石が発見された。リボンのような形で大型の化石としては最古のもの（数cm）。真核生物と考えられる。

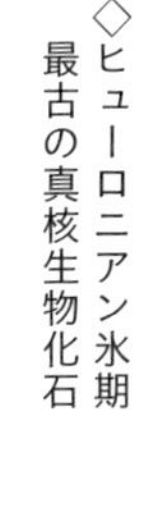

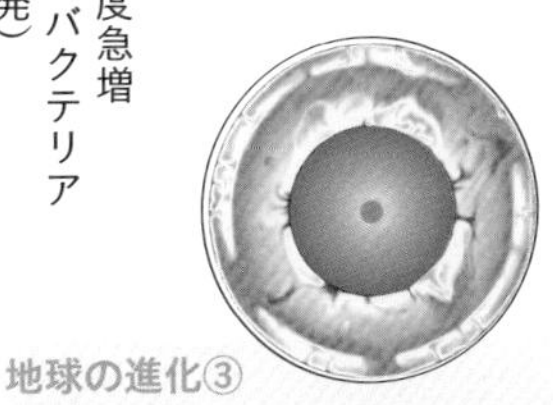

地球の進化③
2層に分かれていたマントルが混合を始めた。固化した鉄が中心に沈み込んで内核を形成。地球磁場の強度も増加した。

生物も誕生した。

13 大陸地殻は25億年前には、現在の半分以上が形成された。その後には、大陸は離合集散を繰り返し、その中で超大陸が形成された時期が何回かあった。

14 地球の気候では、何回か極端な寒冷期が訪れた。ほぼ全域が氷に覆われた時代、スノーボールアース（雪玉地球）は、25億年前、7億年前に起こった。

15 5.7億年前（カンブリア紀）に殻や硬質の外皮を持つ動物、さらに視覚が発達した動物が発展し、化石の記録が豊富になった。

16 約4.5億年前に陸上植物が登場し、さらに陸上動物（最初はおそらく多足類や昆虫など）が出現して、現在見られるような地球生態系ができあがった。

17 人類の祖先は約700万年前から登場した。人類は、イネ科植物（C4植物）、大型哺乳類との共進化の歴史を経てきた。

18 現在、人類活動は地球を変えるほどに大きくなった。とくにその影響が顕著となった1945年以降を人新世（アントロポセン）とよぶ考えが出ている。

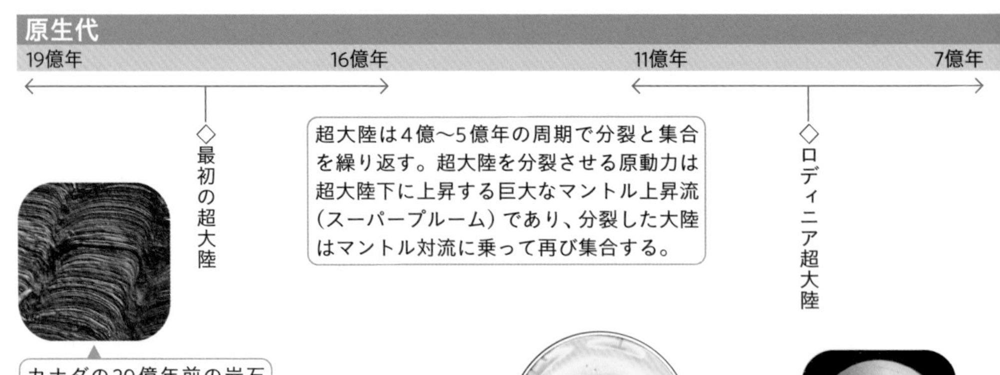

カナダの20億年前の岩石（ストロマトライト）。シアノバクテリアなどが積み重なってできた岩石。光合成によって古代の大気や海洋に大量の酸素を提供した。

西オーストラリアで現在も成長を続けるストロマトライト。

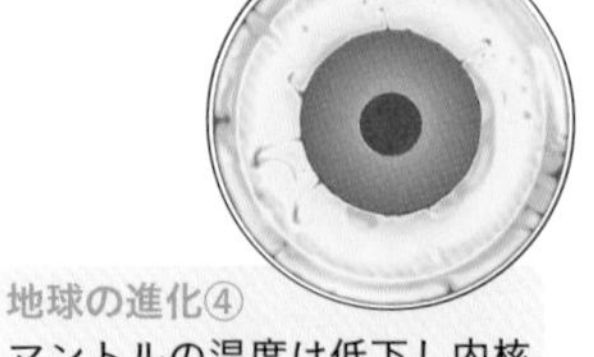

地球の進化④
マントルの温度は低下し内核の成長も進む。約700kmの深さには沈み込んだプレート（滞留スラブ）がたまる。地表では大陸塊が合体して超大陸ができては分裂することを繰り返す。

原生代には数回の氷河期があった。原生代の氷河期には地球の大部分は氷に覆われていたと考えられている。このような凍りついた地球は「スノーボールアース」と呼ばれている。

以上の多くは仮説の域をまだ脱していないが、地球の初期状態は、現在の地球とは非常に異なっていた。それを変えていったのが、生命の誕生と進化、そしてプレートテクトニクスである。

生命進化の中で最もドラマティックなイベントは、酸素発生型光合成生物の誕生である。それはシアノバクテリアであったと考えられる。シアノバクテリアは、約25億年前には地球の覇者となり、二酸化炭素大気を、酸素を含む大気へと変化させていった（大酸化イベント）。これがその後の真核生物、多細胞生物、そして動植物発展の基礎となった。25億年前のシアノバクテリアの大活躍には、大陸の成長が密接に関連していると考えられる。地球初期の島弧の時代から、それらが衝突・付加して、大陸が成長し、おそらく現在の半分程度の大きさに大陸面積が広がり、大陸の風化浸食による海洋への栄養塩の供給が豊富になった。窒素やリン、リン酸など豊富な栄養塩を利用して、シアノバクテリアが大発生し、地球環境を変えていったのである。これこそが、地球史の大変換点であったといえる。

https://www.youtube.com/playlist?list=PLz4tPmq5d-8obj3nmjULizuNhUv5ZGbvj

〈動画7.2.b〉は、国立科学博物館での「地球史と化石の観察」をテーマにした9本の動画の再生リストです。

動画7.2.b

01 日本列島の歴史１　02 日本列島の歴史２
03 アンモナイト　04 恐竜はどんな生物か
05 恐竜と鳥類の進化　06 人類の進化１
07 人類の進化２　08 人類の進化３
09 人類の進化４

古生代						中生代			新生代	
6億年	5.7億年		4.4億年		3.6億年	2.5億年			6500万年	現在
カンブリア紀	オルドビス紀	シルル紀	デボン紀	石炭紀	ペルム紀（二畳紀）	三畳紀	ジュラ紀	白亜紀	第三紀	第四紀

◇ゴンドワナ大陸
◇エディアカラ生物群（多細胞動物化石）
◇生物の爆発的進化
◇陸上動物 陸上植物
◇生物大量絶滅
◇生物大量絶滅
◇パンゲア超大陸
◇生物大量絶滅（史上最大）
◇恐竜絶滅
◇人類誕生
◇人新世

日本最古の化石
鱗木の化石
（佐川地質館）

石炭紀の森

白亜紀と第三紀の境界の地層（イタリア・グッビオ）。この地層から恐竜など多くの生物を絶滅に追いやった隕石衝突の証拠が初めて発見された。

三葉虫時代　魚類時代　両生類時代　爬虫類時代　哺乳類時代
菌類・藻類時代　シダ植物時代　裸子植物時代　被子植物時代

外核の溶解熱による対流により、地球の周りに磁場がつくられる。磁場の向きは時に逆転する。最近では数十万年の間隔で逆転が起きているが、白亜紀には3000万年にわたって逆転しなかったことが知られている。

イチョウはヨーロッパでは既に絶滅していた「生きている化石」だった。江戸時代に長崎にきたオランダ人によってヨーロッパに紹介された。

chapter 7.2

最古の岩石と地層の記録

現在、地表で見つかる最古の岩石は、カナダの片麻岩類（アカスタ片麻岩類）であり、40億〜38億年前の年代が測定されている。

鉱物についてみると、オーストラリアなどの砂岩に含まれるジルコン年代で44億年前のものが得られている。これらの年代は、いずれも地球誕生から2億〜6億年後には、中性から酸性の地殻物質が存在していたことを示している。そ

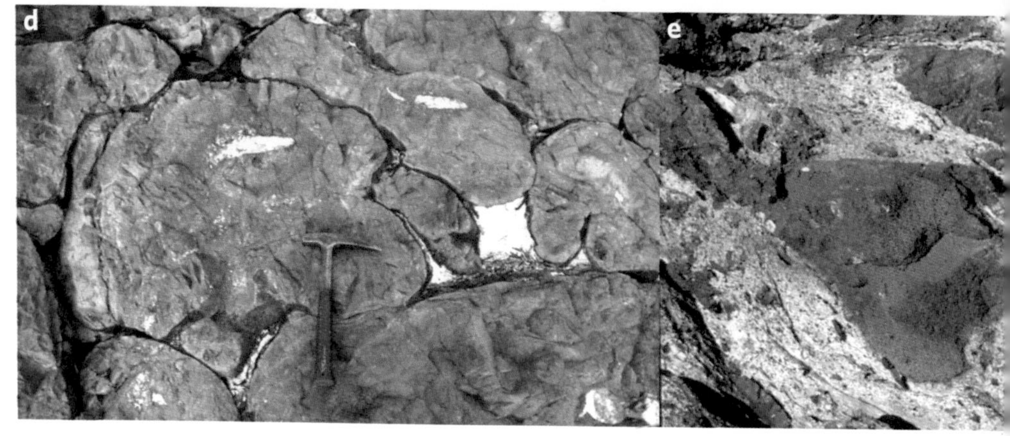

の一部はマグマオーシャンの冷却によって直接形成された原始地殻かもしれない。それまでの間（46億～40億年前）は、地球外天体の衝突が盛んな頃であり、地殻は形成されても、すぐに破壊され、断片だけが残された。

グリーンランドのイスア地方には、礫岩、頁岩、枕状溶岩などからなる地層が露出しており、38億～37億年前のものと考えられる。西オーストラリアのピルバラクラトンにもこの時代の枕状溶岩やチャートなどが存在する（図7.3）。

これらのことは、すでにこの時期には、陸地の浸食が始まり、砕屑性堆積物が形成されたこと示す。また、海洋では熱水活動が盛んであり、チャートが形成された。チャートや頁岩に含まれる有機物の炭素同位体比から、生物活動の存在が示唆されている。この時期にすでに生命が誕生していたことは十分に考えられる。

図7.3
西オーストラリアの37億～30億年前の地層

a　マーブルバーの河床に露出したチャートの層。この中の黒色チャートは有機物を含み、炭素同位体比から生物活動が推定できる。　清川昌一氏提供

ポートヘッドランド近くの海岸では：
b チャート、c チャートの熱水岩脈、d 枕状溶岩、e 火山砕屑岩などからなるグリーンストーン帯（緑色に変質した火山岩が主体の地質体）が認められる。この地層から、当時、海底の火山活動が活発であり、熱水性のチャートなどが大量に堆積したことが分かる。現在の海洋では、熱水にともなってこれほど大量のチャートは堆積していないので、当時の熱水活動の性質が今とは異なること、たとえばアルカリ性でシリカの溶解度が高かったことを示している。

chapter 7.3

酸素大気の蓄積

約25億年前に地球に大変化が起こった。この時代の詳しい記録は西オーストラリア、マウントブルース超層群に読み取ることができる（図7.4）。

この地層は、島弧などの集合体であるグリーンストーン帯（ピルバラ超層群）を不整合で覆い、基底礫岩、砂岩、洪水玄武岩、ストロマトライトからなるフォーテスキュー層群がまず重なる。この時代、

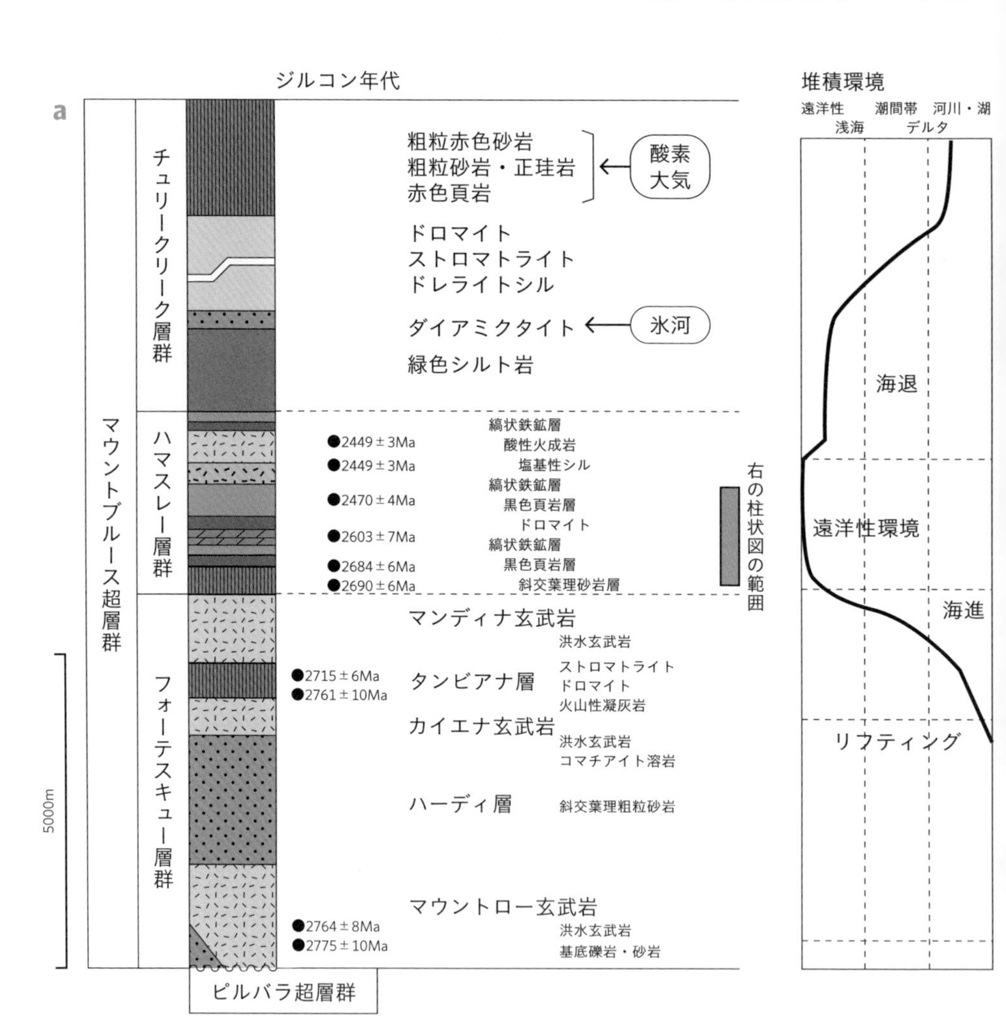

陸地の浸食が盛んになったこと、そして、陸地内部ではリフト帯の発達や洪水玄武岩の噴出など、活発な陸上の地質活動があったことを示している。さらにこの上に、海が浸入し、黒色頁岩と縞状鉄鉱層からなるハマスレー層群が覆う。この時代は、海洋への栄養塩の供給によって、シアノバクテリアが爆発的に増え、地球史で最大級の厚い有機質黒色頁岩（厚さ100m以上）が堆積した。それは海洋表層における生物生産の向上と、有機物の分解が停滞した低酸素の深層水塊の両方の作用のおかげである。シアノバクテリアの爆発と有機物の堆積は、大気の二酸化炭素を減らし、酸素を増加させた（大酸化イベント）。酸化的な環境では、Fe^{2+}がFe^{3+}に変わり、大量の縞状鉄鉱層（資源として大変重要）が堆積した。

ハマスレー層群の上に重なるチュリークリーク層群では、赤色岩層（酸化的な大気を示す）および氷河性堆積物であるダイアミクタイトが含まれる。これらのことより、大気の酸素濃度が増えたこと、さらに二酸化炭素の温室効果の低下によって大陸氷床が発達したことが読み取れる。この氷河時代は、全球に及んだと考えられ（全球凍結）、ヒューロニアン氷河時代と呼ばれる。

約25億年前の地球環境の大変化は、大陸の成長によって、大陸地殻の風化・浸

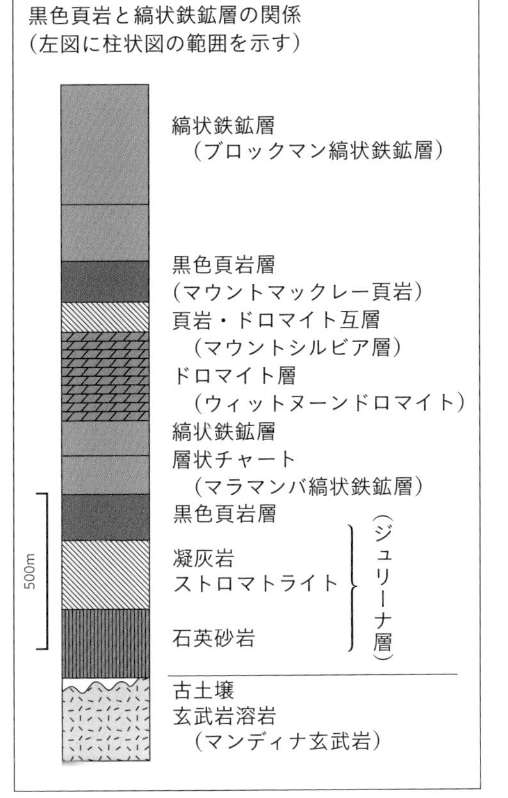

図7.4
西オーストラリア、
マウントブルース超層群の地質

a　柱状図と堆積環境

この地層は、28億年前から24億年前までの地球環境の変遷を記録している。グリーンストーン帯を不整合に被覆し、下部に洪水玄武岩と砂岩層、中部に黒色頁岩と縞状鉄鉱層、上部に氷河性の堆積岩、そして酸素大気の形成を示す赤色岩層が重なる。地球環境が生物の大爆発によって大きく変化、寒冷化が起こり、また、酸素大気がつくられていったことを示す。　平（2007）より

食が地球規模で活発となり、陸から海への栄養塩（窒素やリン）が供給されたことによる海洋生産力の劇的な増加に起因している。地球史の前半は、地球表層における物質の循環にとって熱水活動が重要であったが、地球史の後半になると大陸の風化がより重要となった。

図7.4
西オーストラリア、マウントブルース超層群の地質
b　浅海環境を示すストロマトライト
c　Fe^{2+}からFe^{3+}への酸化を示す縞状鉄鉱層

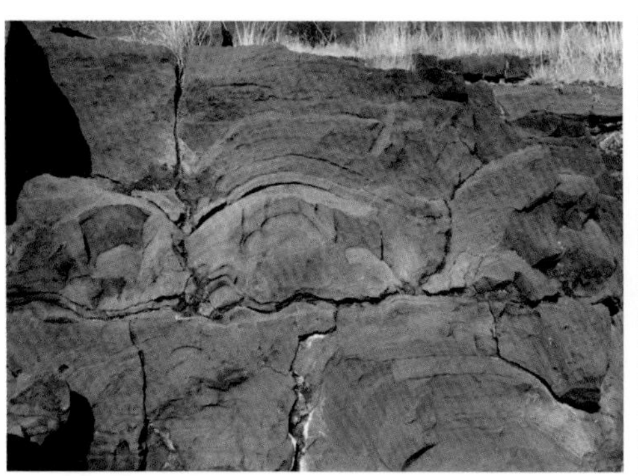

b

c

column 16

鉱床と地球史

JAMSTEC
野崎達生

オーストラリア ハマースレイ地域の縞状鉄鉱床（東京大学 加藤泰治氏提協）

我々が日常生活に用いているさまざまな金属・非金属資源や化石燃料は、地球に分布する鉱床（鉱山）から採掘されている。これらの鉱床は特定の時代・地域に偏在して分布していることが多く、その偏在性は地球史における表層環境変動やダイナミックな営みと密接に関連している。鉱床を形成するための元素の異常濃集が地球史を通じてどのように起こったのか、その成因を解明することは人類の役に立つと同時に浪漫あふれる学問である。

※コラム全文は、QRコード、または〈特設サイト〉（P8記載）へ。

chapter 7.4

真核生物の進化

図7.5
真核生物のビッグバン

真核生物は、多様な生物群に区分できることが分かってきた。この多様な真核生物の進化は、20億〜10億年前に起こったと考えられるが、その化石記録についてはほとんど分かっていない。

a　真核生物の分類（人類の属する後生動物は多様な真核生物群の一つにすぎない）。瀧下清貴氏提供

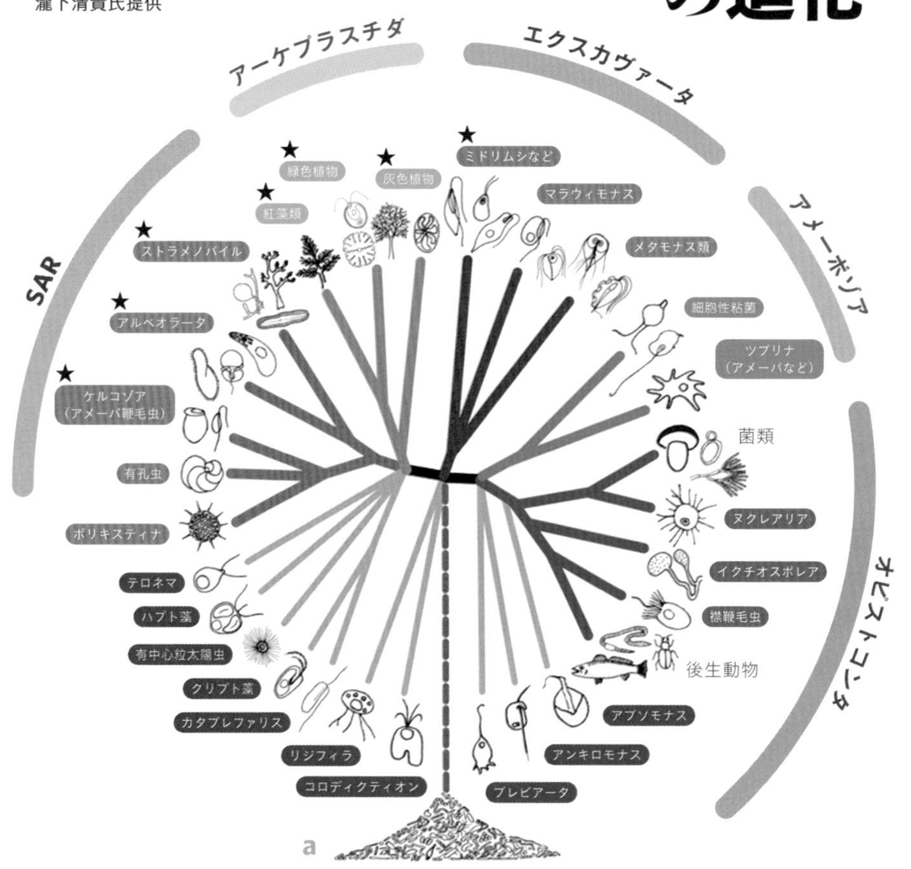

20億年前から10億年前までの約10億年間は、地球と生命の歴史の上で、あまり理解が進んでいない時代である。重要な事実としては、約20億年前から真核生物と思われる化石が産出する。これはグリパニア、アクリタークと呼ばれるものであり、さらに約12億年前からは紅藻類や渦鞭毛虫類などが出現した可能性があり、真核生物のビッグバンの時代といわれている（図7.5）。しかし、その詳細についてはほとんど分かっていない。地球史の研究において、真核生物ビッグバンの時代は、最も重要な未知のターゲットの一つである。

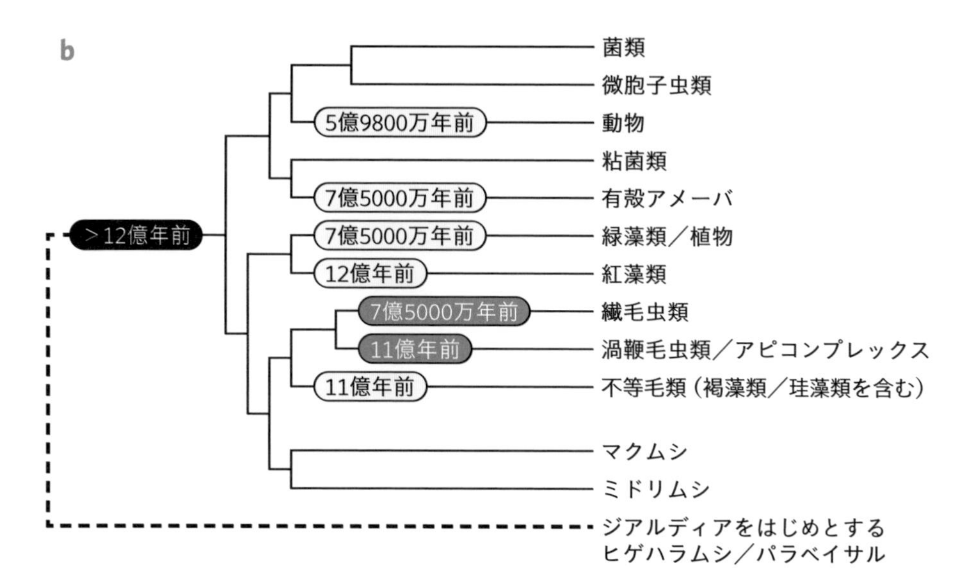

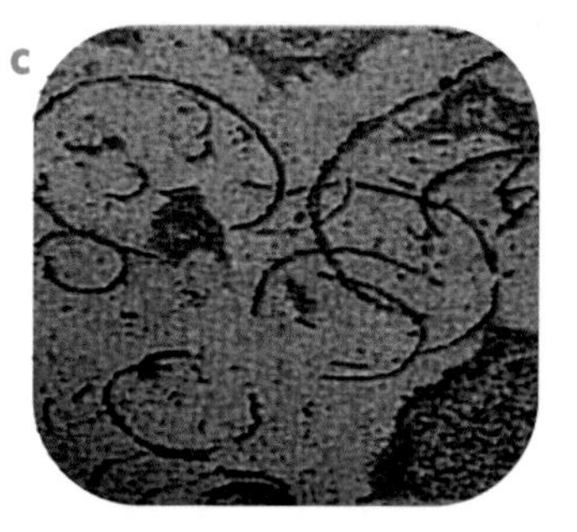

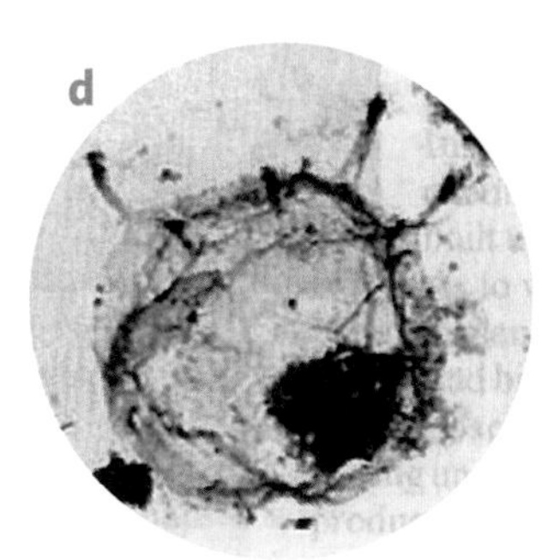

図7.5
真核生物のビッグバン
b　真核生物の進化
化石記録
バイオマーカー分子の化石記録
c　原生代の化石：グリパニア
d　原生代の化石：アクリターク

column 17

真核生物の進化

福岡女子大学 教授　**瀧下清貴**

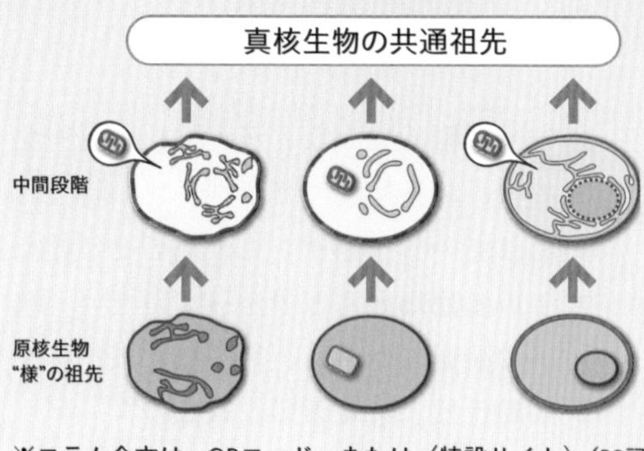

近年、真核生物の大系統に基づいた新しい分類体系が提唱され、その中で単細胞性真核生物（原生生物）の大きな多様性が示された。さらにメタゲノム解析によって真核生物に極めて近縁なアーキア（ロキアーキオータ）の存在も示唆されており、真核生物の起源や初期進化に関する議論が活発になりつつある。本コラムでは、真核生物がいつどのようにして誕生し、どのように進化、多様化していったのかについて仮説を含めて紹介する。

※コラム全文は、QRコード、または〈特設サイト〉（P8記載）へ。

chapter 7.5

大陸移動、陸上生物の発展、人類の時代

約11億年前からのグレンビル造山運動によって、地球史最初の超大陸がつくられた。約9億年前から現在までの気候の特徴は、周期的な氷河時代の到来である。まず先カンブリア時代の末期に全球凍結といわれるような激しい氷河時代が訪れた。この時代の証拠として、アフリカ・ナミビアのダイアミクタイトとそれを覆う炭酸塩岩層（キャップカーボネート）が研究されている。全球凍結の間に温室効果ガスが蓄積し、ある時期から氷床の急激な溶解と大陸浸食によって、海洋にカルシウムイオンが運ばれ、炭酸塩が堆積したとする仮説（スノーボールアース仮説）である（図7.6a）。

この氷河時代においても生物は生き残り、真核多細胞生物からやがて動物が進化した。その証拠は、エディアカラ生物群として化石に残っている。さらにカンブリア紀になるとバージェス頁岩などに多様な動物の形態が残されており、海棲動物が急速に進化していったことを示している（図7.6b、c）。

4.5億年前には陸上植物が誕生、さらに動物が上陸した。これによって、海陸において、光合成生物を生産の基盤としてそれを消費する一連の食物連鎖生態系が形成され、現在見られる地球環境と生態系の基本ができあがった。

さらに恐竜の時代を経て、人類の時代へと生物の進化は続いた。中生代以降の地球生態系もまた、植物の進化が基礎となっていた。初期のシダ植物から裸子植物、被子植物へと、植物はさまざまな環境に適応できるように発展した（P161図7.2）。新生代には、C4植物が発展し、従来、植物の生息が困難であった乾燥地にも進出し、広大な草原ができあがり、大型哺乳動物の発展を促した。人類は、森林、水辺、草原と大型哺乳動物が多数生息する環境（アフリカ大陸）で誕生し、進化した。C4植物（麦やトウモロコシ）はまた、人類の農業の基礎となったのである。

現生人類（ホモサピエンス）は、約20万年前にアフリカで誕生し、世界に拡がっていった。弓矢などの先端的な道具の発明、絵画などの芸術的表現によるコミュニケーション能力の発達、農耕牧畜文明の創始を経て、地球の知的支配者となった。近年（1945年頃から）、人類の活動は地球規模となり、ここに新たな地質時代が始まったとも考えられる。この時代を、人新世（アントロポセン）と呼ぶ。人新世とはいかなる地質時代なのか、今、多彩な研究が始まっている。

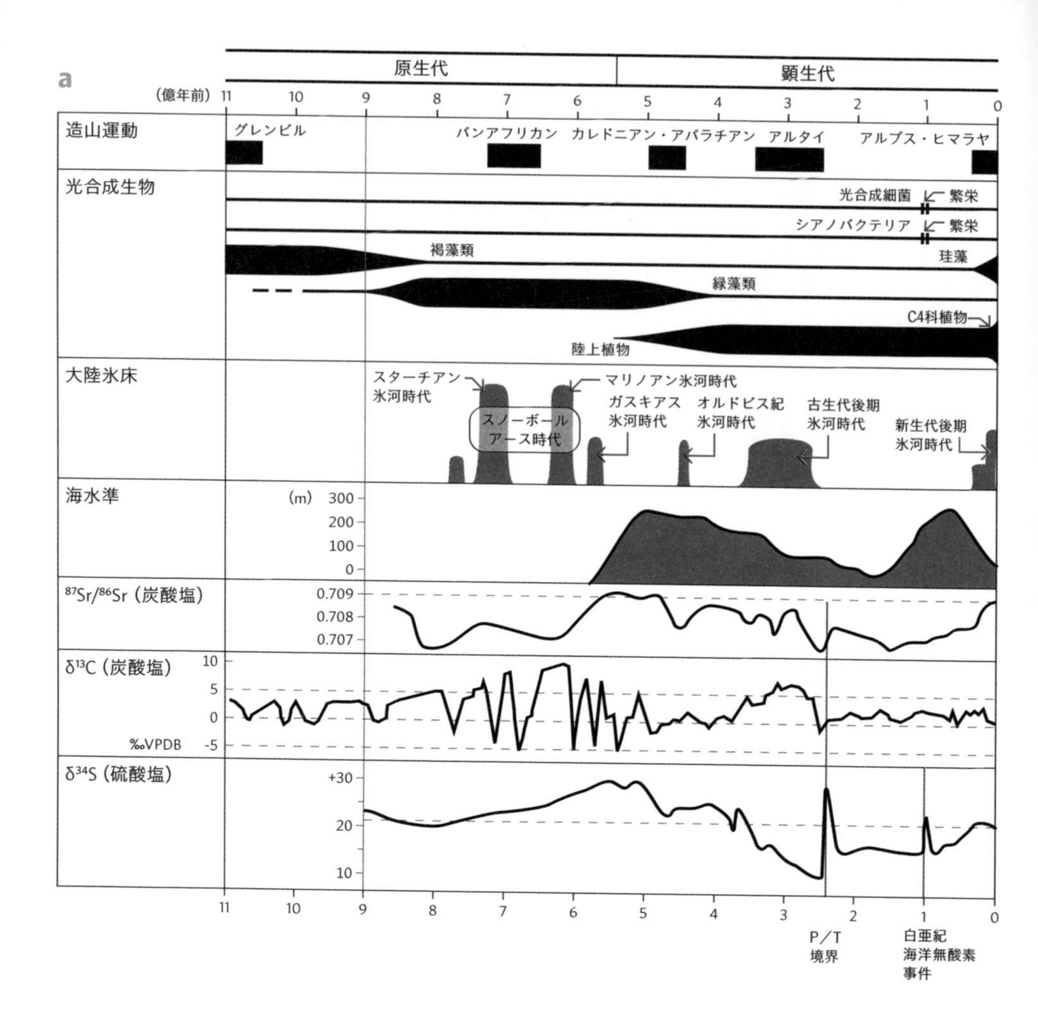

図7.6
11億年前以降の地球の歴史年表

この時代、地球は大氷河時代に何回か襲われた。ほとんど全体が凍結するような時代もあったと考えられている。このような激しい気候変動の中、生物は、藻類の発展、海棲動物の多様化、陸上植物の進化、動物の上陸などを経て、人類が出現した。

b　ジュラ紀のアンモナイト　英国ライムレジス（Lyme Regis）海岸
化石の径は8cm

c　新生代の巨大サメ（メガロドン）の歯
米国フロリダ州

d　白亜紀/第三紀の境界の粘土層
（イタリア・グッビオ）

a　過去11億年間の地球史
⬅11億年前からの主な地質イベントをこの図では示している。主な造山運動は、北米大陸で起こったグレンビル（超大陸ロディニアを作った）、アフリカ大陸のパンアフリカン、北米・ヨーロッパのカレドニアン・アパラチアン、ロシア・アジアのアルタイ、そしてアルプス・ヒマラヤである。光合成生物は、褐藻類から緑藻類（この歴史は、まだ不確定なことが多い）、そして陸上植物へ進化した。太古代から原生代前期に活躍した光合成細菌やシアノバクテリアは、この時期には光合成活動の主役ではなかったと推定される。ただし、海洋無酸素事件（例えば1億年前）時には、一時的には、海洋光合成の主役となった。新生代になり、C4植物が登場し、湿原や草原が広まった。気候変動に関しては、この11億年間には、大陸の氷床が発達した大規模な氷河時代が何回か訪れた。原生代後期のスターチアン、マリノアン氷河時代は、地球全体が氷で覆われたとも推定され、全球凍結（スノーボールアース）と呼ばれる。海水準は大陸に堆積した地層の年代と環境を調べることによって復元されている。時代が古くなるほど、精度は悪くなるが、顕生代には、海水準が高く（大陸に海が浸入した）約1億年前と5億年前にピークがあったと考えられている。海水のストロンチウム（Sr）の同位体比（炭酸塩生物殻が記録している）は、低い値がマントルの活動（例えば熱水や海底玄武岩の風化）、高い値が大陸花崗岩の浸食を表している。過去1億年では、海水準の高い時期（海山や海台の形成とプレートの若返りによる海洋底の浅化に起因する）に同位体比は小さく、海水準の低い新生代（アルプス・ヒマラヤ造山運動による陸上の風化・浸食の活発化）ではSr同位体比が大きいことと一致している。生物の大絶滅が起こった二畳紀〜三畳紀境界（P/T境界：2億4500万年前）に低いピークがあり、大量の火山活動を示している可能性がある。海水の炭素（C）同位体比は、有機物（同位体比が小さい）起源の炭素がどれだけ寄与しているかに依存する。P/T境界で炭素同位体比が小さくなるピークが存在する。一つの可能性としては、生物起源メタンの大量放出である。堆積物中の硫酸塩鉱物（たとえば石膏や重晶石）の硫黄（S）同位体比は海水の硫酸イオンの硫黄同位体比を記録として残している。硫黄同位体比は、硫酸還元菌の作用（硫化鉄の沈殿）に大きく左右される。硫酸還元菌は軽い硫黄同位体をより多く還元作用に用いるので、その活動により残った海水の硫酸イオンの同位体比は大きくなる傾向を示す。約1億年前の海洋無酸素事件（硫酸還元菌の作用が活発になった）がその例である。P/T境界においても、同様なピークが存在する。以上のことより、大陸氷床が発達した二畳紀末に、巨大火山活動があり（シベリア・トラップがその活動と言われている）、二酸化炭素が大量に放出された。また凍土層が溶解し、メタンハイドレートからメタンガスが放たれ、温室効果ガスにより地球温暖化が起こった。海洋循環が停滞し、長期にわたる海洋無酸素事件が引き起こされ、これらの環境変動が生物の絶滅を引き起こした、という仮説が考えられる。
平（2007）より

column 18

チョークと黒色頁岩

東京大学大気海洋研究所　**黒田潤一郎**

イタリア中部、ウンブリア州コンテッサ採石場のチョーク。写真右下と左上に黒色頁岩が認められ、それぞれOAE1aを代表するLivello Selli（前期アプチアン）とOAE2を代表するLivello Bonarelli（セノマニアン末期）である。

白亜紀（約1億4500万〜6600万年前）は恐竜など大型爬虫類が繁栄した時代だ。この時代、世界各地に温かく浅い海が広がり、石灰質殻の微化石が海底に降り積もった。これが岩石になったものが白亜（チョーク）である。厚いチョークの中にしばしば黒い地層が認められる。黒色頁岩と呼ばれる有機炭素に富む岩石だ。有機物は通常の酸化的な海底では保存されにくいため、海洋が無酸素状態になったことが示唆される。白亜紀は海洋環境がダイナミックに変化する時代であったようだ。

※コラム全文は、QRコード、または〈特設サイト〉（P8記載）へ。

column 19

1000年スケール気候変動：大気–海洋循環

JAMSTEC
原田尚美

1万9000〜1万1500年前に1000年程の時間スケールで温暖–寒冷変動が繰り返された。この要因は何だったのだろうか？

研究の結果、北大西洋高緯度域に大量の淡水が供給され、子午面循環が弱化した。そのことが遠因となって北太平洋表層水が高塩・低温になり、北太平洋において子午面循環を中深層まで対流させた可能性があることがわかった。北大西洋と北太平洋における深層水形成場の逆転が1000年スケール気候変動の一因となっていたかもしれない。

※コラム全文は、QRコード、または〈特設サイト〉（P8記載）へ。

chapter 7.6

日本列島の地質

図7.7
日本列島の地質

日本列島は、主に古生代からの付加体からなる基盤地質と、それらに貫入しまた被覆する中生代から新生代以降の花崗岩類、火山岩類、堆積岩類からなる。付加体については、年輪のように成長してきた。

a　基盤地質構造図（花崗岩類の分布は示していない）。平（2004）より

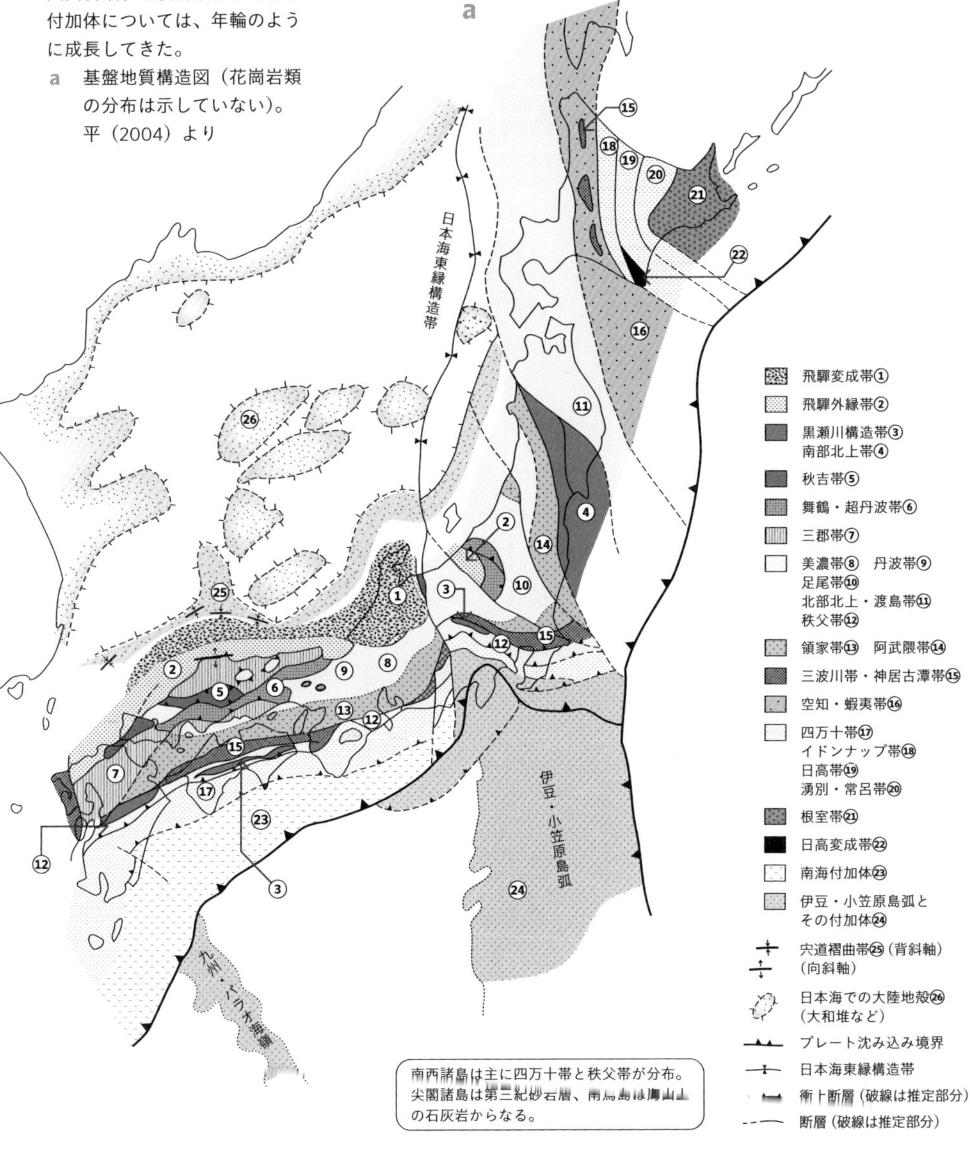

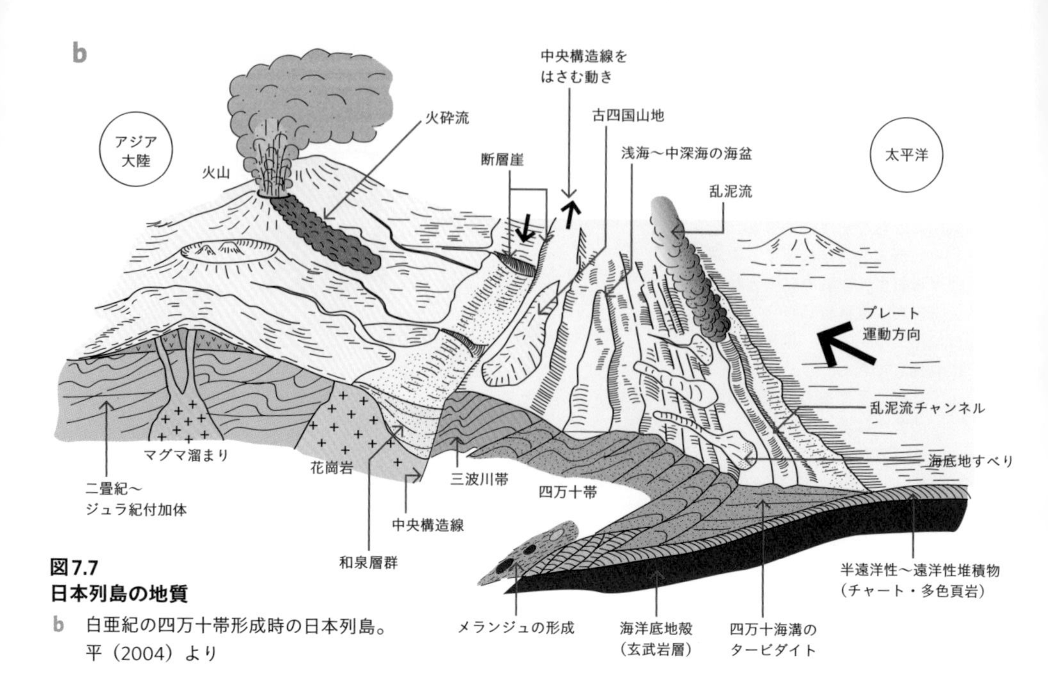

図7.7
日本列島の地質
b　白亜紀の四万十帯形成時の日本列島。平（2004）より

日本列島は大きく分けて6種類の地質体から構成されている。ここで地質体とは、同様な起源を持つまとまった地層群・岩石群のことを指す。このうち、帯状に分布する地質体に対しては、地帯と呼ぶ。それらは、

- **a**　南部北上帯、飛騨外縁帯、黒瀬川構造帯などに分布する古生代から中生代の多様な古期岩石地質体
- **b**　二畳紀から新生代までの付加体
- **c**　変成岩帯
- **d**　古第三紀以前の花崗岩およびその他の火成岩類
- **e**　以上の地質体を被覆した三畳紀から古第三紀の堆積岩類
- **f**　新第三紀中新世以降の火成岩類と堆積岩類

である。

以下、これらについて、見ていこう。

a　飛騨外縁帯、黒瀬川構造帯、南部北上帯の岩石（図7.7a ②、③、④）

我が国最古の地層群は、飛騨外縁帯、黒瀬川構造帯、南部北上帯で見つかる。これらの場所では、オルドビス紀の放散虫化石を含む頁岩、シルル紀のクサリサンゴや三葉虫の化石を含む石灰岩、デボン紀の鱗木の化石を含む頁岩、石炭紀から二畳紀の石灰岩や砂岩など古生代の多様な堆積岩、さらに三畳紀の貝化石が発見されている（図7.8）。同じ地域からは、古生代の変成岩や花崗岩、蛇紋岩など実に多様な岩石が発見されている。高知県の佐川町では、これらの地層や岩石の分布が古くから知られている。これらの岩

c
秋吉台の石灰岩
（衝突・付加した古生代の
海山石灰礁）

図7.8 高知県佐川町産の化石
付加体とは別に、あまりよく起源の判明していない古生代から中生代の堆積岩類や変成岩類が存在する。それらは、西南日本の太平洋側（たとえば高知県佐川町）や飛騨地方、北上山地南部などに認められる。写真は高知県佐川町から産出した古生代から中生代の化石。①鱗木（デボン紀）、②クサリサンゴ（シルル紀）、③三葉虫（シルル紀）、④トリゴニア（三畳紀）。　佐川地質館提供

石の起源についてはまだよく分かっていないが、もともとはアジア大陸東部を構成する小大陸である揚子地塊と中朝地塊の衝突によって衝上した多様な岩石が、さらに中生代の横ずれ運動で分断、再配列したもの、などの考えが出されている。

b　二畳紀から新生代までの付加体

（図7.7a ⑤、⑥、⑧、⑨、⑩、⑪、⑫、⑰、⑱、⑲、⑳、㉓、㉔）

我が国には、各地に石灰岩の岩体が存在し、各所でそれらはコンクリートや製鉄用の素材として開発されている。これらの多くは、石炭紀から三畳紀の礁性石灰岩であり、もともとは海山や海台の上に堆積したものが付加体に取り込まれたものである。その代表的なものが秋吉石灰岩（図7.7c）である。

これらの付加体には、玄武岩、層状放散虫チャートも多くの場所で確認されている。

白亜紀から新世代の付加体（四万十帯）の特徴については、第5章で紹介した。日本列島の基盤岩類の大部分は付加体が成長してできた（図7.7a、b）。

c　変成岩帯と花崗岩類

（図7.7a ①、⑦、⑮、㉒）

日本列島には地下深部で変成された岩石や、海洋地殻あるいは島弧地殻の深部断面あるいはマントルの岩石（たとえば幌満カンラン岩体）が露出している場所がある。三郡帯、三波川帯や日高変成帯などである。

d　花崗岩類と火成岩類

図7.9　秋田県男鹿半島の地質

a　男鹿半島地質概図　『日本の地質 東北地方』(1989) より

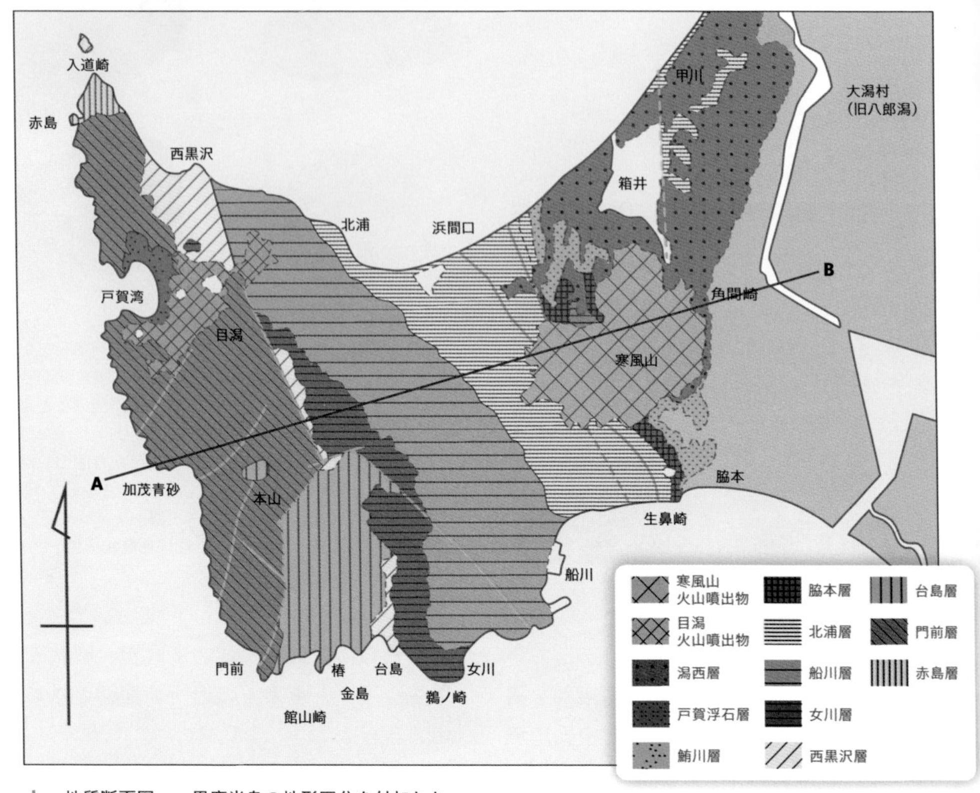

b　地質断面図　　男鹿半島の地形区分を付加した

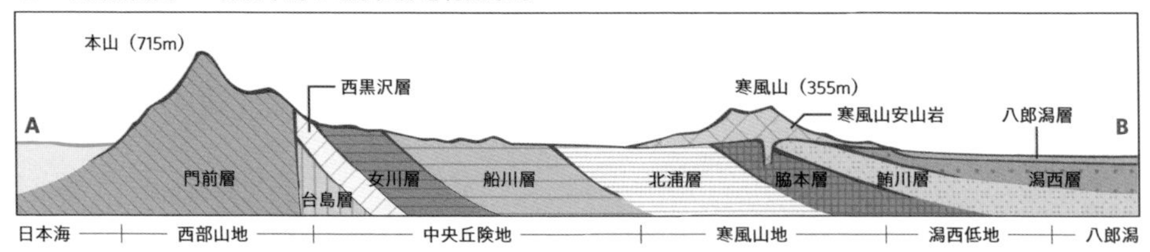

日本列島の基盤をなす付加体などに貫入している火成岩類は、大部分が花崗岩質の岩石であり、その多くは白亜紀と古第三紀のものである。白亜紀の花崗岩類は、西南日本内帯（中央構造線より北側の地帯)、東北南部、北上山地などに存在する。これらの花崗岩類に伴って、当時の火山噴出物である流紋岩類も存在する。たとえば、相生流紋岩や濃飛流紋岩などがある。

e　三畳紀から古第三紀の堆積岩類

(図7.7a ⑯、㉑)

付加体や変成岩帯を被覆して、三畳紀

c　柱状図と地史　佐藤・山崎・千代延（2009）にもとづき平朝彦編集

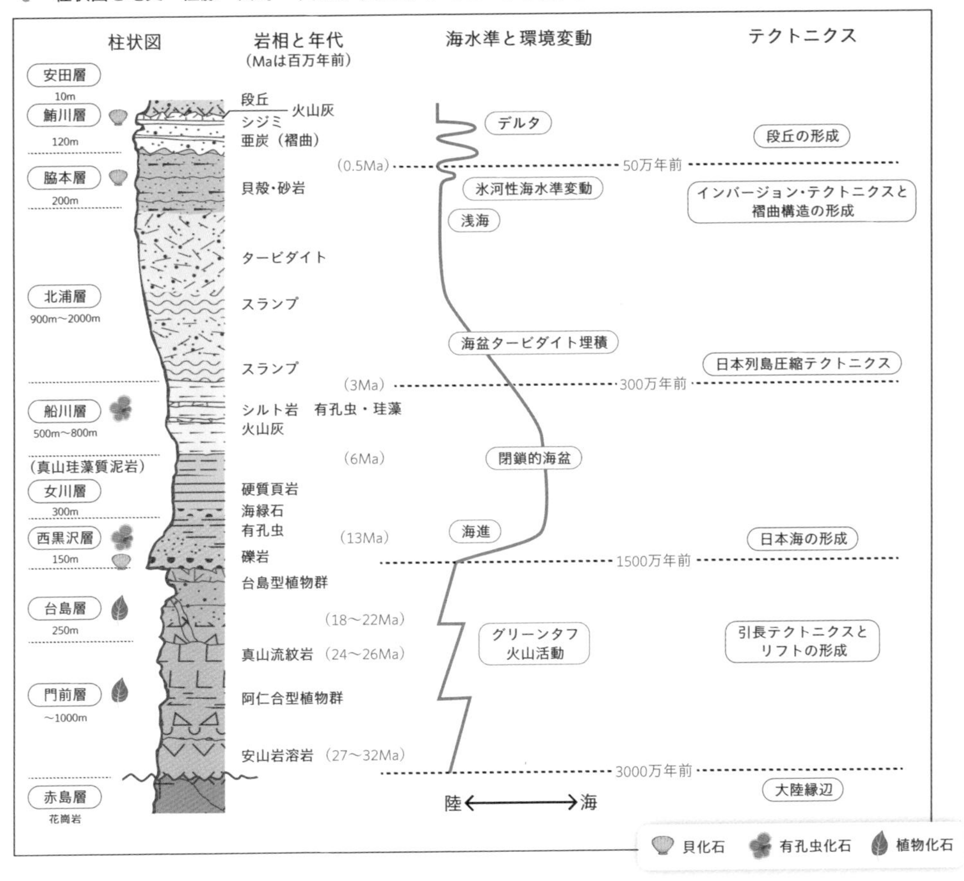

から古第三紀の堆積岩類が存在する。これらの多くは、浅海から陸成の堆積物である。中国地方の中生代美祢層群や成羽層群などからは、植物化石が産する。

下部白亜系の手取層群は、河川からデルタの堆積環境を示し、植物化石や貝化石の他に恐竜の骨や足跡化石が産する。九州天草などの上部白亜系の地層も、やはりデルタから浅海性のものであり、貝化石を多産し、恐竜化石も見つかっている。北海道では、タービダイトを主体とした非常に厚い地層である蝦夷層群が分布しており、アンモナイトが産出することで知られている。

古第三系の地層は、九州や北海道に存在し、デルタ環境で堆積した石炭層などを含んでいる。

f　新第三紀中新世以降の火成岩類と堆積岩類（図7.7a ⑬、⑭）

中新世に、日本海の形成によって大陸の一部が分離し、日本列島が誕生した

図7.10
男鹿半島の地質
（補足写真7.6）

a　グリーンタフ
b　女川層の珪質頁岩
c　北浦層のタービダイト
d　男鹿半島フィールドにて

動画7.10.d

https://www.youtube.com/playlist?list=PLz4tPmq5d-8qd_r8kDs-bghU34cfO8SSH

〈動画7.10.d〉は、男鹿半島でのフィールドワークをまとめた17本の動画の再生リストです。
01男鹿半島の地質・概要　02門前層　03門前層凝灰岩
04門前層貫入岩類　05台島層グリーンタフ1
06台島層グリーンタフ2　07西黒沢層海岸露頭
08西黒沢層から女川層へ　09女川層硬質頁岩
10女川層の堆積環境　11船川層露頭と段丘礫岩
12船川層の泥岩　13北浦層タービダイト1
14北浦層タービダイト2　15北浦層断層
16基盤岩類（赤島層）　17赤島層溶結凝灰岩

（図7.12）。この時期の地層の記録が秋田県男鹿半島でよく読み取れる（図7.9、図7.10）。古第三紀の終わり頃に大陸のリフト内（P183図7.12e）に植物化石（阿仁合型植物群や台島型植物群）や火山岩類を含む地層（門前層、台島層）が形成された。この時期の火山岩類は、変質によって緑色を呈しているので、グリーンタフと呼ばれている（図7.10a）。リフティングが進行した段階で浅海性の砂岩、泥岩の堆積が続き（西黒沢層）、さらに海盆の形成によって珪質有機質頁岩（女川層）（図7.10b）、海洋の拡大に伴って珪藻質泥岩（船川層）が堆積した。女川層は日本海側の石油・天然ガス田の根源岩となっている。

太平洋側では、四万十帯の上に、四国西南部の三崎層群、紀州の田辺層群や熊野層群などのデルタ環境の地層が堆積した（第3章を参照）。

また、フィリピン海プレートの沈み込みと伊豆・小笠原島弧の衝突によって、伊豆衝突帯が形成された。伊豆衝突帯に

（本文P180に続く）

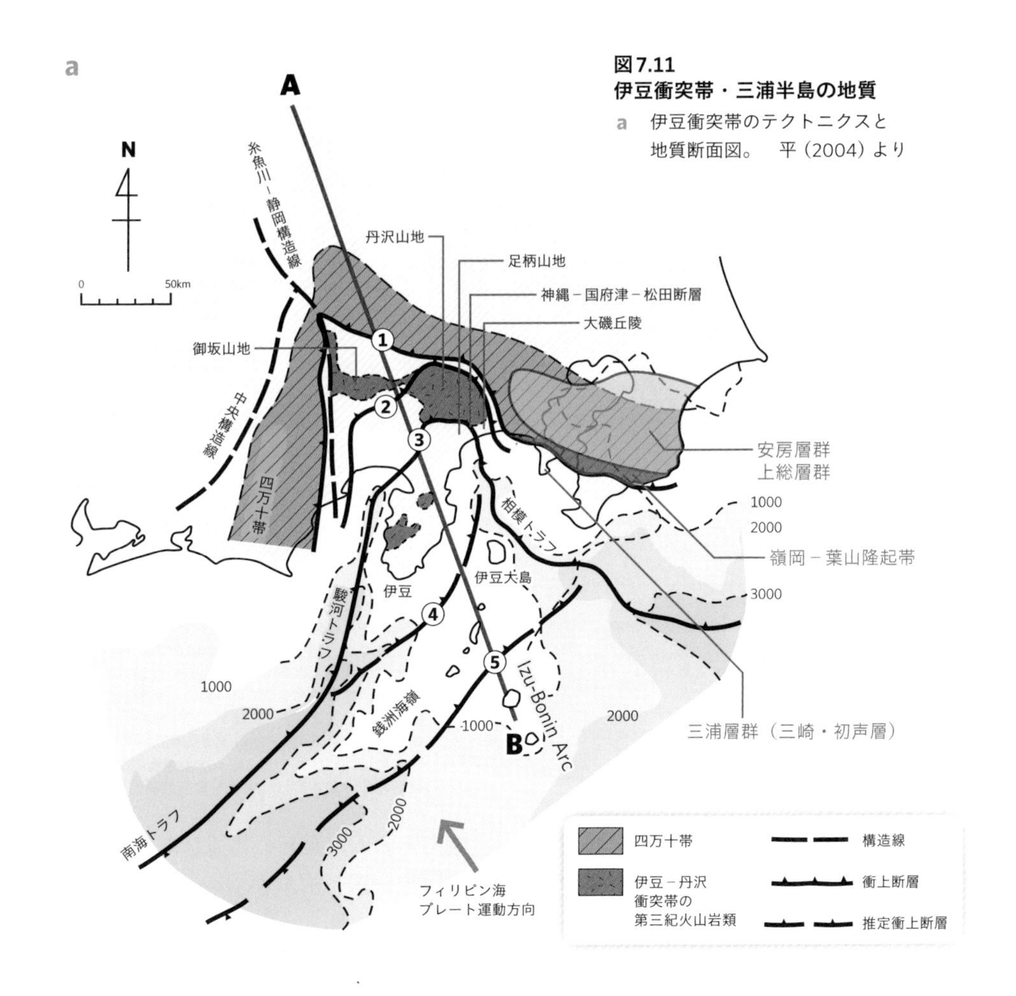

図7.11
伊豆衝突帯・三浦半島の地質

a　伊豆衝突帯のテクトニクスと地質断面図。　平（2004）より

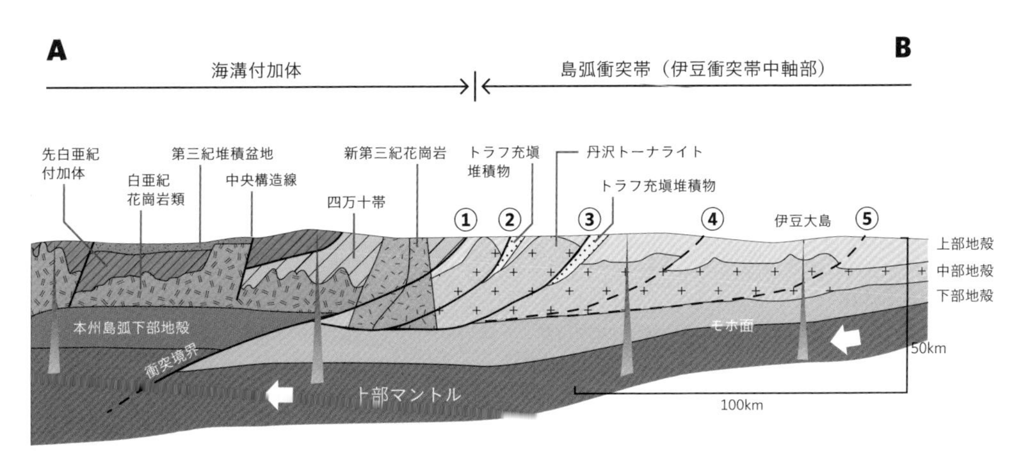

図7.11　伊豆衝突帯・三浦半島の地質（補足写真7.6）

b　城ヶ島の地質

動画7.11.b

https://www.youtube.com/playlist?list=PLz4tPmq5d-8p7dB5lpJktNAc-rDOEIBOH

〈動画7.11.b〉は、城ヶ島でのドローンを使った5本の空撮映像を再生リストにしたものです。
01城ヶ島の地質1　02城ヶ島の地質2
03城ヶ島の地質3　04城ヶ島の地質4
05城ヶ島の地質5

c　城ヶ島における地質観察

動画7.11.c

https://www.youtube.com/playlist?list=PLz4tPmq5d-8pj5zaaykqOXHjPd9GPa1Dt

〈動画7.11.c〉は、城ヶ島でのフィールドワークをまとめた14本の動画の再生リストです。
01城ヶ島の地質観察1　02城ヶ島の地質観察2
03城ヶ島の地質観察3　04城ヶ島の地質観察4
05城ヶ島の地質観察5　06城ヶ島の地質観察6
07城ヶ島の地質観察7　08城ヶ島の地質観察8
09城ヶ島の地質観察9　10城ヶ島の地質観察10
11城ヶ島の地質観察11　12城ヶ島の地質観察12
13城ヶ島の地質観察13　14城ヶ島の地質観察14

は、伊豆・小笠原島弧の地殻そのものが衝突・付加された中軸部と、前弧の堆積物が付加体を形成している周辺部（三浦・房総半島）が存在する（図7.11a）。中軸部は、中新世から鮮新世に衝突した島弧地殻である御坂山地や丹沢山地そして第四紀になって衝突した伊豆半島からなり、その南では、銭洲海嶺へと続く断層が存在する。

三浦半島から房総半島にかけては、海溝付加体と海溝陸側斜面堆積物が、古第三紀の付加体を含む嶺岡－葉山隆起帯の南部に分布している（図7.11a）。嶺岡－葉山隆起帯の北側には厚い前弧海盆の堆積物である安房層群、上総層群が分布している。三浦半島の城ヶ島には、変形の著しい海溝付加体である三崎層と斜面堆積物である斜交葉理の発達した初声（はっせ）層の素晴らしい露頭がある（図7.11b、c）。三浦半島と房総半島は、通常は海底でしか見られない、海溝から前弧海盆への現在進行形の地質現象が観察できる世界でも希な場所である。

約300万年前から、列島全体で山地の隆起が起こり、海洋へは多量のタービダイトが運ばれた。同時に火山活動が活発となり、カルデラが形成され、また、火山性堆積物が広く日本列島とその周辺海域を覆った。男鹿半島では北浦層がこの時期のタービダイト層である（図7.9c）。氷河時代には、平野に砂礫層が堆積し、完新世には、沖積層が堆積し平野がつくられた。

chapter 7.7

日本列島誕生のシナリオ

ジュラ紀以前の日本の地質学的成り立ちについては、まだ多くのことが謎に包まれている。それでも、これまでに、幾つかのシナリオが述べられている。そのうちの一つについて見てみよう（図7.12a、b、c、d）。

7億～6億年前、地球上には一つの超大陸ロディニアが存在していた。マントルプルーム活動によって超大陸は分裂し、古太平洋（パンサラッサ）が誕生した。古太平洋の拡大によって、ロディニアの各大陸塊のうち、シベリア、中朝地塊、揚子地塊、オーストラリア、南極などは、

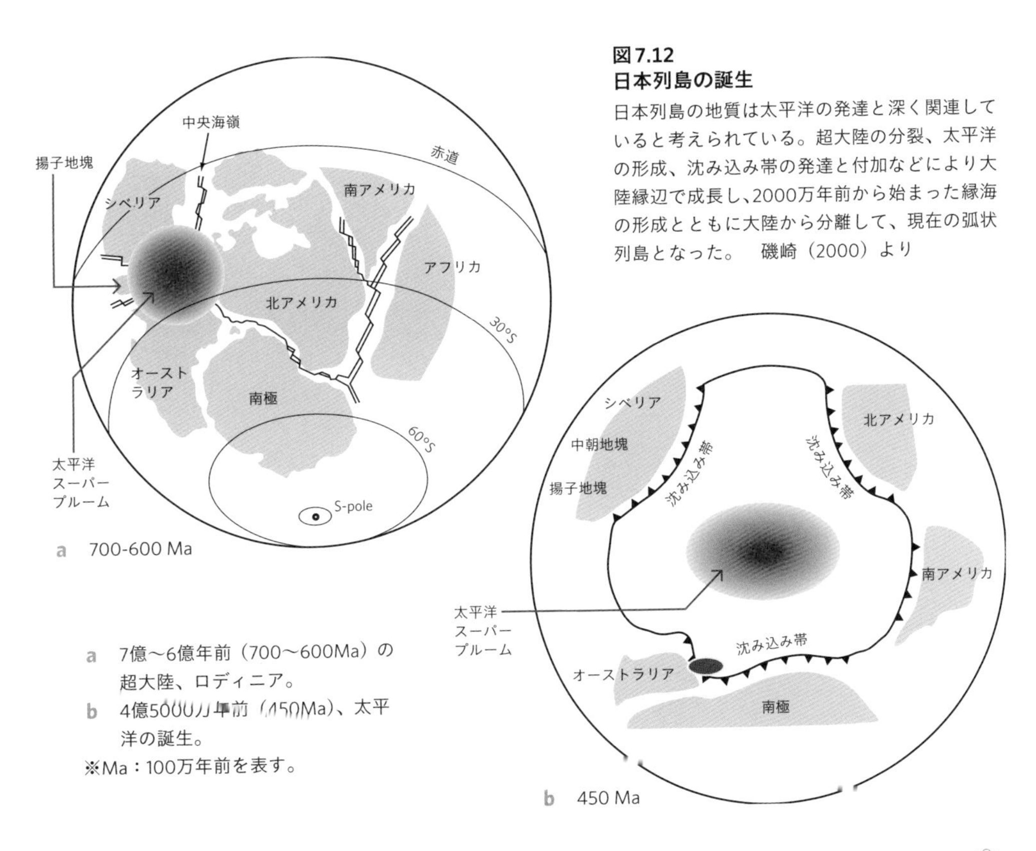

図7.12
日本列島の誕生
日本列島の地質は太平洋の発達と深く関連していると考えられている。超大陸の分裂、太平洋の形成、沈み込み帯の発達と付加などにより大陸縁辺で成長し、2000万年前から始まった縁海の形成とともに大陸から分離して、現在の弧状列島となった。 磯崎（2000）より

a 7億～6億年前（700～600Ma）の超大陸、ロディニア。
b 4億5000万年前（450Ma）、太平洋の誕生。
※Ma：100万年前を表す。

アフリカ、北米、南米などの大陸塊と衝突し、超大陸パンゲアをつくった。

揚子、中朝地塊の縁辺では、中深海から浅海性やさらに陸成の堆積岩（飛驒外縁帯、南部北上帯、黒瀬川構造帯などのオルドビス紀頁岩、シルル紀石灰岩、含植物化石デボン紀頁岩、石炭紀～二畳紀の石灰岩や砂岩など）が堆積した。一方、石炭紀古太平洋では、マントル上昇流（太平洋スーパープルーム）により海山が多数形成され、サンゴ礁石灰岩が形成された。

古生代の二畳紀には、揚子地塊縁辺で付加体が形成された。この付加体に、石炭紀の海山が衝突してきた。秋吉石灰岩である。秋吉石灰岩は実に1億年にわたってほぼ連続して堆積したものであり、熱帯の巨大な海台の一部であったと考えられる。この二畳紀付加体は後に変成されて三郡帯となる。

さらにジュラ紀には、広域に付加体が形成された。古太平洋の海山群が次々と衝突し、砂岩、チャート、珪質頁岩、石灰岩、玄武岩からなる地層がつくられた。

三畳紀からジュラ紀にかけて、中朝地塊と揚子地塊が衝突した。この衝突にともなって中朝地塊と揚子地塊の間の海が閉ざされ、衝上して変成帯が形成され（飛驒変成帯）、縁辺の堆積体が衝上断層・褶曲帯を形成した。ジュラ紀から白亜紀にかけて、この衝上断層・褶曲帯は、二

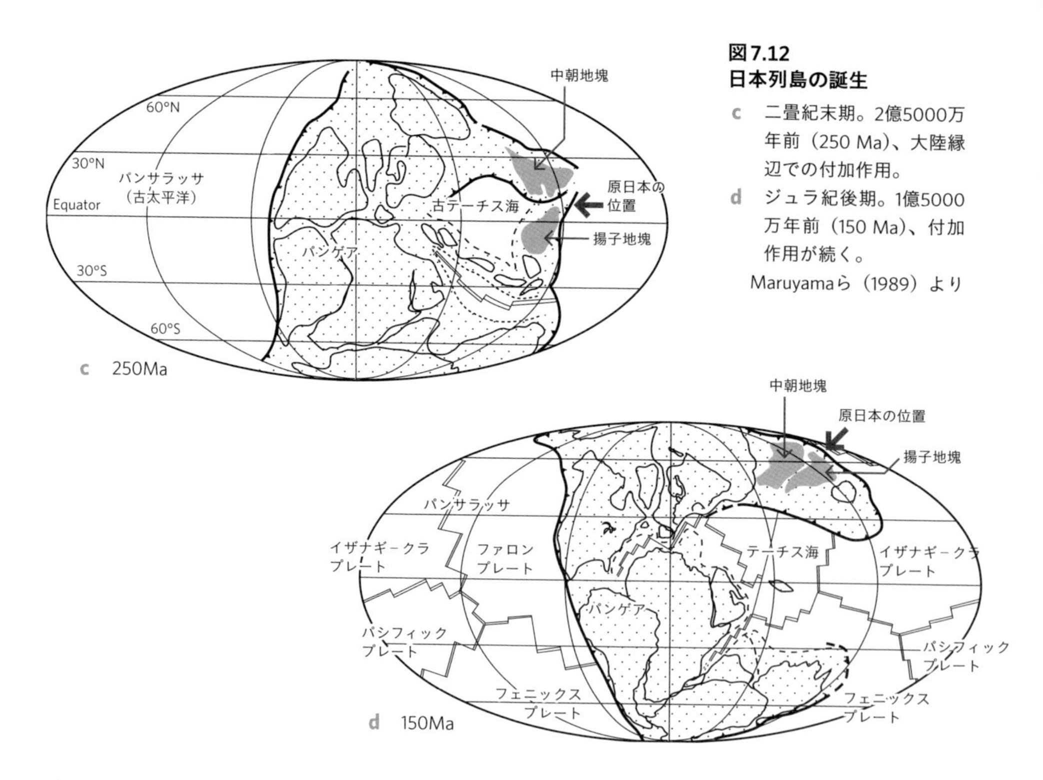

図7.12
日本列島の誕生

c　二畳紀末期。2億5000万年前（250 Ma）、大陸縁辺での付加作用。

d　ジュラ紀後期。1億5000万年前（150 Ma）、付加作用が続く。

Maruyamaら（1989）より

畳紀からジュラ紀の付加体の上にのし上がった。この運動で、飛驒外縁帯、南部北上帯、黒瀬川構造帯などに見られる古い時代の堆積岩と変成岩が混在した構造ができあがった。

白亜紀には、四万十帯が形成され、その延長は広く中朝地塊からオホーツク地塊まで及んだ。白亜紀には広く花崗岩が貫入し、また地表は火砕流堆積物で覆われた。すなわち、大陸に火山弧が広く発達したのである（P174図7.7b）。

白亜紀にプレートの斜め沈み込みによって、火山弧から背弧にかけて、左横ずれ断層帯が発達し、それに沿って堆積盆地が各所に形成された（図7.7b）。日本列島では、九州の大野川盆地、四国から近畿にかけての和泉盆地などである。この横ずれ運動で、飛驒外縁帯、南部北上帯、黒瀬川構造帯などの衝上断層・褶曲帯が再編成された。

古第三紀には、東アジア縁辺全体でリフティングが起こり、それらの盆地には、石炭層（九州の炭田など）が堆積した。また、オホーツク地塊が衝突し、日高変成帯が形成された。

3000万年前に大陸の一部で分裂が起こり、リフティングによって湖が形成され、やがて日本海が拡大し、グリーンタ

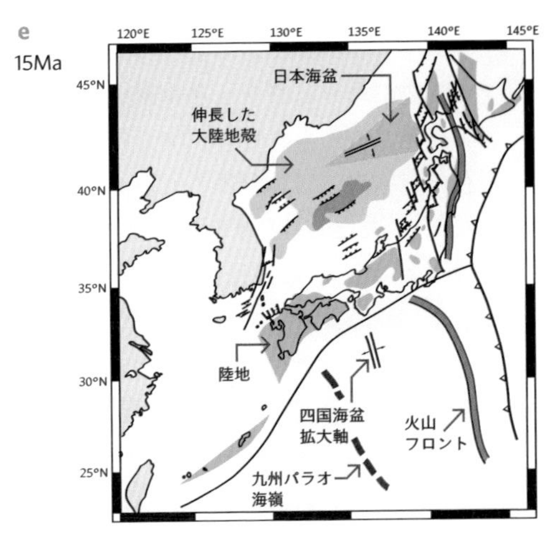

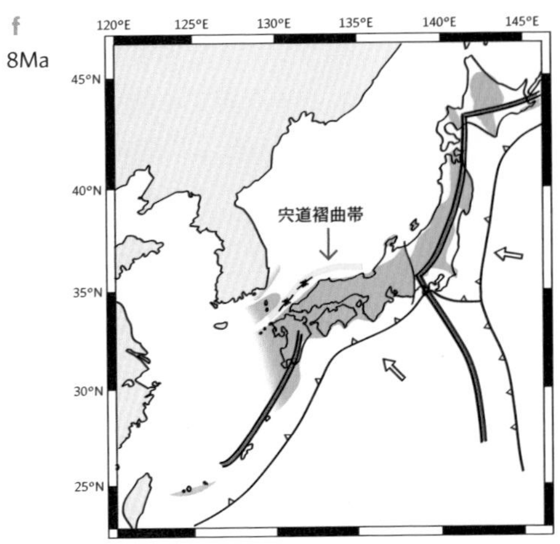

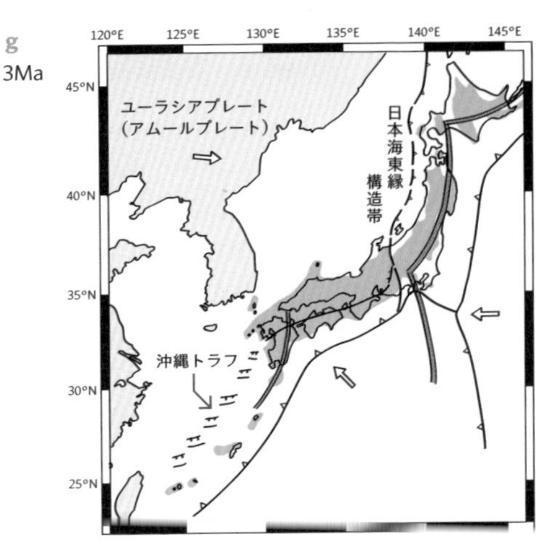

e　日本海の誕生（1500万年前、15Ma）
f　フィリピン海プレートの沈み込み（800万年前、8Ma）
g　日本列島東西圧縮の時代（300万年前、3Maより）

フの活動があり、また、熱水鉱床である黒鉱鉱床がつくられた。1500万年前には、現在の日本海と日本列島の原形ができた（図7.12e）。ただし、東北日本は当初、ほぼ水没した状態にあった。同じ頃、古伊豆・小笠原島弧でリフティングが起こり、四国海盆とパレセベラ海盆が形成され、古伊豆・小笠原島弧自体は、現在の伊豆・小笠原島弧と九州・パラオ海嶺に分離し、フィリピン海プレートの原形ができあがった。

フィリピン海プレートは形成当初よりユーラシアプレートと衝突を繰り返していたが、800万年前から本格的に沈み込みを開始した（図7.12f）。これによって伊豆衝突帯が形成された。さらに300万年前からユーラシアプレートの一部であるアムールプレートが東へ移動を開始し、日本列島は強い東西圧縮応力場に置かれるようになり、各地で断層が発達して山地と盆地の発達が顕著となった（図7.12g）。日本海形成時のリフト構造は逆断層構造へと変化し（インバージョン・テクトニクス）、海盆にタービダイトが供給された。また、火山活動によって、カルデラや山体崩壊などの地形がつくられた。

琉球列島（南西諸島）では、西側に新たな背弧海盆（沖縄トラフ）が形成され、活発な熱水活動が行われている（第2章を参照）。

完新世からの海面の上昇とその後の低下によって平野がつくられ、厚い泥層を有する沖積層、いわゆる軟弱地盤が平野部の下を広く覆った。私たちの都市の多くは、この沖積層の上に建設されている。

column 20

マントル対流、プレートテクトニクス、大陸集合・分裂

JAMSTEC　吉田晶樹

地球史において大陸は離合集散を繰り返し、最近の地質学的研究からは5億～8億年周期で超大陸が形成されると考えられている。実際の地球内部で起こっているマントル対流の数値シミュレーションにより、プレート運動や大陸移動の原動力として、これまで考えられていたマントルに沈み込んだプレートによる引っ張り力だけではなく、表層のプレートの配置や水平サイズに規定される大規模なマントルの流れが海洋プレートや大陸プレートの底面を引きずる力も重要であることが分かってきた。

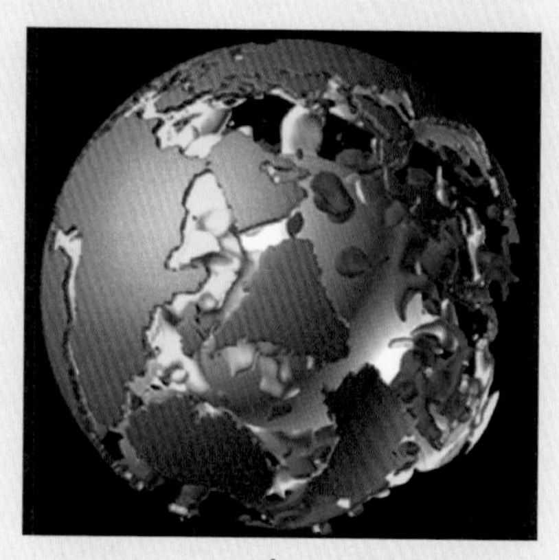

プレート運動を考慮したマントル対流の数値シミュレーション

※コラム全文は、QRコード、または〈特設サイト〉（P8記載）へ。

chapter 8

海洋・地球を調べる

地球についての私たちの知識は
まだまだ乏しい。
なぜなら、私たちが実際に
サンプルを手に入れることができ、
現場で観測ができる場所は、
非常に限られているからである。
近年、技術の進歩によって
未踏のフロンティアへの挑戦が
可能となってきた。
さらに地下生命圏の探索などに
よって、新しい科学領域が
開拓されつつある。
ここでは、伝統的な手法と
新しい手法の統合による
探査、観測、データ解析、
シミュレーションによる
探求の現場を見てみよう。

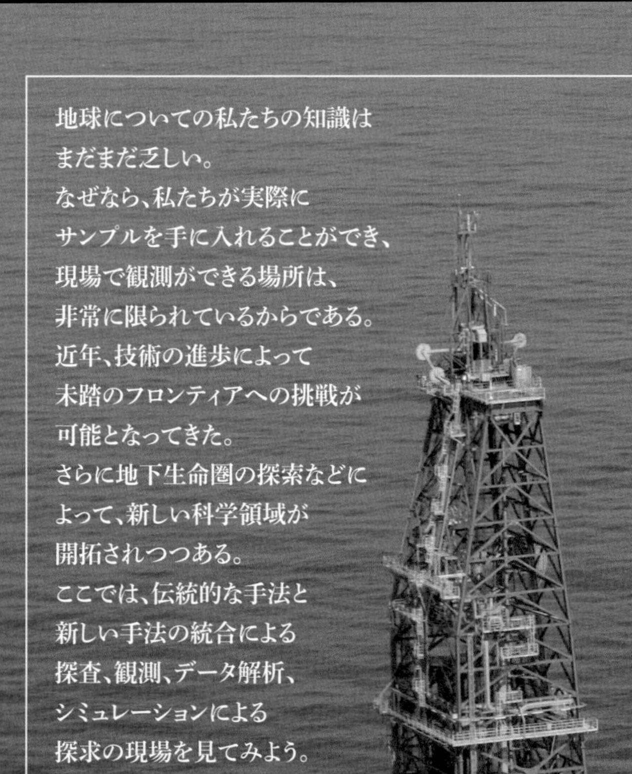

地球深部探査船
「ちきゅう」
全長：210m
型幅：38.0m
船底からの高さ：130m
深さ：16.2m
総トン数:5万6752トン
航続距離：約2万7410km
最大乗船人員：200人
最大速力：12ノット
発電機容量：35000キロワット

図8.1
「ちきゅう」
国際深海科学掘削計画（IODP）の
中核的プラットフォーム。

chapter 8.1

地球の観測と探査

地球の観測や探査そして試料・データ分析は、大きく4つの手法に分けることができる。

1 重力、電磁波や地震波を使って地球表面や内部の性質を観測する手法。この中には、宇宙からのリモートセンシングによる地表観測や孔内検層など地下の観測も含まれる。また、

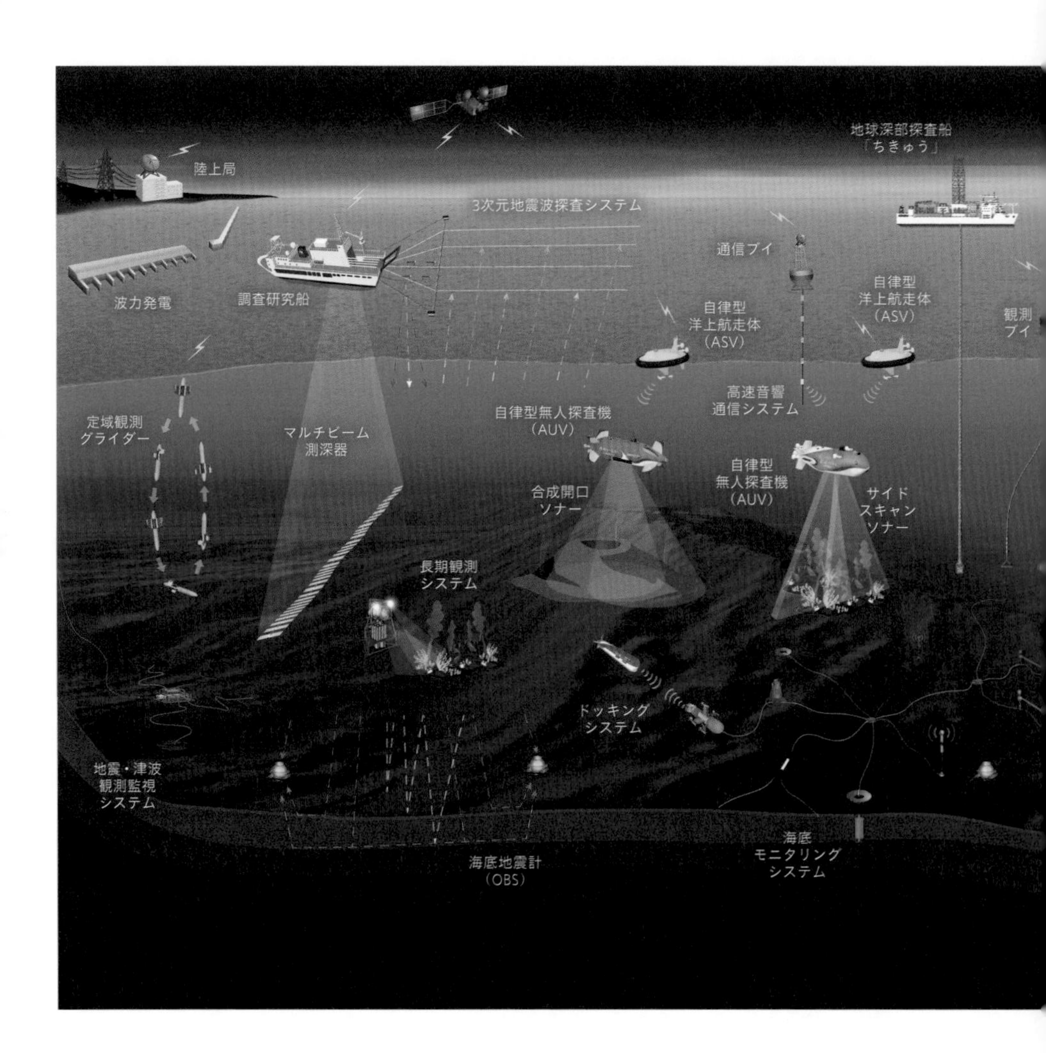

人間が目で観察することも可視光によるリモートセンシングに他ならない。

2 さまざまな手法で試料を採取し、その構造や化学成分、地質年代などを調べる手法。近年は、鉱物、有機物、微生物などを詳細に分析する微小領域の高精度測定の進歩が著しい。

3 対象物に対して動的な働きかけを行い、その反応を観測する実験的な手法。たとえば、地下に水を注入して、その圧力変化を知ることで透水係数を測定することができる。

4 地球現象の数値モデルをつくり、観測データを入力して、現在の状態を計算で調べたり、過去を復元したり、未来予測を行う、計算地球科学あるいはシミュレーションの手法。また、模型によるアナログ実験も、それを補完する手法として重要である。

地質学では、現在の地球の様子だけではなく、過去の地球の状態を復元することが重要な課題である。しかし、地球の歴史や地質学的プロセスの研究は、繰り返し再現実験することが不可能な不可逆過程を拠う。したがって、過去の復元には、地層の記録を解読するだけではなく、数値モデルによる計算地球科学の導入が極めて重要となる。

海洋の研究では、大気圏と海底下の地下圏を含む総合的な探査が必要である(図8.2)。本章では、主に、海洋研究開発機構(JAMSTEC)において用いられている海底の各種探査・分析手法を中心に解説しながら、研究と技術の最前線を紹介しよう。

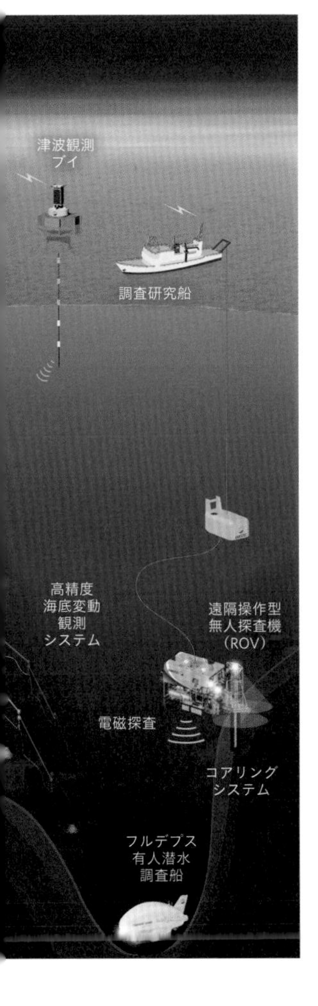

図8.2
JAMSTECなどにおける海洋観測・探査の全容を示した図(未来予想も含んでいる)
研究船、科学掘削船、自律型無人探査機、有索無人探査機、有人潜水船、観測ブイ、海底ケーブル網、孔内長期観測装置、音響通信、宇宙通信などを組み合わせた総合観測。

chapter 8.2

「ちきゅう」の船上にて

「ちきゅう」は、ライザー掘削装置を搭載した科学掘削船である(図8.3)。国際深海掘削計画では、ライザーシステムを搭載していない米国の「ジョイデス・レゾリューション」も活躍している。また、ヨーロッパでは、浅海用の掘削装置・ジャキアップリグや砕氷船に掘削装置を搭載した掘削船を用いている。「ちきゅう」では、掘削によって海底からコア試料を採取し、また、掘削孔を用いて検層を行ったり、掘削孔に長期観測装置を設置したりする(図8.3)。

掘削孔の検層は、地層の密度や比抵抗などの測定を、ワイヤーラインで孔内に降ろしたロギングツールや、ドリルビットの上に装着したツール(掘削同時検層:LWD)で実施する。

また、温度、圧力などの観測装置を入れて、長期に孔の状態を観測することや、あるいは孔内を用いたさまざまな現場実験を行うことができる。

column 21

LWD(掘削同時検層)について

JAMSTEC 真田佳典

LWD(Logging While Drilling:掘削同時検層)は、ドリルビットのすぐ上部に取り付けられた検出装置で、地層を掘削しながらリアルタイムで地層の物性値の計測や可視化を行う技術である。掘削直後の新鮮な地層の自然ガンマ線、電気抵抗、孔壁画像、音波速度、密度、間隙率、核磁気共鳴などのさまざまな物性値を計測し、地層の解析・解釈が行われる。地震断層帯や付加体などの崩れやすい地層の調査で、コア試料採取や長期孔内計測機器の設置深度の決定などに活用されている。

ドリルビットとその上部に取り付けられたLWD。

※コラム全文は、QRコード、または〈特設サイト〉(P8記載)へ。

図8.3
「ちきゅう」の紹介

a 「ちきゅう」での掘削作業

b 「ちきゅう」のアジマススラスター

動画8.3.a

https://www.youtube.com/playlist?list=PLz4tPmq5d-8rhcF-z1p95KMpgzi28jL4Y

〈動画8.3.a〉は「ちきゅう」による掘削作業をまとめた5本の動画を再生リストにしたものです。

01 掘削作業1　02 掘削作業2
03 掘削作業3　04 掘削作業4
05 掘削作業5

column 22

JFAST長期孔内観測システム

JAMSTEC　**許 正憲**

高精度温度センサーアレイを回収する様子

東北地方太平洋沖地震調査掘削（Japan Trench Fast Drilling：JFAST）プロジェクトの重要な科学目的の一つとして、すべり断層面に生じた摩擦熱の計測が挙げられる。摩擦熱は時間の経過とともに現場温度へ復帰することから、あの地震の真実を探るためには地震発生後いち早く観測を開始する必要があった。JFAST長期孔内観測システムについて解説する。

※コラム全文は、QRコード、または〈特設サイト〉（P0記載）へ。

chapter 8.3

海底下の地震波探査

海底のなり立ち、テクトニクス、地震や火山のメカニズムの解明のためには、海底下の地質構造を詳しく知る必要がある。また「ちきゅう」による掘削のためにも事前調査が必要である。そのための有力な手段として、反射法地震波（音波）探査がある（図8.4）。これは低周波の音（地震波）を出すエアガンを発信器とし、ハイドロフォンを並べたストリーマー・ケーブルを受信器として、海底下の地層から反射してきた地震波を捉え、それを重ね合わせることで地質構造を描き出す手法である。また複数のケーブルを用いて、3次元構造を調べる手法も行われている。

また、地殻深くに到達した地震波は、ある層で屈折してその層を通り、海面（あるいは地表）に戻ってくる。このような波を屈折波という。屈折法地震波探査では、地層の地震波速度をより正確に決めることができる。この手法では、エアガンを音源として、受信には海底地震計を用いる。

海底においては、地震計あるいは水圧計をケーブルで繋ぎ、長期にわたって、リアルタイムの観測をすることができる。そのようなシステムの代表的な例が地震・津波観測監視システム（DONET）である。これからは、複数の手法を組み合わせた総合的観測が重要となる。

column 23

DONET：深海底のリアルタイム観測技術

JAMSTEC　川口勝義

日本周辺のプレート境界で発生する地震活動の震源の多くは海洋底下に位置し、その活動を正確に観測するために、海域の地震（及び津波の）観測網の拡充が望まれている。海底において長期的なリアルタイムの地震・津波観測を実現することを目的として新たに科学観測用に開発されたDONET（Dense Oceanfloor Network System for Earthquakes and Tsunamis）について紹介する。

ROV ハイパードルフィン

※コラム全文は、QRコード、または〈特設サイト〉（P8記載）へ。

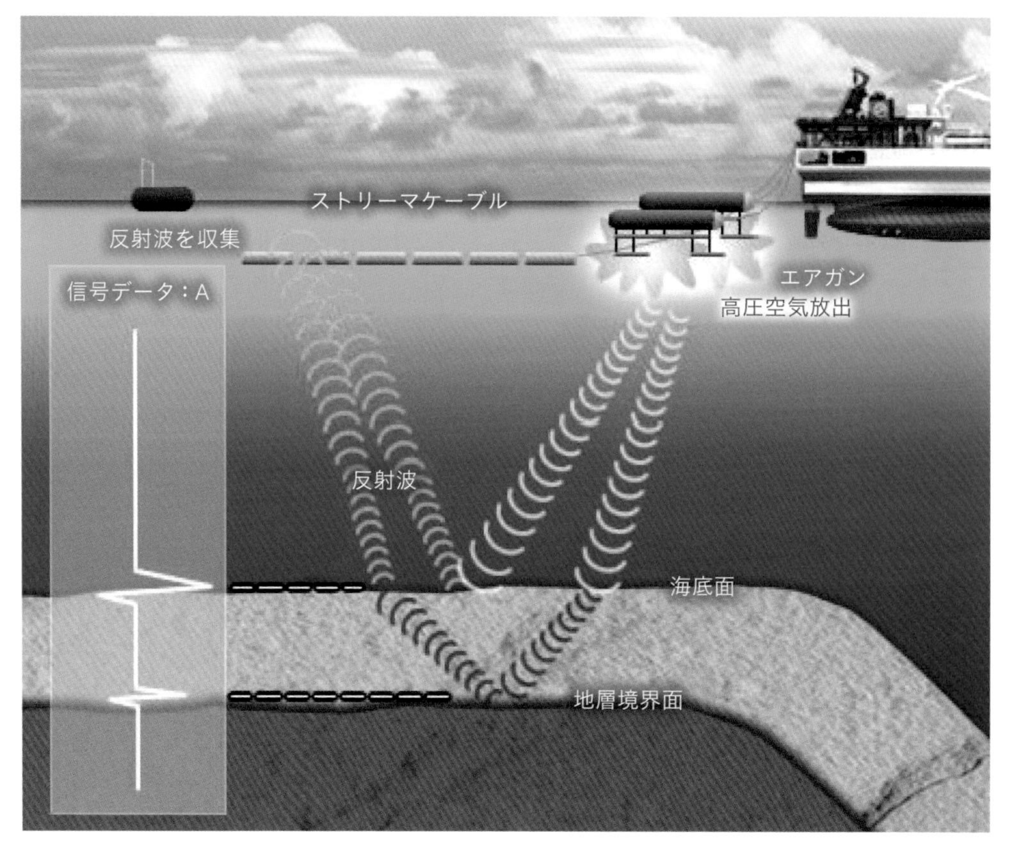

図8.4
地震波（音波）探査の手法
反射法地震波探査の原理を示す。

column 24

AUV／ROV技術について

JAMSTEC　**吉田弘**

ロボットは人類の究極の発明品であり、これからの時代の主役だ。ロボットは陸上や空中で使われるだけのモノではない。海中でも立派なロボット達が活躍している。このコラムでは海中ロボットのうち、鉄人28号のように遠隔操縦されるタイプの遠隔操作型無人探査機（Remotely Operated Vehicle: ROV）と、鉄腕アトムやドラえもんのように自分で行動するタイプの自律型無人探査機（Autonomous Underwater Vehicle: AUV）について解説しよう。

AUV深海探査機
「おとひめ」の勇姿

※コラム全文は、QRコード、または〈特設サイト〉（P8記載）へ。

chapter 8.4

海洋の探査と観測

深海に直接、人間が乗船して探査する機器は有人潜水船である。「しんかい6500」は、世界最深クラスの潜水能力を有し、1400回以上の潜航を行っており、海底探査で活躍してきた（図8.5）。

また、ケーブルで船とつないだ（有索）無人探査機（ROV）は、有人潜水船と異なり、長時間の潜水が可能であり、マニピュレータ、カメラ、ソナー、各種センサー類を搭載して、さまざまな用途に使

図8.5　「しんかい6500」による沖縄トラフ鳩間海丘における熱水調査の様子

無人探査機「ハイパードルフィン」から撮影したムービー。

動画8.5

https://youtu.be/lRIoEXY998c

いわけている（図8.6b）。

さらに自律型無人探査機（AUV）の発達も著しい。これは、あらかじめ与えられた指令あるいは人工知能の判断によって、海中を無人、無索で探査する装置である。海底地形、電磁気、海水の特性などを連続観測することが可能である（図8.6a）。

海水の観測には、さまざまなブイを用いた定点観測、あるいは、アルゴフロートや水中グライダーなどの海中を上下して観測する装置、ウェーブグライダー、セールドローンなど海面で観測する装置も用いられている（図8.6c）。

これらの観測は主に研究船を用いて実施される。研究船には、海洋観測全体を実施するタイプの船と、潜水船の支援などの業務を主に行う特定任務研究船がある。

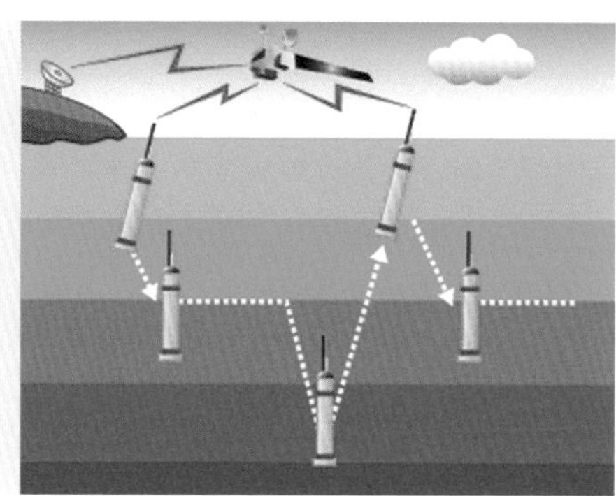

図8.6　海洋無人探査機とアルゴフロート

無人機には、大きく分けて、電力の供給や通信をケーブルで行う有索機（ROV）と、ケーブルなしに電池を自装し人工知能による自律走行を行う無索機（AUV）がある。

a　深海巡航探査機「うらしま」（AUV）
　サイズ：10.0m（L）×1.3m（W）×1.5m（H）
　重量：約7トン
　潜航深度：3500m
　速力：3ノット最大

b　無人探査機「かいこうMK-IV」（ROV）

c　海洋観測アルゴフロート
　アルゴフロートは、自己浮力調節装置を内蔵しており、表面から水深2000mまでの間の海水の観測を行い、浮上時にデータを衛星で伝送する。

chapter 8.5

試料の採取と分析

海底地質試料の採取には、「ちきゅう」のような海底下数kmの深い場所からの採取だけではなく、極表層では比較的簡便な採取装置を用いることも多い。たとえば、ピストンコアラーは、5～50m程度のコアを取るのに良い装置である（図8.7）。

コア試料の採取は、船からだけでなく、筏などを用いて作業することも可能である。高知大学の岡村真研究室では、実に20m以上のコアを、筏を用いて池から採取し、津波堆積物の同定に役立てている。

この他に、海底に着座して掘削するボーリングマシン（BMS)、またパワーグラブなどの海底から大量のサンプルを採取する装置も用いられている。

高知コア研究所では、「ちきゅう」で採取したサンプルのみならず、さまざまな地質および微生物試料の分析が行われている（図8.8、図8.9）。ここでは、試料の保管、分析、教育などが一貫して行われており、世界の分析拠点となっている。とくに、NanoSIMSなどによる微小領域の高精度分析や、古地磁気分析装置などは、世界のトップクラスであり、最先端を切り開く武器となっている。

図8.7　ピストンコアラーの作業
海底や湖底の堆積物を比較的攪乱を少なくして採取する一般的な方法である。ピストンを内蔵したパイプを海底に錘を用いて打ち込み、ワイヤーによって引き上げ、コア試料を採取する。写真は海底広域研究船「かいめい」の40mピストンコアラー。

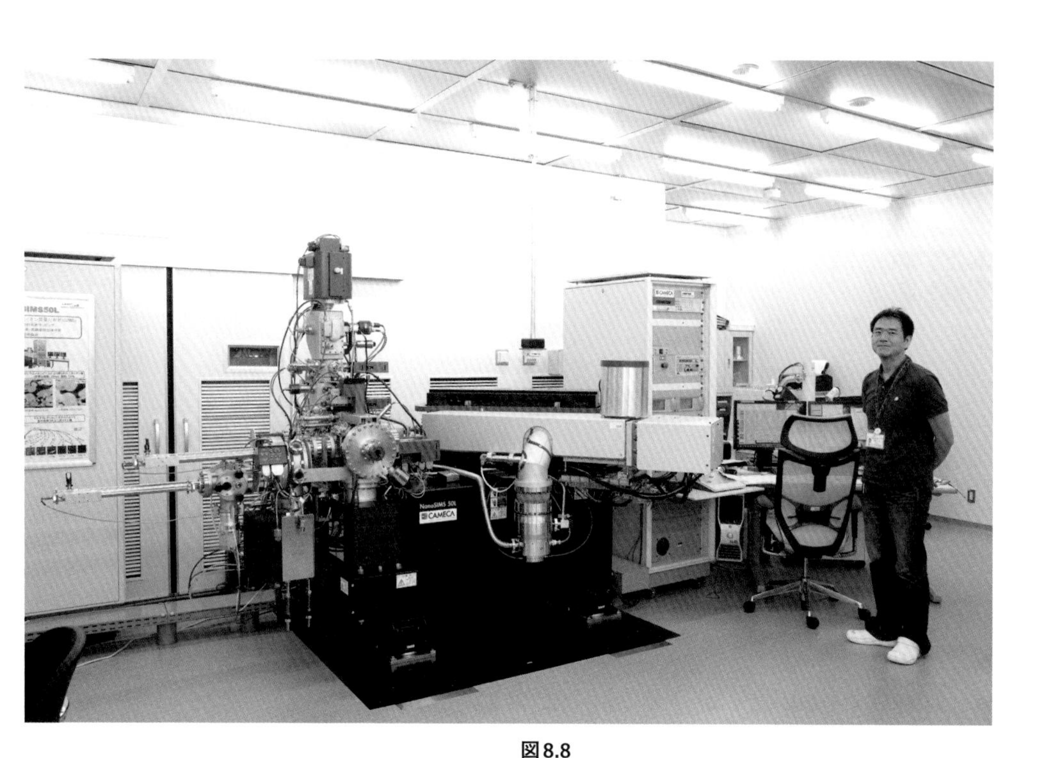

図8.8
高知コア研究所におけるコア保管と研究

高知大学と共同で運営する高知コア研究所には、国際深海科学掘削計画によって採取された全長にして120kmものコア試料、さらにJAMSTECの研究船によって採取されたピストンコア試料などが保管されている。「ちきゅう」のコアもここに集められている。写真は微小領域の分析を行うNanoSIMS。

図8.9
高知コア研究所での試料分析と研究

高知コア研究所では、試料の地球化学的研究、地下微生物の研究、地震の理解に貢献する岩石力学的研究などが行われている。

a　コア保管庫
b　試料分析と研究紹介

〈動画8.9〉は、海洋研究開発機構、高知コア研究所での試料分析と研究について4本の動画をまとめた再生リストです。
01試料分析と研究1　02試料分析と研究2
03試料分析と研究3　04試料分析と研究4
https://www.youtube.com/playlist?list=PLz4tPmq5d-8ogbDA1ni2aiPHoXrknZM1-

chapter 8.6

地下生命圏に挑む

近年での地球研究の大発見は、地下深くにも生命圏が存在することが分かってきたことである。海底や陸地の下の堆積岩や火成岩、さらに陸地の鉱山から湧き出す地下水の中など、さまざまな環境から微生物の存在が明らかになってきた。特に深海科学掘削は、この研究分野で主要な役割を果たしている（図8.10a）。地下生命圏は、それが存在している地層の成り立ちと深く関連している。例えば、下北八戸沖の海底下2400mの石炭層を含む地層から見つかった微生物は、森林・沼沢地の土壌微生物と多くの共通点を持っており、石炭層が堆積した後、約2000万年間、嫌気的かつ低エネルギーの環境を生き延びてきた可能性がある（図8.10b）。一方、太平洋の中央部では、

図8.10
深海掘削によって明らかになった地下微生物圏の実態

a

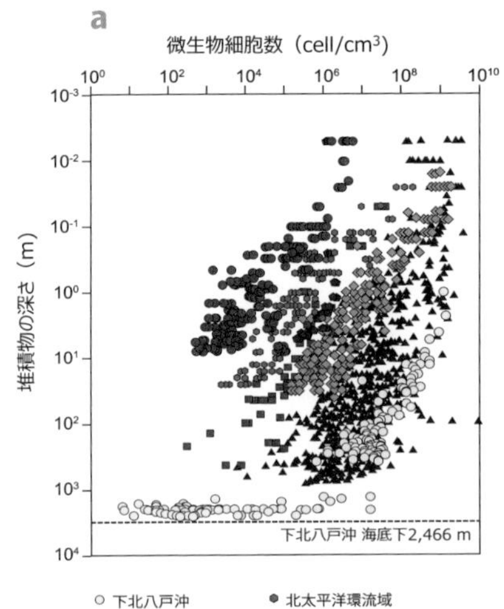

b

下北半島沖サンプルの培養後の電子顕微鏡細胞写真。パスタ状のものが微生物。右下の白いバーが1μm。

図8.10a
世界各地の海底堆積物に含まれる微生物細胞数の深度プロファイル。堆積物に含まれる有機物の量が小さく、堆積速度が遅くなるにつれて、微生物細胞数が少なくなる傾向がある。また、深度（温度・年代）が増すにつれて、微生物細胞数が対数的に減少する傾向がある。

酸化的海水が、遠洋性堆積物から基盤の玄武岩層まで達しており、これらの地層中に好気的微生物が生息している。これらの微生物は、主にバクテリアとアーキア（古細菌）に分類される原核生物から構成されるが、その中には、胞子のような休眠細胞や、カビ類などの真核生物も含まれている可能性がある。地球全体では、約4万種類の微生物、10^{29}細胞の微生物が海底下に存在すると考えられている。その多くは、陸域や海洋などに生息する微生物とは異なり、太陽光の届かない地球内部の極限的な環境に適応・進化したのかもしれない。

地球に対する地下生命圏の大きな関与の一つは、メタンの生成である。海底や凍土層下のメタンハイドレートに含まれるメタンの多くは、微生物によって生産されたものと考えられている（図8.11）。つまり、地下生命圏で莫大な量の炭素循環が起こっている可能性がある。

これらの地下生命圏の微生物の生態、代謝活動、ゲノム進化などについては、さらなる研究が待たれるが、地球生命科学に広大な新分野を開拓しつつある。

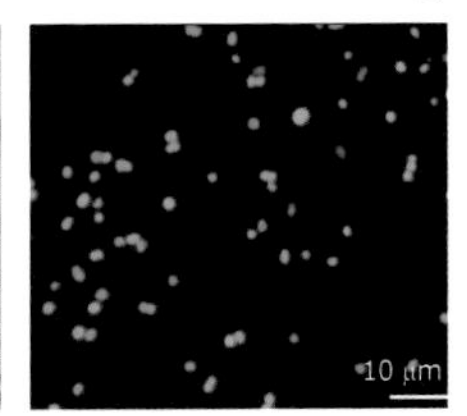

図8.11
「ちきゅう」の船上で確認された南海トラフ熊野第5泥火山に含まれるメタンハイドレートとメタン菌
(a) 赤外線カメラにより、メタンハイドレートの溶解による温度低下が、掘削直後のコア試料に全体的にみとめられた。(b) 泥火山から分離されたメタン菌。低塩分濃度を好み、水素とCO_2からメタンを生成する常温性の古細菌（アーキア）であった。　Ijiri et al.（2018）より

column 25

人類のマントルへの到達：マントルと生命との関わり、そして地球の未来とは何か

JAMSTEC　稲垣史生　阿部なつ江

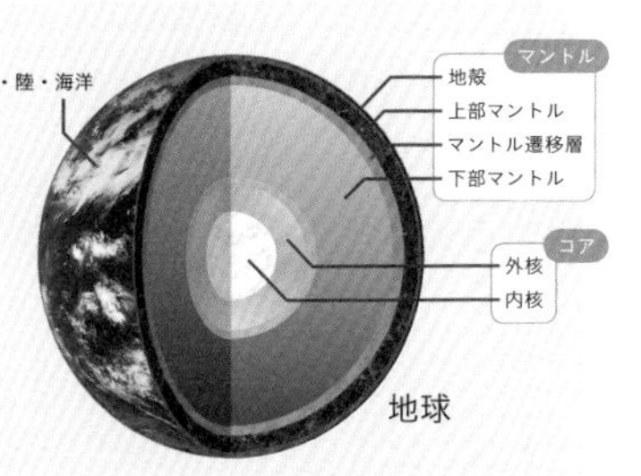

地球の内部構造の模式図。地球の内部は、そのほとんどがマントルで構成されている。

太陽系第3惑星である地球は、その表面の約70%が海洋で覆われ、生命の存在が直接的に確認されている宇宙で唯一の天体である。その惑星の約83%の体積はマントルで構成されているが、人類はまだ直接的に地殻の下に存在するマントル物質を採取したことがない。そこには、プレートテクトニクスがどのように成り立ち、マントルの特性が地球環境変動や物質循環、生命の起源や進化とどのように係わっているのか、そして生命が宿る地球の未来はどうなるのかなど、地球の謎を解き明かす上で重要な「鍵」が隠されている。現在、地球深部探査船「ちきゅう」を用いてマントル到達を目指す国際プロジェクトが立案されており、今後の進展が期待される。

※コラム全文は、QRコード、または〈特設サイト〉（P8記載）へ。

chapter 8.7

計算地球科学について

地球で現在起きている、あるいは過去に起きていた現象は、そのほとんどが複雑な要因が関係した非線形の現象であるために、解析的にそれを解くことが困難である。その現象の本質を理解し、また、現象の推移を予測するためには、たとえば地球シミュレータを用いた、計算機実験が極めて有効である。

大気海洋の循環に基づく気候や地球温暖化などの変動については、大気海洋結合モデルによって、グローバルスケールから地域スケールまで計算が可能になり、また、結果の表示にも高度な工夫がなされるようになった（図8.12）。

マントルを粘性流体として扱い、超大陸の分裂・移動とマントル対流の挙動についてシミュレーションで研究した例もある。その結果、超大陸の存在が断熱材のような効果によって、大陸下のマントルを暖め、大きな上昇流（スーパープルーム）をつくり、大陸の分裂を促すことが再現できた（7章）。

流体・固体粒子挙動解析モデルでは、流体と粒子の相互作用を直接に方程式から解く事により、さまざまな力学現象、たとえば、付加体の形成（5章）、津波による物体の移動（6章）などについて、知見が得られる。

a

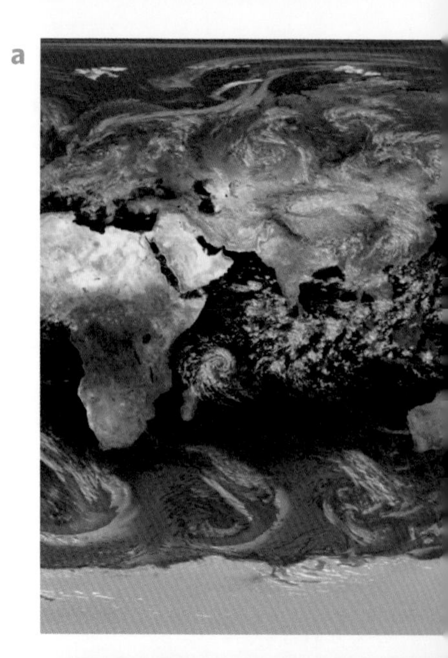

b

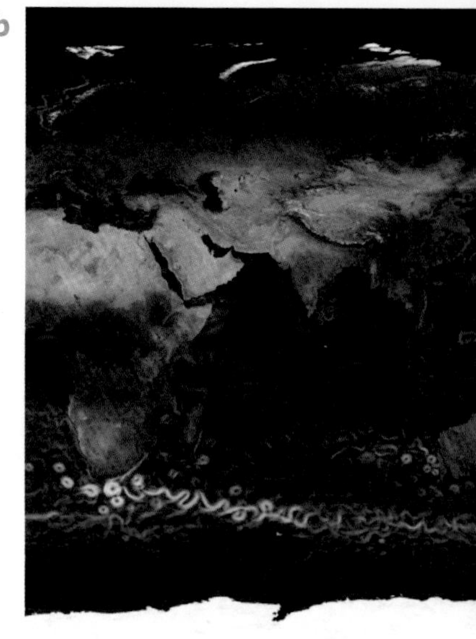

海洋・地球・生命（人間を含め）が互いにどのように関係してきたのか、そして私たちはどこへ行こうとしているのか、その理解を求めて私たちはフロンティアへの挑戦をつづけなければならない。

図8.12
海洋循環のシミュレーション

大気海洋結合モデルの発展により、全球における大気や海洋の循環が再現できるようになってきた。また、シミュレーション結果の表示方法にも工夫がされるようになった。

a
大気海洋結合モデル

動画8.12.a

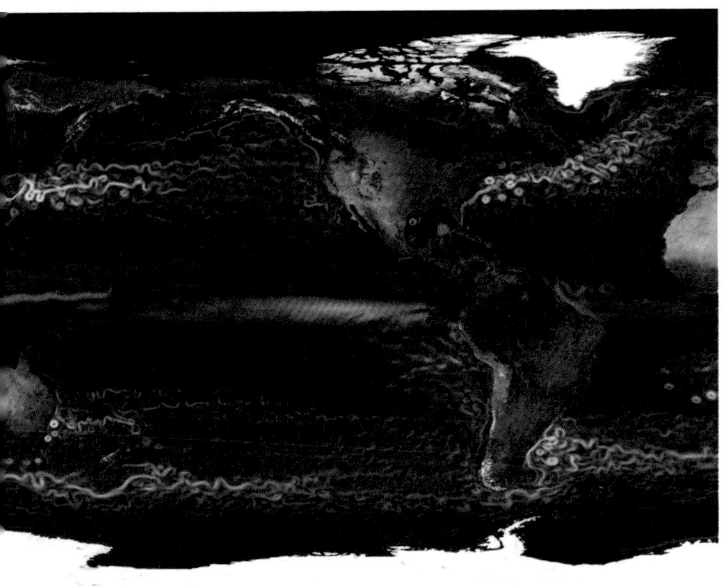

b
準全球海洋シミュレーション

動画8.12.b

a：https://youtu.be/f4-MeiaSxas　b：https://youtu.be/IpMUPfISKJA

column 26

粒子･流体シミュレーション

JAMSTEC　西浦泰介

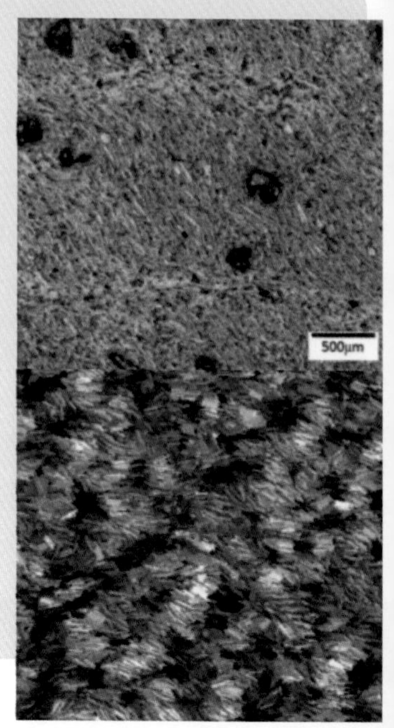

粒子法シミュレーションでは、固体粒子と流体の相互作用を考慮して、個々の粒子の挙動を方程式から直接解くことにより、さまざまな地球規模での力学現象、たとえば、マグマの挙動と火成岩の形成、付加体の形成、津波による構造物の挙動などについて、詳しい知見が得られる。火成岩の内部構造ひとつとっても、マグマの中に存在する結晶粒子の挙動とメルトや水分、気泡などの流体の流れが深く関係している。この様に複雑なマグマ中の粒子・流体挙動は、数値シミュレーションを用いることによって詳しく調べることができ、火成岩の構造がつくられるメカニズムを明らかにすることができる。

火成岩の微構造と粒子・流体モデルによる
数値シミュレーション
（上）天然の火成岩　（下）シミュレーション

column 27

シミュレーションと可視化

JAMSTEC　松岡大祐

スーパーコンピュータを用いた大規模な「数値シミュレーション」は、地球環境のメカニズムを探るために必要不可欠な研究手法の一つである。一方で、シミュレーション結果として得られるデータを、人間が理解できるような形に変換する「可視化」も、シミュレーション研究を行う上で欠かせない技術である。本コラムでは、最先端の数値シミュレーションと可視化手法を用いて、コンピュータの中に再現された地球の様子を紹介する。

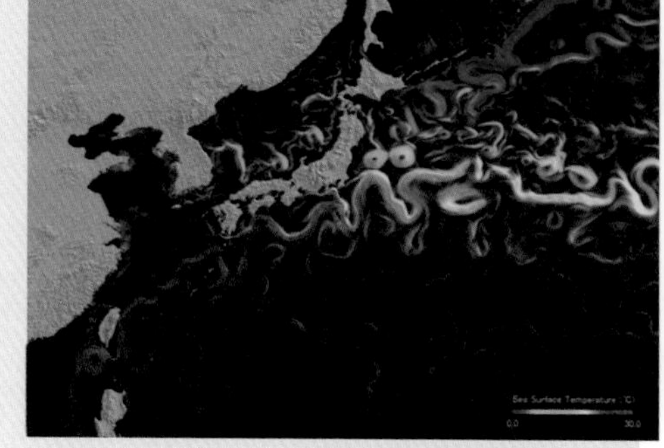

海面水温と流速を同時に
可視化した結果（日本周辺）

※コラム全文は、QRコード、または〈特設サイト〉（P8記載）へ。

おわりに

本書の制作に関しては、多くの人々が関わってくださり、また、沢山の援助を頂きました。まず、国立研究開発法人海洋研究開発機構（JAMSTEC）広報課において、当初より本書の取材全体の調整役を務めた伊部幸一、出版社との段取りをコーディネートしてくれた吉澤理、市原盛雄、ビデオ撮影を担当した五味和宣、広報課長として全体調整を行った満澤巨彦、廣瀬重之、松井宏泰、田村貴正、また部長として支援を頂いた鷲尾幸久、村田範之、田代省三、豊福高志の各氏に深く感謝をいたします。また、地形図の作図を担当した佐野守、高下裕章、山下幹也、委託としてスチル写真の撮影を担当した藤牧徹也、ドローン撮影を担当した東京カートグラフィック社、ツアーのロジスティクス・コーディネーターを担当した都筑良和（NAKED社）、Mike Norwicki（ハワイでのロジスティクス）の各氏に感謝いたします。本書の根幹となるデータが整えられたのは、これらの方々の協力によるものであります。

本書の原点は、私がアメリカで博士論文の研究をしていた時に、各地で撮影した地層や堆積物の写真である。フォードのマーベリックにテントを積んで、各地で砂をアクリルで固めて採取し、フィールドノートをつけ、何万キロの旅をした。まだ長男が赤ん坊で、ベースン・アンド・レンジ地方では、夜、キャンプ地で雪が降り、次の日は40℃以上の熱砂地帯でフィールドワークをした。その写真が今でも役に立つことに関して、頑張ってくれた家族に感謝をしたい。本の企画ができてからは、各地でツアーロケを行った。晴天あり悪天候ありで、楽しく、時に苦労をしたが、無事に無事故で撮影や観察巡検を終えられたのは幸いであった。また、各地で博物館や展示館、特にジオパークの関係者の方々には大変お世話になった。特に、国立科学博物館の松原聰、真鍋真、重田康成、馬場悠男、高知県佐川町立佐川地質館の橋掛直馬、溝渕富弘、神奈川県立生命の星・地球博物館の斎藤靖二、平田大二、雲仙岳災害記念館の杉本伸一、阿蘇火山博物館の池辺伸一郎、豊村克則、ハワイ火山国立公園のMariko Kurebayashiの各氏に深く御礼を申し上げます。高知コア研究所では、深海掘削コアの撮影や最新設備の紹介を行った。当時の木川栄一所長はじめ所員の方々に感謝します。

ロケでは、研究の現場を訪問したり、また、研究の成果を案内してもらうこともあった。福島県松川浦の津波堆積物の研究においては、現場を訪問し後藤和久、原口強両氏にご教示頂いた。徳島県の牟岐メランジュにおいては山口飛島、神奈川県城ヶ島においては山本由弦氏に案内頂いた。水槽実験に関しては、芦寿一郎、高下裕章、奥津なつみの各氏にサポートを頂いた。アンモナイトの鑑定においては、安藤寿男氏にお願いした。図の作成・整理が完成したのは、島田由香、金原富子両氏のおかげである。これらの方々に深く御礼を申し上げます。

本書の内容をより豊かなものとしたコラムの執筆者については、目次にリストとして挙げさせて頂いた。また、写真や図の提供を頂いた方々に関してもリストに一覧を載せた。本書の内容に関しては、コラムの執筆を頂いた方々の他に、日頃から議論やアイデアを頂いている加藤康宏、木下肇、今村努、末廣潔、白山義久、東垣、阪口秀、前田裕子、江口暢久、小平秀一、大河内直彦、高井研、清川昌一、白尾元理、坂本泉、黒田潤一郎、島村道代、谷口典孝の各氏との交流に感謝を申し上げます。本書に収録されているデータ、動画や写真には、JAMSTECや東京大学大気海洋研究所の船舶や探査機器によって撮影されたものが多数ある。すなわち、長年にわたる、絶え間ない努力の積み重ねがそこにある。日本海洋事業（NME）、マリン・ワーク・ジャパン（MWJ）、グローバルオーシャンディベロップメント（GODI）、日本マントル・クエスト（MQJ）の各社に対して御礼を申し上げます。

初期の企画においては、岩波書店の永沼浩一氏から種々アドバイスを頂いた。株式会社ミュールの前田和則、宮川篤子両氏においては、企画・デジタル技術でお世話になった。また、私の予定の調整をはじめ、全体のスケジュール管理を行い、常に励ましてくれたJAMSTEC総務課の富田恵子氏に深く感謝したい。

出版を引き受けてくれた講談社の柴崎淑郎氏においては、本書を仕上げるのに必要なアイデア、全体構成、原稿の校閲と内容チェック、デザインなどに大車輪で私たちを引っ張ってくださった。柴崎氏の貢献無くしては、本書はどこかで頓挫していたに違いない。

地球の長い歴史のこの一瞬に、これらの方々と知り合い、この星の姿を一緒に観察し、考えることができたのは、まさに奇跡のような時間であったと言えるだろう。

2020年11月

平朝彦

さくいん

数字・アルファベット

あ行

か行

※㊊は「用語解説」のページ数です。

た行

※㊐は「用語解説」のページ数です。

な行

は行

ま行

や行

ら行

わ行

※㊊は「用語解説」のページ数です。

カラー図解
地球科学入門
地球の観察――地質・地形・地球史を読み解く

2020年11月17日　第1刷発行
2022年 9 月 8 日　第3刷発行

著　者　平　朝彦
　　　　国立研究開発法人　海洋研究開発機構
発行者　鈴木章一
発行所　株式会社講談社
　　　　〒112-8001　東京都文京区音羽2-12-21
　　　　電話　出版　03-5395-3524
　　　　　　　販売　03-5395-4415
　　　　　　　業務　03-5395-3615

印刷所　図書印刷株式会社
製本所　図書印刷株式会社

カバー・本文デザイン：浅妻健司

ISBN978-4-06-521690-3

N.D.C.456.2 207p 21cm

著者紹介

平　朝彦

1946年、宮城県生まれ。専門は海洋地質学・地球史。国立研究開発法人 海洋研究開発機構・顧問、東海大学海洋研究所長、東京大学名誉教授。東北大学理学部卒。テキサス大学大学院博士課程修了Ph.D.。高知大学助教授、東京大学海洋研究所教授、海洋研究開発機構・理事長などを歴任。プレート沈み込み帯における付加作用と日本列島形成の研究で日本学士院賞。著書に『日本列島の誕生』、『地質学1 地球のダイナミックス』、『地質学2 地層の解読』、『地質学３　地球の探求』（すべて岩波書店）、『地球の内部で何が起こっているのか？』（光文社）などがある。楽しみは「釣った魚で大吟醸」（最近さっぱり釣れない）。

国立研究開発法人 海洋研究開発機構

JAMSTEC　海洋および地球に関連する研究開発のために1971年に設置された研究機関（国立研究開発法人）。日本初の本格的な有人潜水調査船「しんかい6500」の開発をはじめ、地球深部探査船「ちきゅう」などの研究船・深海調査システム、そしてスーパーコンピュータ「地球シミュレータ」を運用し、国際的な地球観測・探査プロジェクトを推進する。近年は、地球環境変動の統合的理解とその予測、海域地震・津波の観測と防災研究、生命の起源や進化の研究など、新しい科学的知見の開拓、先端技術の創生、社会的課題への具体的な解決策の提案を行っている。

http://www.jamstec.go.jp

<別冊「用語解説」の使い方>

右頁から始まるグレーのカバーが付いた小冊子は別冊として取り外すことができます。
冊子はていねいに取り外してください。取り外すさいに、糊付けされている部分が少し破れてしまう場合がございます。
『用語解説』の本体には影響はありませんので、そのままお使いください。

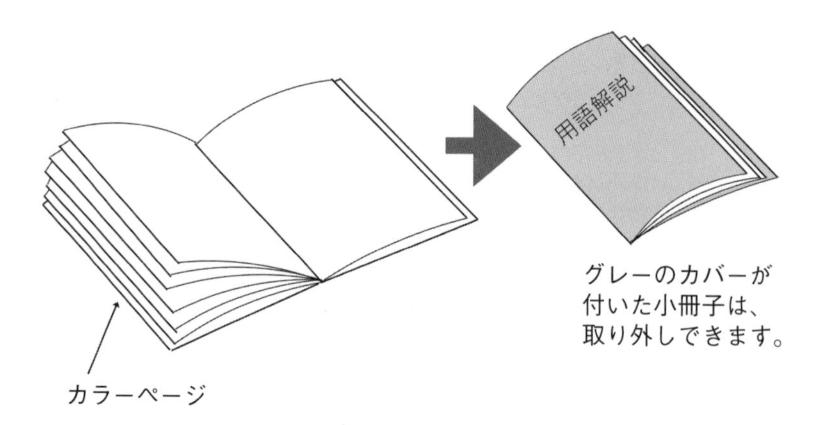

別冊　用語解説

ここから取り外すことができます。

用語解説

本書のカラー図解は、図画像を中心にして内容をまとめ、テキストをできるだけ簡便にするという目的上、専門用語に関しては他書に比べて十分な説明を省きストレートに用いられている。そのため、用語の解説や関連事項の説明についてはここにまとめ、必要な図版（解説図）も追加しておいた。解説図の番号は、用語解説に順じて振っている。解説の順序は、ほぼ、本文に現れた順序に並べてあるが、なるべく関連する語をまとめて総合的に引用して記すように配慮した。さらに、この用語解説では、各分野の課題や将来解決すべき問題についても付け加えてある。

この用語解説は、取り外しが可能で、読者が本文と見比べながら読み進めることができるように工夫した。

同時に用語の英語対応についても追記した。また、一般的でない地名の英文表記についても示した。用語解説には、「新版地学事典」（地学団体研究会編、平凡社）に準拠したものもあり、必要に応じて追記した。

本書の特徴であるフィールドにおける露頭観察に関しては、近年、各地のジオパーク関連活動による紹介、そして施設整備がなされ、ここ数年で地学を学ぶ環境は良好な方向へ大きく変わった。また、インターネットの情報サイトやYouTubeなどの投稿サイトにも大量の情報が存在する。これらについては、検索エンジンが発達しているので、読者自身で探してほしい。Google Earthは、今や、地形・地理情報の基本データベースとなっており、まさに地球観察の宝庫でもある。本書と関連するGoogle Earthのスポットで著者の目にとまったものについてはコラム1で紹介した。

読者は、カラー図解をガイドラインとしながら、用語解説を参考とし、さらに収録されたフィールドでの解説や映像も相互に関連づけることによって、地球観察の全体像について学ぶことができる。

目次

1章 地球を眺める 海洋底と大陸の大地形

2章 海底の世界

3章 地層のでき方

4章 火山の驚異

5章 プレートの沈み込みと付加体の形成

6章 地質学的に見た東北地方太平洋沖地震・津波

7章 地球史と日本列島の誕生

8章 海洋・地球を調べる

1-1 大陸地殻（Continental Crust）と海洋地殻（Oceanic Crust）

地球大地形の2大構成要素である大陸地殻と海洋地殻は、それぞれを構成する岩石が異なる。大陸地殻は、花崗岩質（ここで花崗岩質とは花崗岩と花崗閃緑岩を含む）の岩石からなり、最も古い花崗岩質岩石の年代は40億年前である。一方、海洋地殻は玄武岩質の岩石からなり、現在の海洋底で最も古い海洋地殻の年代はジュラ紀後期（1億4000万年前）と考えられている。大陸地殻が海洋地殻より高度が高いのは、その荷重がマントルからの浮力で支えられているからであり、その考えをアイソスタシー（Isostasy）という。この考えは、ウェゲナーの大陸移動説（用語解説1-3）の頃にはすでに存在し、大陸地殻をシアル（Sial）、海洋地殻とマントルをシマ（Sima）とよび、シアルは、シマの海を漂流する船のような概念が持たれていた。地殻とマントルの境界には、地震波速度の不連続境界があり、これを発見者の名前を取ってモホロビチッチ不連続面（Mohorovičić's Discontinuity 略してモホ面：Moho Discontinuity）（解説図1-13）という。

花崗岩や玄武岩などの火成岩（Igneous Rock）は、元々はマントルの部分溶融（Partial Melting）によってできた液体、メルト（Melt）が集まって、マグマ（Magma）をつくり、マグマが固まってできたものである。マントルは、カンラン石（オリビン：Olivine）と輝石（Pyroxene）などの鉱物（鉄、マグネシウムに富んでいる：苦鉄質という）から構成されているカンラン岩（Peridotite）からなる。カンラン岩のメルトには、カンラン石の結晶構造に入りにくい元素が最初に集まってくる。たとえばナトリウム、カルシウムなどであり、これらの元素は石英や長石などの鉱物をつくり（珪長質という）、玄武岩質岩石や安山岩質岩石を構成する。安山岩質岩石は、大陸地殻の"種"となり、再溶融を繰り返して、花崗岩質岩石となる。火成岩は鉄やマグネシウムなどを多く含む有色鉱物の量（これを色指数という）によって分類するのが一般的である。さらにマグマがゆっくり冷えて結晶が大きくなった深成岩（Plutonic Rock）と地表付近に噴出した火山岩（Volcanic Rock）に区分できる。解説図1-1に火成岩の分類を示した。

大陸地殻の地質構造は、火成岩を起源として、堆積岩や変成岩から構成されており、地球の歴史が記録されている。これについては、用語解説1-15を参照。

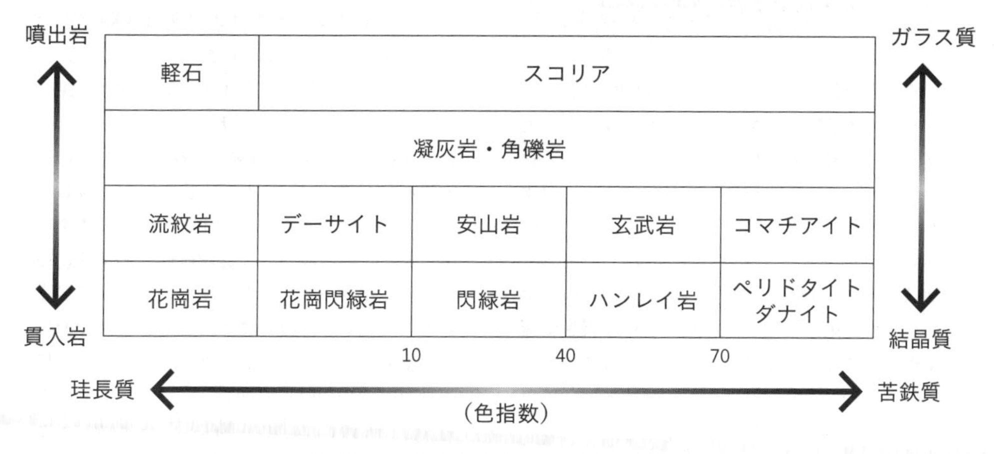

解説図1-1 火成岩の分類。平（2001）より

1-2 地球型惑星（Terrestrial Planet）

太陽系の惑星のうち、水星、金星、地球、火星を指し、主に岩石質の物質より成り立つ。一方、木星、土星は水素とヘリウムからなるガス惑星であり、天王星と海王星は、水、メタンの氷惑星である。宇宙空間では、水（H_2O）は、液体としては存在できず、気体（水蒸気）か氷になる。太陽系では、水蒸気か氷かの境界は、太陽からの距離によっており、小惑星帯にある。これを万年雪の存在する範囲を模して、スノーライン（Snow Line）とよんでいる。スノーラインの外側にある小惑星や木星、土星の衛星にも氷が存在している。地球の海も、このような氷微惑星が集まって形成されたとも考えられている。太陽系の進化の初期には、惑星の衝突、惑星の軌道の変化など、大事件が次々と起こり、波乱の時期があったと推定されている。

1-3 プレートテクトニクス（Plate Tectonics）、リソスフェア（Lithosphere）、アセノスフェア（Asthenosphere）

地球表層部（地下1000km程度）の温度勾配を考えると、地下数十～100km程度までは、岩石はほとんど内部変形を起こさない剛体として挙動し、その下では変形し易い層が存在する。剛体の部分をリソスフェア（Lithosphere）、変形し易い部分をアセノスフェア（Asthenosphere）とよぶ。地球内部の構造全体を見てみよう（解説図1-3a）。地震波の伝搬速度は、地下約100kmの深さで遅くなる。これが、リソスフェアとアセノスフェアの境界で、速度の低下からアセノスフェアでは岩石の部分溶解が起きていると考えられる。最上部マントルでは、構成鉱物は主にカンラン石と輝石であるが、地下400km付近で、これらはスピネル（Spinel）という鉱物に変化する。さらに670km付近でペロブスカイト（Perovskite）に変化する。この時に密度の上昇があり、670kmより上を上部マントル（Upper Mantle）、下を下部マントル（Lower Mantle）という。約2890km以下で地震波速度は急激に減少する。マントルと金属鉄からなるコア（核：Core）の境界である。外核はS波が通らないので液体状態と考えられる。内核は、主に固体金属鉄からなる。

リソスフェアは、地球表面では、十数枚の剛体の板（プレート）を構成している（さらにプレートを細分し、数十枚とする考えもある）。このプレートの運動に関する学問的な体系をプレートテクトニクス（Plate Tectonics）という。地球のような球面における剛体の運動は回転運動となり、その運動はオイラーの定理で記述できる。オイラーの定理では、拡大軸は常にプレートの運動方向に直交して発達するので、拡大軸が位置を変える場合は曲線ではなく、トランスフォーム断層との組み合わせによってオフセットする。プレートテクトニクスが学問体系として優れているのは、このようなシンプルな球面幾何学によって運動が記述できるということである。解説図1-3bには、プレートテクトニクスの説明ムービーを掲載した。

プレートテクトニクスの考えは大陸移動説（Theory of Continental Drift）までさかのぼることができる。20世紀初頭、ドイツの気候学者・探検家アルフレッド・ウェゲナー（Alfred Wegener）は、古生代の終わり頃（石炭紀～二畳紀）、地球には超大陸パンゲア（Pangea）があり、それが分裂して現在の大陸配置になったとする大胆な仮説を提案した。この仮説は、大西洋両岸の相似形、古生代の南半球氷床の分布、化石の類似度の変遷などを説明できるものであったが、移動の原動力が不明であったこと、また、保守的な北半球の地質学界の拒絶に直面し、考えは定着しなかった。戦後、大陸移動説は古地磁気学（Paleomagnetism）によって劇的に復活した。岩石の残留磁気（Remnant Magnetization）は、岩石の固結時の地球磁場を記録している。特に火成岩は、安定した熱残留磁気を持ち、その年代も放射性元素年代測定によって決定できるので、各所でシステマチックな測定が行われた。その結果、たとえば、ヨーロッパとアメリカでは、現世より中生代までは、残留磁気から求められる地球磁場の極は、ほぼ今と同じ方向（磁極は、数百年の時間スケールでは地球の自転軸に一致）を示すが、それ以前では、別な方向を示していた。2つの大陸をウェゲナーの仮説のように大西洋を閉じて一体化させるとその差はなくなった。このようにして大陸移動説の復活が始まった。その後、海洋底における中央海嶺の発見、磁気縞模様の発見（地球磁場の正逆磁極期の歴史を海洋地殻が記録している）、そして深海掘削による大西洋の掘削によって、海洋底拡大説（Seafloor Spreading Hypothesis）が立証され、動く地球の学説が確立されていった。プレートテクトニクスの創始は、科学史の中でも最も劇的なストーリーの一つである。

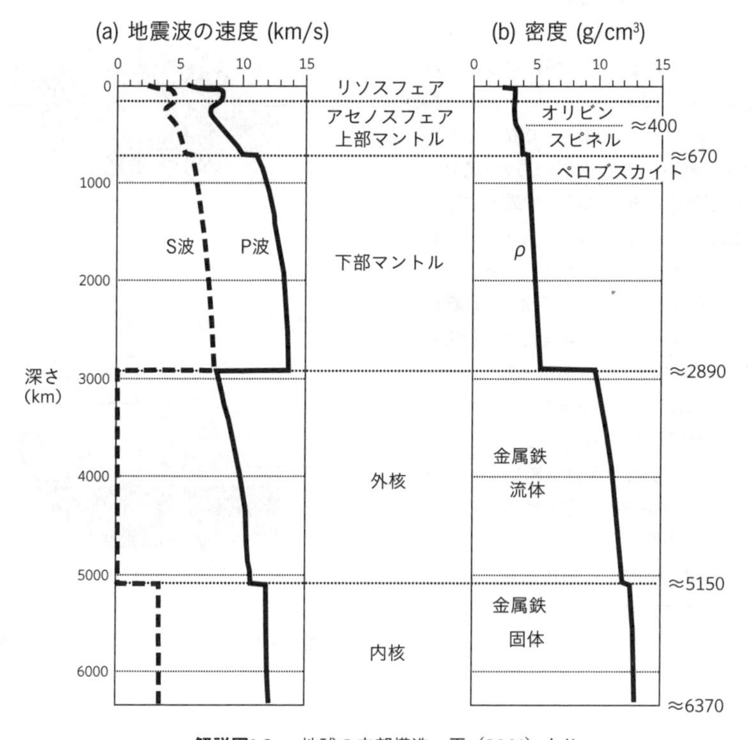

解説図1-3a　地球の内部構造。平（2001）より

1-4 応力（Stress）と断層（Fault）

ある面にかかる力を応力という。たとえば、水中の圧力は応力である。静水圧場では、ある深さにおいて圧力は一定であるが、地下の地層中ではテクトニクスによってさまざまな応力変化が起こっている。一般に地下では、岩石の荷重が非常に大きいので、水平面に垂直な応力が卓越している。しかし、プレート拡大境界や衝突境界では水平方向の引張応力（Extensional Stress）あるいは圧縮応力（Compressional Stress）が働いている。広域的にある一定の方向や大きさを示す応力場が観測されるような場合には、これを広域応力場（Regional Stress Field）という。応力場は、主応力（Principal Stress）の3成分で表すことが行われており、垂直応力と水平応力の2成分で表現し、それぞれの大きさに応じて最大主応力（σ1）、最小主応力（σ3）、中間主応力（σ2）という。断層のでき方も応力場と関係している。σ1が垂直、σ3が水平である場合には正断層（Normal Fault）、σ1が水平、σ3が垂直である場合には逆断層（Reverse Fault、あるいは低角度の逆断層である衝上断層：Thrust Fault）、σ1とσ3が水平である場合には横ずれ断層（Transcurrent Fault）が形成される（解説図1-4）。いずれの場合も断層面は、σ1とは斜交した（30～45°程度）方向にできる。以上の主応力と断層の関係は、非常に単純化した場合の例であるが、実際には地質構造、熱構造や火山活動などさまざまな要因が働いている。

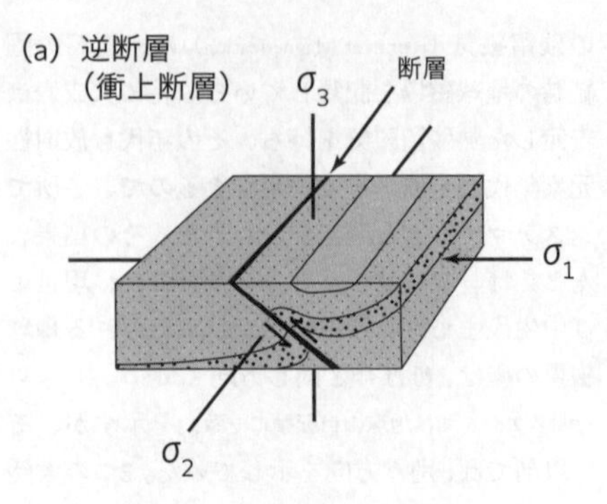

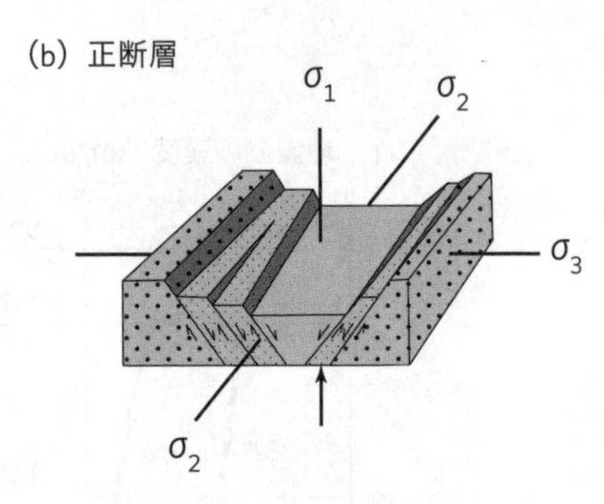

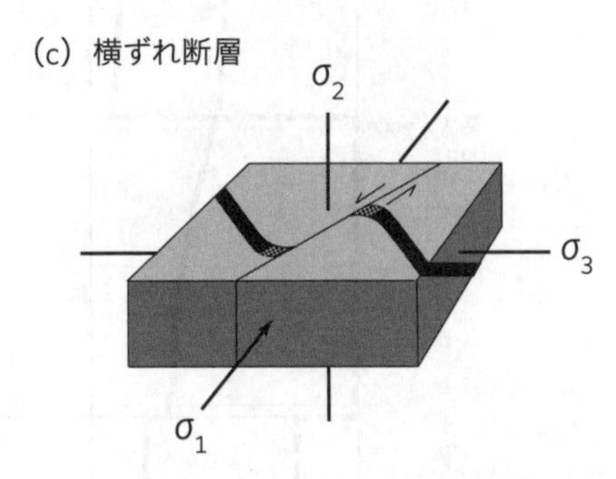

解説図1-4　応力と断層。平（2001）を再編集

1-5 地溝帯（リフト帯：Rift Zone）

広域引張応力場が存在している地域（たとえばプレート発散型境界）では、正断層群が発達し、相対的に沈降している地形的な凹地が発達する。これを地溝帯（リフト帯：Rift Zone）という。地溝帯中軸のさらに谷地形が発達している場所はリフトバレー（Rift Valley）という。大陸中の発散型プレート境界はリフト境界（Rift Boundary）とよぶことがある。地溝帯は、断面で見ると非対称形をなしていることが多い（図1.24を参照）。非対称

リフトにおいては、主正断層（シンセティック正断層：Synthetic Normal Fault）があり、この断層はリフト下部では、水平断層（デタッチメント：Detachment）に連続していると考えられる（解説図1-5）。一方、反対側では、複数の正断層が発達し、これは水平断層の上盤に発達した断層（アンティセティック正断層：Antithetic Normal Fault）である。リフト地形が対称形を成さないのは、地下の熱や応力の状態が不均質であるからである。リフトの発達と同時に、そこでは堆積物が集積する。リフト発達以前の堆積物をプレリフト堆積体（Pre-rift Sequence）、リフト発達と同時期の堆積物をシンリフト堆積体（Syn-rift Sequence）、リフト活動の後の沈降期（リフトは地球内部からの熱やマグマの供給によって発達するので、活動が停止すると冷却によって一帯は沈降する）の堆積物をポストリフト堆積体（Post-rift Sequence）という（図3.2を参照）。

リフト三重会合点（Rift Triple Junction）は、3つのリフト境界が会合する場所で、たとえばアフリカ・ジブチのアファー三角地帯（Afar Triangle）は、アデン湾のリフト境界、紅海のリフト境界、そしてアフリカ大地溝帯から続くリフト境界が会合する地帯で形成された三角形の低地帯である（図1.22、図1.24参照）。

地塁地溝地形（Horst and Graben Morphology）は、両側を正断層で限られた、相対的に周囲より隆起している地形的な凸地（Horst）と凹地（Graben）からなる地形を指す。北米西部のベースン・アンド・レンジ（Basin and Range）は、全体が地塁地溝地形からなる。海洋プレートが沈み込み帯直前で屈曲してできる海溝外縁隆起帯（アウターライズ：Trench Outer Rise）の海溝側にも、リフト帯とはよばないが、地塁地溝地形が発達している（図1.14a、図2.2を参照）。

地溝帯は、大陸の分裂、堆積盆地の形成、そして石油や天然ガス田の生成に主要な役割を果たしており、その発達プロセスは、地質学の重要な研究テーマである。

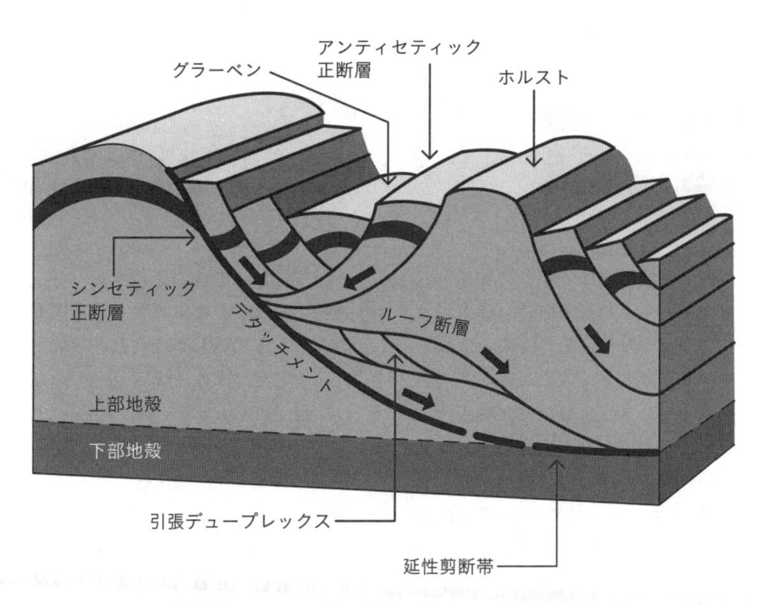

解説図1-5　リフト帯の構造。平（2004）を再編集

1-6 中央海嶺（Mid-oceanic Ridge）

比高1～3kmの海底の大山脈。海洋プレート（Oceanic Plate）が誕生し、海洋底拡大（Ocean-floor Spreading）が起こっている場所。東太平洋での海嶺は、マグマの供給量が大きく、裾野が非常に広く海洋底全体が膨らんでいる地形を示すので、これを東太平洋海膨（East Pacific Rise）とよぶ。主要な海嶺としては、大西洋中央海嶺（Mid-Atlantic Ridge）、その延長であるレイキャネス海嶺（Reykjanes Ridge）と北極海中央海嶺（Mid-Arctic Ridge）、また太平洋のファンデフカ海嶺（Juan de Fuca Ridge）、ココス海嶺（Cocos Ridge）、ガラパゴス海嶺（Galapagos Ridge）、チリ海嶺（Chile Ridge）などがある（図1.6を参照）。中央海嶺の研究は、Inter-Ridge Projectとよぶ国際共同研究により、20年以上継続されており、その間にテクトニクス、火山活動、熱水活動そして熱水生態系の理解に大きな進展があった。

1-7 トランスフォーム断層（Transform Fault）と断裂帯（Fracture Zone）

プレートの横ずれ型境界はトランスフォーム断層（Transform Fault）とよばれている。陸上では、北米のサンアンドレアス断層（San Andreas Fault）、トルコのアナトリア断層（Anatolia Fault）がその例である。中央海嶺は、しばしば、拡大軸がオフセットしており、その間では、両側のプレートが反対方向に移動するので、横ずれ型境界となり、これもトランスフォーム断層の例である（図1.8）。トランスフォーム断層では、頻繁に地震が起こっている。一方、中央海嶺から続くトランスフォーム断層の延長部では、プレートは同じ方向に移動しているが、通常、年代の異なる海洋プレートが接しているので、水深が異なり、大きな段差が生じている。これを断裂帯（Fracture Zone）とよぶ。長さは1000～2000km、幅は100～200km、起伏は2～3kmに達する。大西洋のロマンシェ（Romanche）断裂帯、太平洋のメンドシノ（Mendocino）断裂帯、クラリオン（Clarion）断裂帯、クリッパートン（Clipperton）断裂帯などがある（図1.6を参照）。

1-8 タービダイト（乱泥流堆積物：Turbidite）

乱泥流（Turbidity Current）によって堆積した地層を指す。乱泥流は混濁流ともよび、堆積粒子が懸濁状態にあり、周囲の流体（多くの場合に水）より密度の高い状態で、重力により流動する流れをいう。高密度の粘性流体を含む土石流（Debris Flow）を包含して堆積物重力流（Sediment Gravity Flow）と総称する。第3章で詳しく扱う。

1-9 付加作用（Accretion）と付加体（Accretionary Prism）

付加作用は、沈み込むプレート上の堆積物や地殻の一部が、断層によってはぎ取られ、上盤のプレートに押しつけられ、付加する作用。これによってできた上盤プレートの部分を付加体（Accretionary PrismあるいはAccretionary Wedge）という。付加コンプレックス（Accretionary Complex）という用語も使われる。第5章で扱う。また、付加地帯（Accretionary Belt）という用語では、付加体、島弧地殻、海洋地殻などが、次々と衝突し、また、そこに花崗岩が貫入して新たな地殻を形成した変動帯（造山帯とも言う：用語解説1-15を参照）の部分をさす。たとえば、ヒマラヤ山脈からタリム盆地、天山山脈にいたる東アジア、北米西海岸の一部（図1.18を参照）は、そのようにしてできた地帯と考えられる。

1-10 島弧—海溝系（Island Arc-Trench System）

島弧（弧状列島：Island Arc または Volcanic Island Arc）と海溝（Trench）とが平行に組になって構成している地帯。火山弧—海溝系（Arc-Trench System）という場合には、アンデスのような大陸弧（Continental Arc）を含む。海洋プレートが沈み込む場所での地形とテクトニクスの要素全体をまとめた用語としても用いられる。海洋プレートが沈み込む場所が海溝であり、プレートの深さが100km程に達した場所で、地表には火山弧（Volcanic Arc）が形成される。火山弧のもっとも海溝側には火山が列をなして存在することがあり、それを火山フロント（Volcanic Front）とよぶ（図1.10を参照）。火山フロントは、沈み込んだプレートからの脱水作用でその上のマントル（海洋プレートの上部にあり、断面でくさび形をしているのでウェッジマントル：Wedge Mantleという）の中にメルトが生じる前線と考えられている（図1.4を参照）。火山弧と海溝の間に海盆が存在する所は前弧海盆（Forearc Basin）とよばれる。さらに、海溝側には、蛇紋岩が海底に露出した山列が存在することがある。これは、火山弧下のウェッジマントルを構成するカンラン岩がプレートの持ち込んだ水で変質し、蛇紋岩となり上昇してダイアピル構造をなしているもの（蛇紋岩ダイアピル：

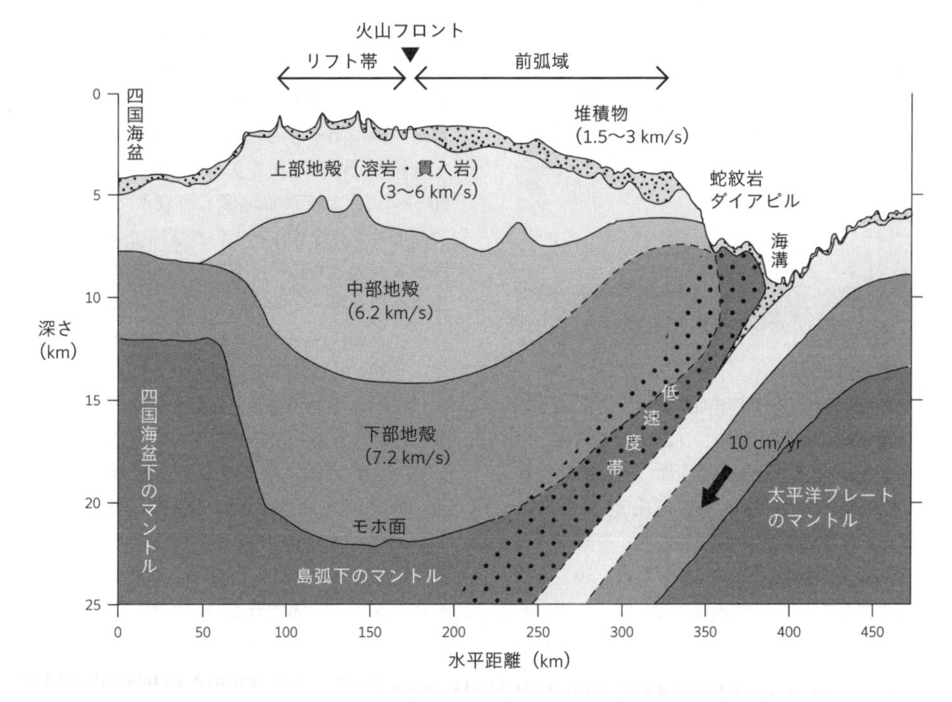

解説図1-10　伊豆・小笠原島弧（青ヶ島北方）の地殻構造断面図。平（2001）より

Serpentinite Diapir）である。火山弧の海溝とは反対側に背弧海盆（Backarc Basin）が発達すれば、島弧が形成される。背弧海盆は縁辺海盆（Marginal Basin）ともよばれる。火山フロントの背弧側にリフト帯がつくられている場所（背弧リフト帯：Backarc Rift Zone）は、新たな背弧海盆の誕生を示すと考えられる。また、背弧リフトと背弧海盆の間に火山フロントとは斜めに雁行する火山列が存在することがある。伊豆・小笠原島弧では、背弧に雁行海山列（En Ēchelon Seamount Chain）の典型的例が存在するが、その成因については、分かっていない。

海洋性島弧の地殻断面を、本格的な地震波探査によって研究したのは、末広潔・篠原雅尚・高橋成美・平朝彦などによる青ヶ島北方を横切る断面の調査である（解説図1-10）。二船式反射法、ダイナマイト音源を使った屈折法など、多様な手法を駆使した類をみない総合探査であった。その結果、中部地殻に6.2km/秒の層を発見し、これが花崗岩質のものであると推定され、安山岩質大陸地殻が海洋性島弧から形成されるとの仮説を生み出した。この仮説は、その後、巽好幸、田村芳彦によって岩石学的な検証がなされている。

1-11 平頂海山（ギョー：Guyot）

その頂上部に広い平坦面が存在する海山を指す。太平洋に数多く分布し、海山群を構成している。たとえば、南鳥島付近にある拓洋第5海山（図2.14a）、太平洋中央海山群（Mid-Pacific Mountains）（図1.12）がその例である。平坦部は、礁性石灰岩（Reef Limestone）からなる。現在、火山島の周りをサンゴ礁が取り巻いている場合には裾礁（Fringing Reef）、島は水没し、サンゴ礁だけが存在しているものを環礁（Atoll）という。太平洋の平頂海山の多くは、白亜紀前期に形成されたものである。海山は誕生した後、プレートの冷却によって沈降してゆく（プレートは形成年代の平方根に比例して沈降する）。サンゴ礁が裾礁から堡礁そして環礁へと変化してゆくというダーウィンのモデルは、プレートテクトニクスで説明できる。実は、白亜紀の礁（サンゴではなく厚歯二枚貝が礁を構成している）は、環礁になってから、その後一斉に成長を止め、沈水してギョー（平頂海山）となった。その理由については、よく分かっていない。

1-12 海台（Oceanic Plateau）

海洋底に存在する巨大な台地状の地形。差し渡しが1000kmを超え、比高が2～4kmに達するものがある。太平洋のオントンジャワ海台（Ontong Java Plateau）（図1.13）、ヘス海台（Hess Plateau）、小笠原海台（Ogasawara Plateau）（図1.12）、インド洋のケルゲレン海台（Kergueren Plateau）（図1.2）などが良い例である。海台の地殻は20～30kmの厚さを持ち、海洋地殻よりずっと厚い。また、海膨（Rise）とよばれる地形も存在する。これは、海洋底の大きな膨らみという意味であり、時に海台より大きな地形にも用いられる。たとえば東太平洋海膨（East Pacific Rise）は、中央海嶺であるが、大西洋中央海嶺に比べて隆起が幅広いので、当初、この地形が発見された時に、海嶺と区別をしたものである。Riseは海膨と訳さないで、そのままライズとして用いられることも多い。たとえばオーストラリア東側のロードハウ・ライズ（Lord Howe Rise）や大西洋のリオグランデ・ライズ（Rio Grande Rise）（図1.6）などである。海台の多くは、マントルプルームによって形成された巨大火山体であるが、ケルゲレン海台には一部大陸地殻があると推定され、ロードハウ・ライズやリオグランデ・ライズは大陸地殻あるいは古島弧地殻から構成されていると考えられる。すなわち、大陸分裂に伴って引き延ばされた地殻の破片、あるいは古い残存島弧が、海台の地形を形成する場合がある。

オントンジャワ海台をつくった莫大なマグマはどのようにしてつくられたのか、ロードハウ・ライズのような大陸地殻の引き延ばしはどのようにして起こったのかなど、海台の成因については課題が多い。

1-13 地震波速度構造（Seismic Velocity Structure）、地震波速度異方性（Anisotropy of Seismic Velocity）

地震波のうちP波は、物質中を伸びと縮みが伝搬してゆく波動を指す。岩石では、P波の速度は、密度、体積弾性率、剛性率と関係し、鉱物の種類やその配列の仕方、間隙率などに依存している。さまざまな地殻の地震波速度構造を解説図1-13にまとめてある。地殻と最上部マントルの間には、大きな速度差がある。これがモホ面である。

マントルを構成するカンラン岩がマントル対流を起こしていたとすると、たとえば、それを構成する鉱物（代表的なものはカンラン石：Olivine）が、流れの方向に長軸が並んで配列することが考えられる。もしそうであるならば、弾性波は、長軸の並んだ方向への伝搬速度が速く、それと直交する方向へは、粒界を多く伝搬することになるのでエネルギーのロスが大きく、速度が遅くなる可能性がある。図1.14bの異方性は、このような仮説で説明できると考えられている。

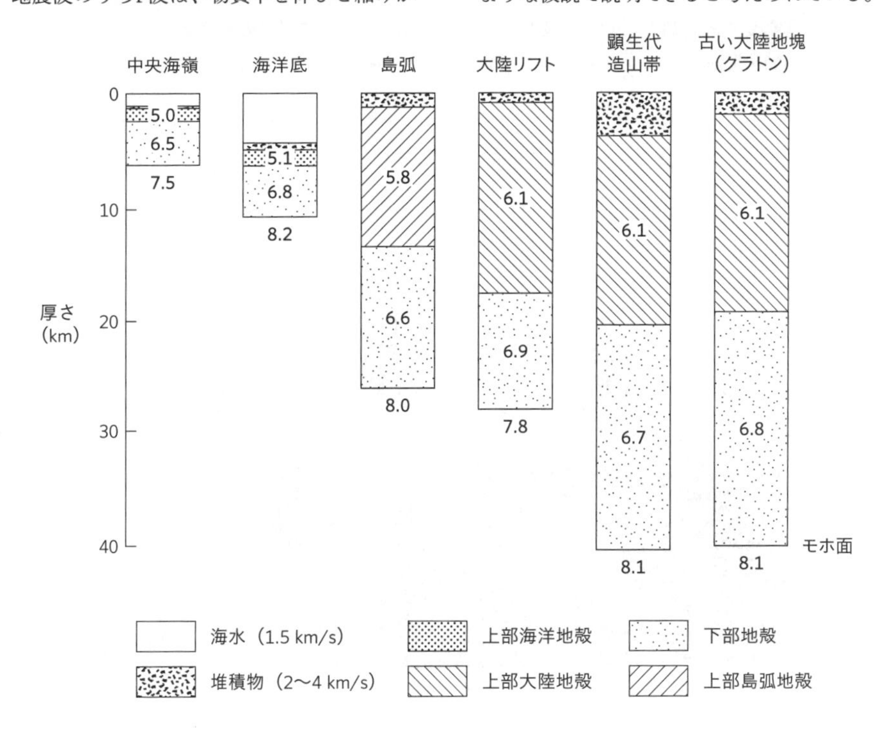

解説図1-13　種々の地殻の地震波速度構造。速度の値には幅がある。地殻の下に最上部マントルの速度を示す。平（2001）より

1-14
モホール掘削計画（Mohole Project）

1950年代に行われた、海洋地殻を掘り抜き、モホ面に達しようとする、極めて野心的な深海掘削計画をいう。Mohoに掘削孔（Hole）を到達させるという意味でモホール（Mohole）と名づけられた。詳しくは、第8章のコラムを参照。

1-15
衝上断層・褶曲帯（Thrust Fold Belt）と造山帯（Orogenic Belt）

プレート運動で大陸地殻どうしが衝突している場合には、構造運動（テクトニクス）、火山活動、堆積作用などが相互関連して活発・大規模に起こる。このような大陸衝突帯（Continental Collision Zone）としては、インドと中央アジア、アラビア半島と西アジアの衝突境界が顕著である。前者によりヒマラヤ（Himalayas）山脈、後者によってザグロス（Zagros）山脈が形成されている。これらの山脈では、衝突以前に大陸縁辺に堆積していた地層や基盤岩がめくれ上がり、衝上断層・褶曲帯（Thrust Fold Belt）を形成している。衝上断層（スラスト：Thrust Fault）は低角度（およそ45°以下）の逆断層（Reverse Fault）をさし、それに伴って褶曲（Fold）が発達する。衝上断層が多数発達している地帯では、地殻が短縮している。衝上断層・褶曲帯の前面（ヒマラヤ山脈では、その南側）は、積み上がった地層の荷重で沈降地帯ができる。アラビア湾は、そのようにしてできた浅海であり、沈降地帯には堆積物が蓄積する。そのような場所を前縁堆積盆地（フォーランド・ベースン：Foreland Basin）という。

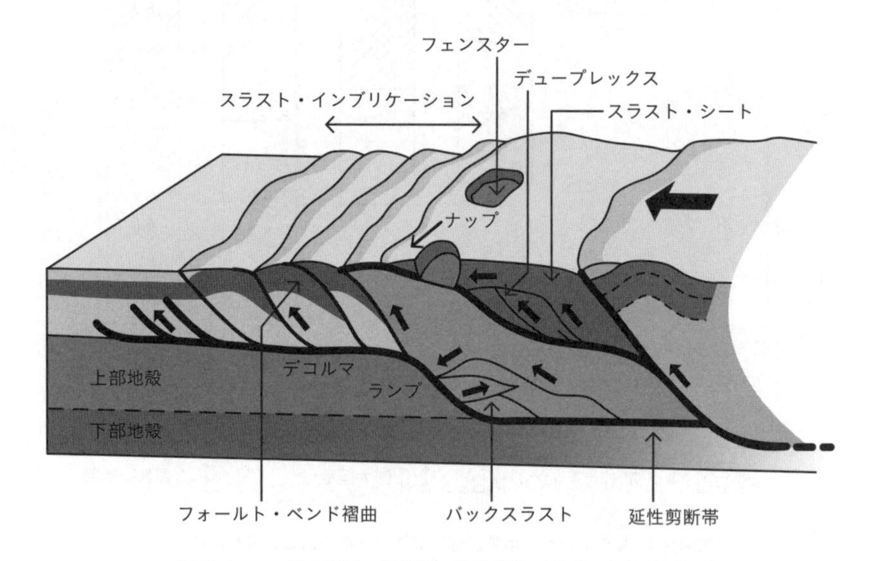

解説図1-15a 衝上断層・褶曲帯の地質構造　平（2004）を再編集

衝上断層の活動によってつくられた地質構造を解説図1-15aに示した。まず水平な主要衝上断層であるデコルマ（Décollement）から派生した種々の断層群が存在する。断層の主運動方向を反対向きのバックスラスト（Back Thrust）も存在する。断層でのし上がった地質体の一部が、後の浸食などによって周囲が取り残されて露出している部分をナップあるいはナッペ（Nappe）という。アルプスの地質用語として使われている。また、衝上断層の下盤の地質体が、浸食によって見えている状態の構造を地窓（フェンスター：Fensterあるいはテクトニックウィンドウ：Tectonic Window）という。デコルマが二階建てのような構造になっている部分をデュープレックスという。さらに、デコルマは、下方に移動し、基盤岩の中に延性剪断帯が存在する場合もある。岩石は地殻下部では温度上昇によって流動変形しやすくなるので上部地殻と下部地殻の境界がしばしば剪断帯となる。岩石の流動変形を延性変形（Ductile Deformation）ともいう。一方、温度の低い領域では破壊が起こり、これを脆性変形（Brittle Deformation）という。断層が延性変形を起こす場所（延性剪断帯）では、岩石の流動組織の形成や再結晶作用などが起こり、ミロナイト（Mylonite）などの構造変形岩（テクトナイト：Tectonite）が作られる。衝上断層によってのし上がったスラスト・シート（Thrust Sheet）は褶曲を起こすので、これをフォールト・ベンド褶曲という。このような地質構造は、付加体の地質構造と基本的には同じである（第5章参照）。

ヨーロッパアルプスでは、このような衝上断層と褶曲に伴う地質構造が古くからマッピングされ、研究されてきた。以前、チューリッヒ工科大学（ETH）の地質学教室で、大切に保存された20世紀前半の地質図を見せてもらったことがあるが、芸術品といって良いほどに美しかった。それが、整然と保存されている様に学術の伝統を感じた。

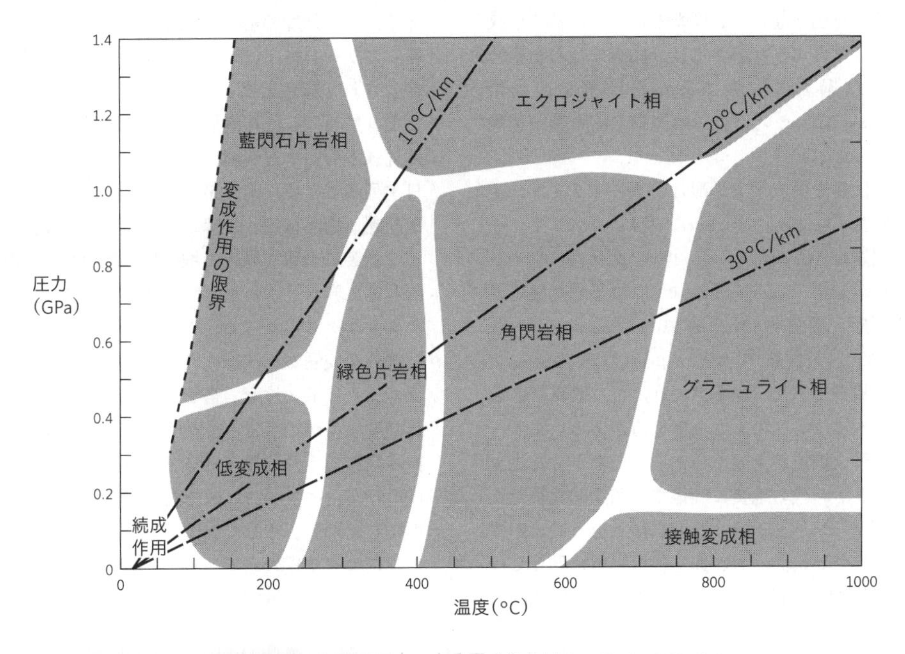

解説図1-15b　温度と圧力による変成相の区分　平（2004）より

地質帯区分	岩相・構造・テクトニクス			地球史における役割
グリーンストーン花崗岩帯	変成した緑色火山岩類・花崗岩・チャートなど	衝上断層・褶曲	島弧・海台などの衝突・付加	先カンブリア時代とくに太古代の主要地質帯
タービダイト花崗岩帯	砂岩・泥岩（タービダイト）・少量の緑色火山岩類・チャート・遠洋性堆積岩・花崗岩・火山岩類	衝上断層・褶曲	海溝堆積物海底扇状地などの付加	原生代以降の造山帯の構成要素
堆積岩・基盤岩衝上断層・褶曲帯	砂屑岩・炭酸塩岩・オフィオライト・蒸発岩基盤岩類（変成岩・花崗岩）	衝上断層・褶曲	大陸縁辺堆積体の衝突・衝上	大陸衝突帯（先カンブリア時代後期以降）
グラニュライト片麻岩帯	高度の変成岩・片麻岩・花崗岩	衝上断層 低角正断層	造山帯下部の衝上あるいは重力崩壊	先カンブリア時代の主要地質帯
被覆層	堆積岩・火成岩	正断層（リフト） 衝上断層（前縁盆地）	大陸内盆地 堆積物・火山体	先カンブリア時代後期以降に発達

解説図1-15c　上部大陸地殻を構成する地質。平（2007）より

プレート運動は、大陸どうしの衝突のみならず、島弧、海台・海山、縁辺海、さらに海底扇状地、海溝付加体などの衝突・付加あるいは沈み込みを引き起こし、新たな地殻と山脈を形成する。そのような場合には、山脈を含む地帯あるいは過去に山脈であった地帯を造山帯（Orogenic Belt）といい、その運動全体を造山運動（Orogenesis）という。

造山帯を構成する地殻は、タービダイト—花崗岩帯（Turbidite-Granite Belt）、グリーンストーン—花崗岩帯（Greenstone-Granite Belt）、グラニュライト—片麻岩帯（Granulite-Gneiss Belt）、堆積岩基盤岩衝上断層・褶曲帯（Basement Involved Sedimentary Thrust Fold Belt）、被覆層（堆積岩、火山岩）（Cover Sequence）から構成される（解説図1-15c）。この地質帯区分の根本には、次のような考え方がある。まず、地質時代構成が十分に分かっていなかった先カンブリア時代の地質について、俯瞰的な視点からグリーンストーン—花崗岩帯という概念が提示されていた。一方、顕生代の地質に関しては逆に、詳しい地質区分はあっても、より俯瞰的に把握する視点が欠けていた。大きな視点から全体をまとめてみようというのがこの区分である。

まず、タービダイト—花崗岩帯は海溝付加体とそれに貫入した花崗岩で、プレート沈み込み帯での堆積物の付加によって形成された地殻である。日本列島の基盤の大部分はこれに相当する。グリーンストーン（緑色岩類）—花崗岩帯は、変成されて緑色となった火山岩（主に玄武岩質）とそれに貫入した花崗岩から成る地帯で、海洋性島弧や海台などが衝突・付加して形成された。日本列島では伊豆衝突帯がこれに相当する。衝上断層・褶曲帯は、大陸どうし、大陸と島弧などの衝突によって縁辺の堆積物や地殻などが断層運動に巻き込まれたものである。このようなテクトニクスによって、大陸地殻や島弧地殻の下部の変成岩が、浅部に持ち上がったものがグラニュライト—片麻岩帯である。日本列島では日高変成帯が相当する。グラニュライトとは、粒状組織を示す高度変成岩をさす（変成岩の分類は解説図1-15bに示した）。被覆層は前縁盆地などに堆積した地層、そして火山活動によってもたらされた地層や貫入岩である。

図1.18と図1.20には、これらの造山帯の地質断面図が示されている。これらの図については、それぞれの追加説明を記した。

1-16 テーチス海（テチス海：Tethys Sea）

古生代後期に出現した、北のローラシア大陸（Laurasia）と南のゴンドワナ大陸（Gondwana）の間に開けた東西に延びる海。東は、古太平洋（パンサラッサ海：Panthalassa Sea）に繋がっていた。ゴンドワナ大陸の分裂によって、インド、オーストラリアなどが北へ移動し、テーチス海の古地理は、時代によって変化し、現在のインド洋となっていった。海域には、大陸縁辺の堆積物から遠洋の堆積物が広く分布し、これらはプレートの移動によってローラシア大陸の縁辺に衝突・付加し、例えば、ヒマラヤ造山帯では、インド亜大陸の上にのし上がっている。テーチス海の変遷については、第7章も参照。

1-17 アナトリア断層（Anatolia Fault）とサンアンドレアス断層（San Andreas Fault）

トランスフォーム断層が陸上に存在している場合には、その運動に伴った複雑な地形の発達が観察できる。トルコの北部にあるアナトリア断層と北米のサンアンドレアス断層はその例である。また、プレート境界ではないが、横ずれ成分が大きい断層を、トランスカレント断層（Transcurrent Fault）とよぶ。

横ずれ断層は、直線ではなく、屈曲している場合が多いので、圧縮テクトニクス（トランスプレッション：Transpression）と引張テクトニクス（トランステンション：Transtension）が大きく働いてい

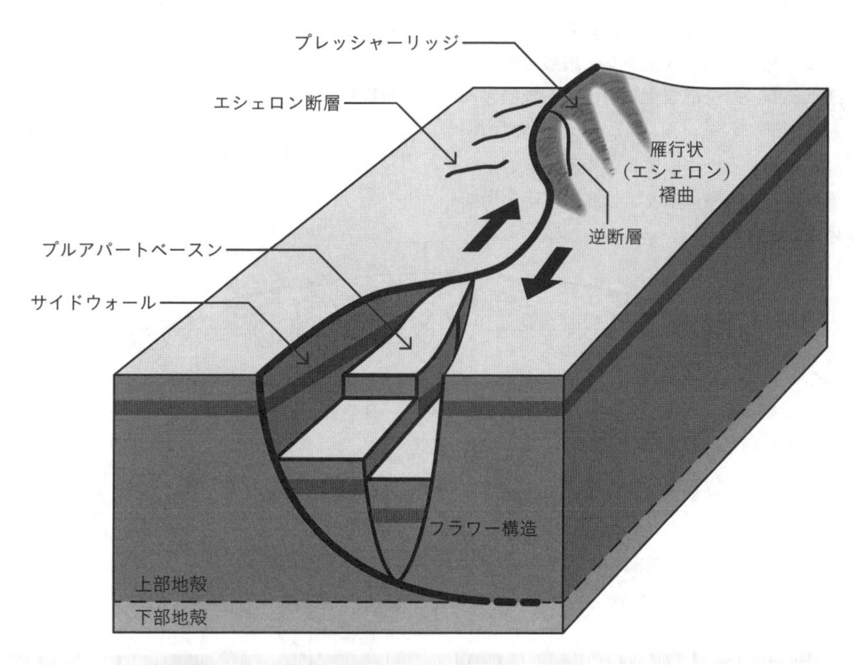

解説図1-17　横ずれ構造帯における地質構造。平（2004）を再編集

る場所が生じる。圧縮応力場では雁行状の褶曲山地が、引張応力場では堆積盆地（プルアパートベースン：Pull-apart Basin）が形成される（解説図1-17）。

プレート横ずれ運動は、長距離にわたる地殻の移動を引き起こす。たとえば、サンアンドレアス断層に沿ってカリフォルニア半島は数百km以上の移動を起こしていると推定される。造山帯の形成過程と再編成にプレート横ずれ運動は大きな役割を果たす。

1-18 デラミネーション（Delamination）

リソスフェアが引き延ばされているような引張応力場や短縮が起こっている圧縮応力場においては、リソスフェアの中に力学境界が生じる場合があり、そこでリソスフェアが分断され、浮力の大きい上部を残して、下部がアセノスフェア中に剝がれ落ちること（デラミネーション）が起こりうると推定されている。このような場合には、残った上部は浮き上がり、地殻を持ち上げ、高原（Plateau）を形成する可能性が指摘されている。デラミネーションは、巨大な高原の一斉隆起を説明する一つの考え方であるが、それを実際に観測した例はなく、仮説の段階を出ていない。

1-19 洪水玄武岩（Flood Basalt）

大量に噴出し、洪水が流れるように広範囲に広がった玄武岩体をさす。たとえば陸上では、インドのデカン高原（Deccan Traps：Trapsはスウェーデン語で階段をさす）は白亜紀最末期に噴出した玄武岩層からなり、厚さ2000mで積み重なった溶岩が階段状の地形を成している。面積は50万km^{2}におよぶ。また、古生代末のシベリア・トラップ（Siberian Traps）もその例である（コラム1参照）。このような大量の玄武岩は、ホットスポットやリフト帯で噴出することがある。そのような地域は、高原、海台などの地形をつくっており、Large Igneous Provinces（LIPs：巨大火成岩岩石区）とよぶ（解説図1-19）。

溶岩が洪水のように広がるためには、冷却されずに長距離流れるメカニズムが必要であり、溶岩トンネルが重要な役割を果たしている（第4章を参照）。

解説図1-19 LIPs：巨大火成岩岩石区。
現在も活動的な海洋のホットスポットからの岩石区をダークグレーで示した。
平（2007）より

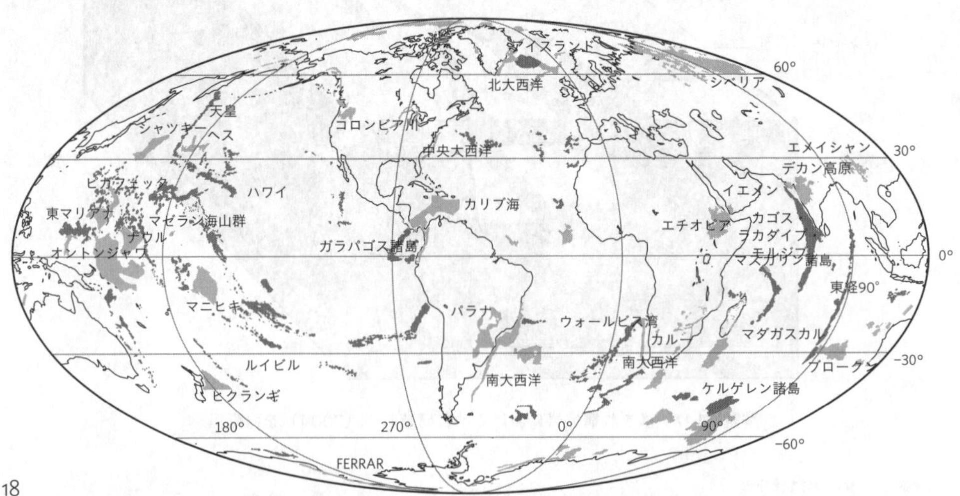

2-1 ひずみ集中帯
（構造帯：Active Tectonic Zone）

全地球測位衛星システム（GNSS：Global Navigation Satellite System）による測地観測網の観測データ、地震活動、活断層の分布や、褶曲構造、段丘地形など現在と過去（特に第四紀後半）の地殻変動データをもとにして、第四紀から現在にわたってひずみが集中していると考えられる地帯（ひずみ集中帯）を抽出することができる。日本列島のテクトニクスの記述でしばしば用いられる用語で、たとえば、新潟―神戸ひずみ集中帯（構造帯）や日本海東縁ひずみ集中帯（日本海東縁構造帯ともいう）などである。その一部はプレート境界になっているとも考えられている。

日本列島では、現在見られるような地形の形成は、約300万年前から始まったと推定される。東北日本のひずみ集中帯では、日本海形成時の正断層が逆断層に逆転しており、これをインバージョン・テクトニクス（Inversion Tectonics）という（解説図2-1）。解説図2-1の上（①から②）は圧縮変形によって逆断層と背斜構造ができる場合。③は引張変形によってリフトが形成され、そこに地層が堆積（シンリフト堆積物）、④はその後の圧縮変形（インバージョン・テクトニクス）によって地層が変形する過程を示す。

2-2 深海長谷
（深海チャンネル：Deep-sea Channel）

乱泥流によってつくられた河川地形に似た深海の流路。チャンネル、自然堤防（Natural Levee）、氾濫原（Flood Plain）に相当する地形が存在する。チャンネルは、長さ1000kmを超すものも存在している。第3章で扱う。

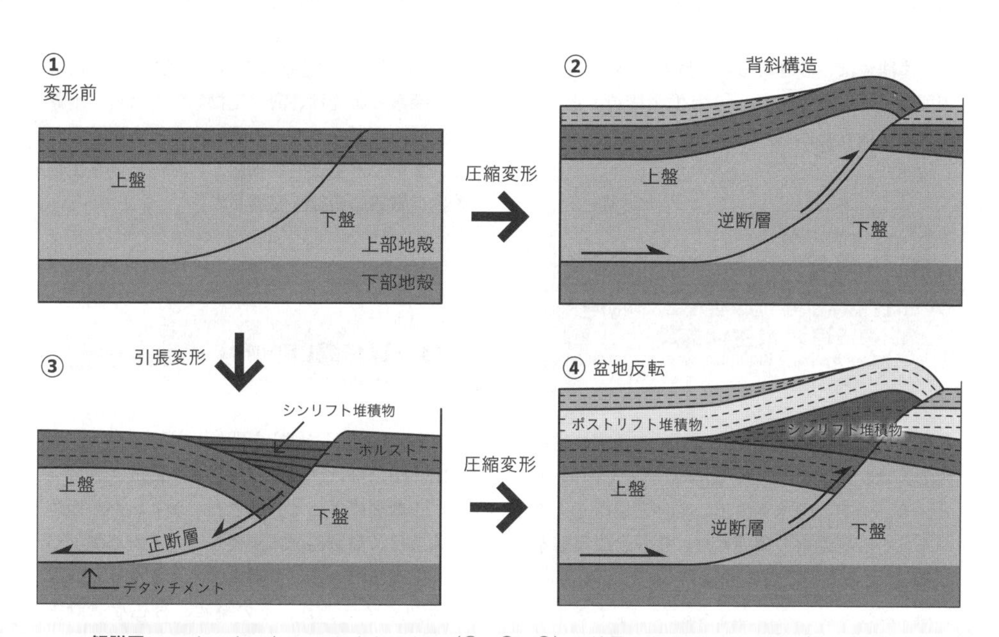

解説図2-1　インバージョン・テクトニクス（①→③→④）と地層の変形。岡村・加藤（2002）より

2-3 クモヒトデ類(Brittle Star)

クモヒトデ綱に属する5本の腕を持つ棘皮動物。炭酸カルシウムの骨格を持ち、化石としてもよく保存される(筆者は、宮崎の漸新世日南層群で多数のクモヒトデ化石を見たことがある)。北日本の200mから500mくらいの水深の海底に非常に沢山分布している。これは「クモヒトデ絨毯」ともよばれ、ハダカイワシやオキアミなどを捕食している。また、クモヒトデの仲間には、テヅルモヅル類(Basket Star)があり、1000mくらいの深さまで分布しており、クモヒトデと同様、腕は5本あるが、それが数十にも分かれて触手となる。

2-4 リップルマーク(Ripple Mark)

日本語では、砂漣あるいは漣痕という。砂の表面にできたさざ波のような堆積構造。第3章で詳しく取りあげる。

2-5 化学合成生物群集(Chemosynthetic Biological Community)と冷湧水生物群集(Cold Seepage Biological Community)

光合成に生産の基礎を置いている通常の生物生態系は、光合成生態系(Photosynthetic Ecosystem)という。一方、熱水が噴出している場所やメタンを含む海底湧水の周囲には、化学合成反応を基礎とする化学合成生物群集(Chemosynthetic Biological Community)が存在する。その中で熱水と異なり周囲の海水と同程度の温度の湧水にともなうものは冷湧水生物群集(Cold Seepage Biological Community)ということがある。海底の化学合成生物群集の基礎になる物質の一つがメタン(CH_4)である。メタンは、特に有機物を多く含む地層では、まず微生物によって生成され、さらに地下で温度が70℃以上の所では、有機物の熱分解によっても生じている。メタンは地下から海底へと上昇して、条件によってはメタンハイドレート(用語解説2-9)をつくるが、一部は冷湧水溶解して排出される。海底近くで、メタンを使って海水中(間隙水中)の硫酸を還元し、硫化水素(H_2S)がつくられる。この硫化水素を利用する微生物を体内に共生させてさまざまな生物が群集をつくる。代表的な生物としては、シロウリガイ類、シンカイヒバリガイ類、ハオリムシ類などが知られている。周囲には、大量の微生物が絨毯のように繁茂したバクテリアマット(Bacteria Mat)がしばしば形成される。相模トラフの初島沖水深1100～1200mの海底では、1984年に日本で初めて冷湧水生物群集が発見され、爾来、研究が継続して行われている(初島沖深海冷湧水生物群集)。

1970年代から盛んになった化学合成生物群集の探索と研究は、海洋生物学のみならず地球と生物の関係そのものの理解に大きな影響を与え、また、宿主と共生細菌との関係という生物の生存戦略の研究も発展した。

2-6 第一鹿島海山(Daiichi Kashima Seamount)

日本海溝南部で衝突を開始している白亜紀の海山。山頂部は、礁性石灰岩から構成されている。正断層によって分断されており、かつ西側山体部は、海溝斜面に衝突しているため斜面が盛り上がっている。東海大学によるマッピングで最初に発見され、その後に、日仏海溝計画(Japan-France KAIKO Project)において、「ノチール

(Nautile)」による潜水が行われた。日本海溝の陸側斜面との衝突境界にて、破断された石灰岩の角礫が目撃されたのは（図2.3b)、まさに沈み込みプレート境界の現場を目撃したという衝撃であった。

2-7 炭酸塩チムニー (Carbonate Chimney)

海底下からメタンが湧出してくる場所では、表層でメタンが酸化されて、炭酸イオンがつくられ、カルシウムと結びつき、炭酸カルシウム($CaCO_3$)が形成される。炭酸カルシウムは、海底面や海底直下でクラストをつくり、また、湧水孔付近では、炭酸塩チムニーをつくる。チムニーには、高さ5m以上に成長しているものもあり、驚嘆すべきものである（図2.7c)。その周辺には、海底湧水に伴う化学合成生物群集が見つかる。炭酸カルシウムの炭素同位体比$\delta^{13}C$は、マイナス40～マイナス60‰と軽く、生物起源メタンの同位体比と一致している。このような海底の状態は、地層中にも保存される場合があり、各所で炭酸カルシウムにセメントされたシロウリガイ、シンカイヒバリガイなどの化石層が見つかっており（たとえば、三浦半島の池子層)、地層環境の新たな解釈の重要な情報を提供してくれる。

2-8 泥火山 (Mud Volcano)

地下の異常間隙水圧を持つ層から、泥がダイアピル（Diapir）を成して上昇し、さらに地表や海底で噴出し、火山状の地形をつくったもの。石油や天然ガスを伴ったり、あるいは岩塩ドーム（Salt Dome）を構成するものがある（コラム1参照)。日本周辺海底では、南西諸島海溝（琉球海溝）の種子島沖に多数認められている（解説図2-8)。ここでは、直径が2kmを超すものが知られており、泥とともに噴出した角礫には、古第三紀の年代を示すものがあり、四万十帯を貫通して上昇してきた可能性を示している。また、南海トラフの熊野舟状海盆においては、メタンハイドレートの存在、またリチウム同位体比より200℃程度の水－岩石反応環境が示され、おそらくプレート境界の地震発生帯に流体の起源を持つ泥火山があると考えられる。

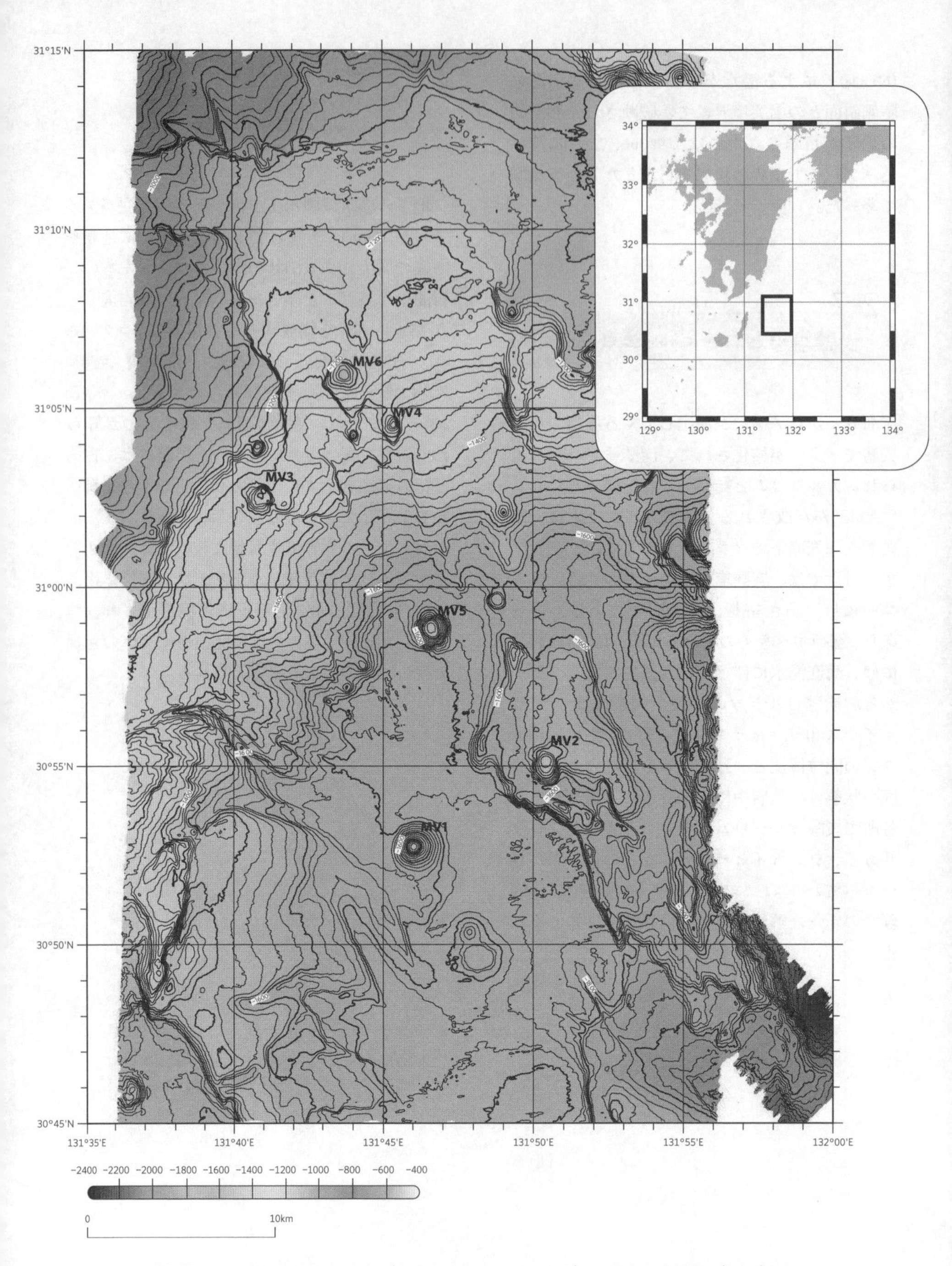

解説図2-8　種子島沖の泥火山（主要なものをMVで示す）の分布。木川ら（2015）より

2-9
メタンハイドレート（Methane Hydrate）

水分子とメタン分子からなる氷状の固体結晶をいう。低温、高圧の状態において、水分子が立体網状の構造（包接水和物、クラスレート：Clathrateという）をつくり、メタン分子が中に入った結晶をつくる。メタンハイドレートの容積1に対して、170倍のメタンガスが含まれる。水のクラスレート構造には、H_2SやCO_2などのさまざまなガス分子を取り込むことができ、これを総称してガスハイドレート（Gas Hydrate）とよんでいる。メタンハイドレートは、世界の大陸縁辺に広く分布している。その総炭素量は、在来型石油・天然ガス資源の10倍以上といわれているが、その商業的開発には成功していない。一方、このような莫大な炭素が海底下あるいは凍土層の下に存在しているということは、地球の炭素循環の上で極めて重要なことである（解説図2-9）。二畳紀～三畳紀境界での生物絶滅イベントには、メタンハイドレートの大崩壊が関係している可能性がある。

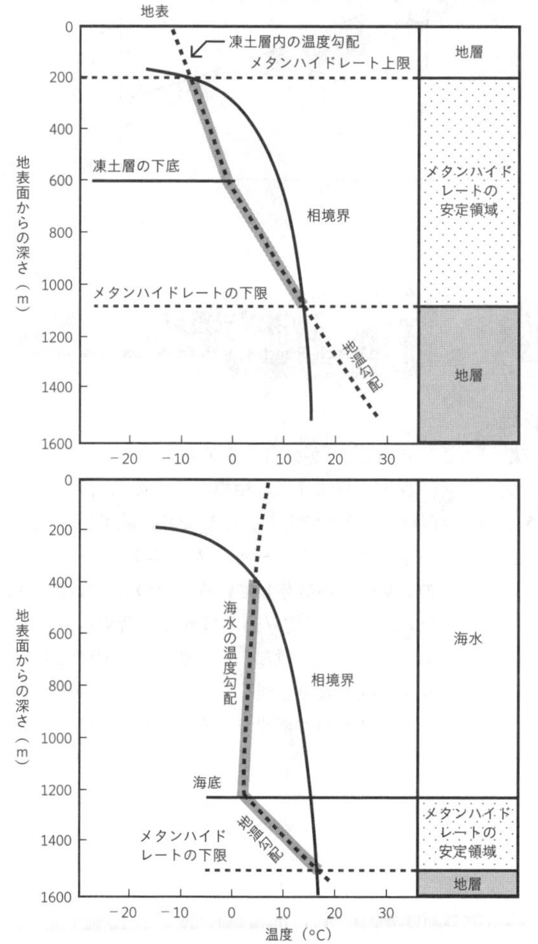

解説図2-9
メタンハイドレートの相平衡と分布。
(a) は凍土層を含む地層、(b) は海底下、(c・次頁) は海底でのメタンハイドレートの厚さの変化。平（2004）より

解説図2-9.a

解説図2-9.b

解説図2-9c

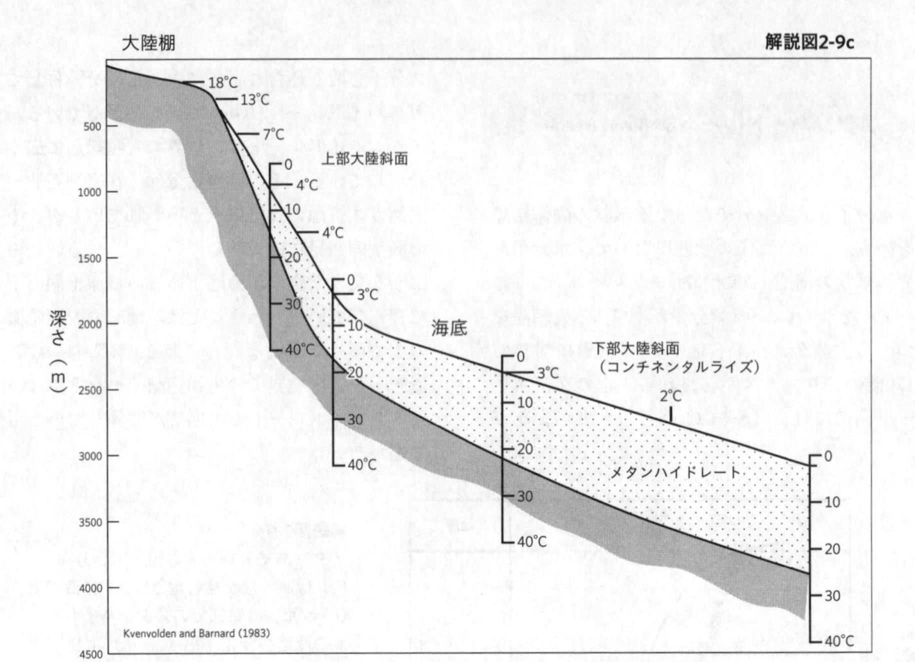

2-10 サイドスキャンソナー（Side-scan Sonar）

船舶、曳航体あるいは自律型無人探査機（AUV）から音波を側方へと発信し、その後方散乱波（Back Scattering）の受信時間、受信角度、受信強度から地形や底質を読み取ることのできるソナー（第8章を参照）。図3.14aの追加解説も参照。

2-11 海溝三重点（Trench-Trench-Trench Triple Junction）

3つの海溝が会合する地点を指す。日本海溝、伊豆・小笠原海溝、相模トラフの会合点（図2.2、図2.5）がそうであり、ここでは、北米プレート、フィリピン海プレートと太平洋プレートの3つのプレートが関与している。そのような場所は、3つのプレート沈み込み境界の会合する場所であるので、火山弧どうしが衝突する場所でもあり、大陸の成長を理解する上でも、そのテクトニクスは極めて重要である（第7章を参照）。

2-12 国府津―松田断層帯 (Kohzu-Matsuda Fault Zone)

丹沢山地南麓、大磯丘陵西から相模湾の海底に続く活断層帯。神縄（Kannawa）―国府津―松田断層帯ともいう。陸上部の総延長は25kmで、海底では、三浦半島西側の海底崖へと連続しており、北米プレートとフィリピン海プレートの沈み込み境界と考えられる。この境界は、大正時代の関東大震災を引き起こした地震発生帯に他ならない。

2-13 三浦層群(Miura Group)

三浦半島から房総半島中・南部に分布する海成の中部中新統〜下部鮮新統。上位の上総層群に不整合で覆われる。三浦半島では、下位から三崎層（Misaki Formation）、初声層（Hasse Formation）に区分される。凝灰岩、凝灰質砂岩、泥岩などから構成される。第7章および用語解説7-14を参照。地質学では地質時代とその時代に堆積した地層を区分している。中新世という地質時代の地層は中新統という。

2-14 熱水活動(Hydrothermal Activity)、熱水生物群集(Hydrothermal Biological Community)、熱水鉱床(Hydrothermal Ore Deposit)

海底下にマグマが存在すると、その熱によって岩石中に海水が循環し、熱対流が起こる。この時にマグマと海水が反応して熱水（Hydrothermal Fluid）がつくられる。熱水には金属元素が溶け出し、これが海底から噴出し、熱水噴出孔（Hydrothermal Vent）をつくり、そのまわりに銅、鉛、亜鉛を主体とする硫化金属鉱物（黄銅鉱$CuFeS_2$、方鉛鉱PbS、閃亜鉛鉱ZnSなど）が析出して、チムニーやマウンドなどの構造物を形成する。高温の熱水（300℃以上）は、硫化金属が黒煙を上げるように噴出するのでブラックスモーカー（Black Smoker）とよばれ、やや低温の領域（30〜300℃）では、白濁した熱水が噴出しておりホワイトスモーカー（White Smoker）とよばれている。白濁の原因となっているのは、硫酸バリウム（$BaSO_4$：重晶石）や石膏（$CaSO_4$）の結晶である。大西洋中央海嶺にあるTAG熱水マウンド（Trans-Atlantic Geotraverse Hydrothermal Mound）は主に重晶石から構成されている。熱水噴出孔周囲のマウンドあるいはその地下では、硫化金属鉱物層、熱水変質によってつくられた粘土層、石英、重晶石や石膏などの層ができている。硫化金属鉱物層は、その規模が大きく価値が高ければ、熱水鉱床ということができる。海底の熱水鉱床は、陸上の塊状硫化鉱床（Massive Sulfide Deposit）あるいは日本では黒鉱鉱床（たとえば、秋田の小坂鉱山、尾去沢鉱山など）とよばれるものに非常に類似している。このような熱水循環とそれに伴う物質の移動、集積の全体像を熱水システム（Hydrothermal System）という。熱水システムに伴う化学合成生物群集、すなわち熱水生物群集も各所で見つかっている。1977年、ガラパゴス・リフトにおける巨大なハオリムシ（Tube Worm）やシロウリガイの仲間の大群集の発見は、深海生物学に新たなページを開いた。沖縄トラフでは、ゴエモンコシオリエビ、オハラエビなどの特有な生物が認められる。インド洋では、硫化鉄の鱗状被覆を持つ巻貝、スケーリーフット（Scaly Foot）などユニークな生物が知られている。世界各地の熱水生物群集の固有性、共通性、そしてこれらの生物の進化、生態などについては、多くの未解決の課題が残されている。

2-15

海底マンガン堆積物
（Marine Manganese Deposits あるいは Marine Polymetalic Crust and Nodules）

遠洋の深海底や海山上には、マンガン酸化物を主体とする堆積物がノジュール（団塊）状（Manganese Nodule）あるいはクラスト状（Manganese Crust）に分布しており、その範囲は全海洋底に広がっている。マンガン団塊は、5～10cmの大きさのものが多く、核となる粒子（岩石片やサメの歯など）の周りにマンガンや鉄水酸化物が、極めてゆっくりした速度で吸着して成長したものである（1000万年あたり数cm）。クラスト状のものは、海山の山頂部から麓まで分布し、マンガン団塊よりはコバルトを多く含むためコバルトリッチ・マンガンクラストともよばれている。こ

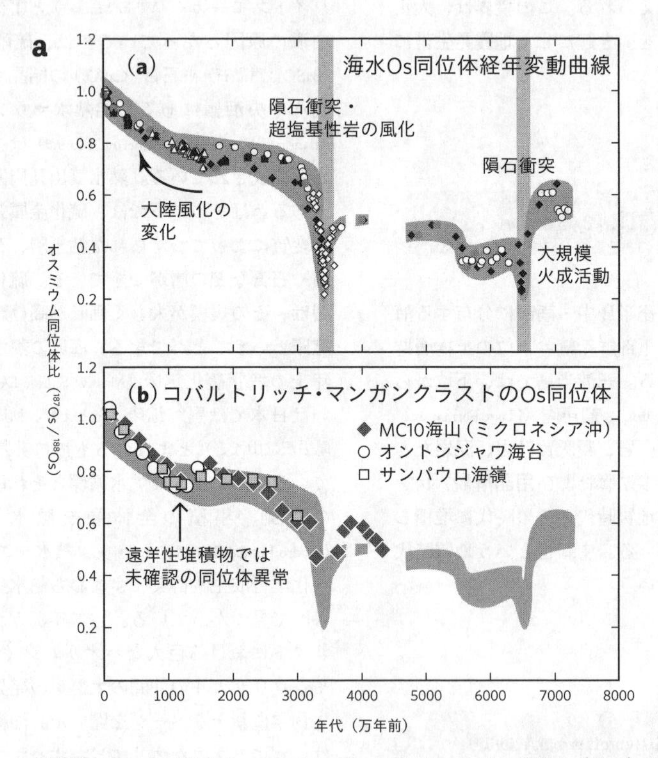

解説図2-15a コバルトリッチ・マンガンクラストの年代　後藤ら（2018）より
海水のオスミウム（Os）同位体比（$^{187}Os/^{188}Os$）は大陸風化の影響を受けるとよりプラスの値となり、マントルの影響や隕石の影響を受けるとよりマイナスになる。堆積物の研究から復元された海水のオスミウム同位体比の経年変化（過去7000万年間）(a) と、それにフィッティングさせたコバルトリッチ・マンガンクラストのオスミウム同位体比 (b) を示す。コバルトリッチ・マンガンクラストは、10cmほどの厚さなので、それを深さ方向に3mmほどにスライスして数十サンプルを測定し、海水の経年変化の年代とフィットさせて、クラストの年代を見積もることができる。このデータから、クラストの成長速度は、5～30mm/1000万年である。

れらのマンガン堆積物は、銅、ニッケル、コバルト、レアアース（希土類元素）、白金などを含むために資源的な価値がある。成長速度の測定には、放射性同位体（たとえば^{10}Be）あるいは安定同位体比（たとえばOs同位体比）、微化石などが用いられている（解説図2-15a）。

遠洋性堆積物の中に、レアアースを高濃度で含む泥質堆積物が存在することが分かってきている。南鳥島の周辺海域においては、海底表面から3mの深さにレアアース濃度が7000ppmという層が発見された（解説図2-15b）。レアアースは魚歯などの生物起源アパタイト（Apatite：燐灰石：リン酸カルシウム）に吸着していることが分かってきている。南鳥島周辺海域はマンガン団塊、コバルトリッチ・マンガンクラスト、レアアース泥の成因および資源としての利用を総合的に研究開発する絶好なフィールドである。

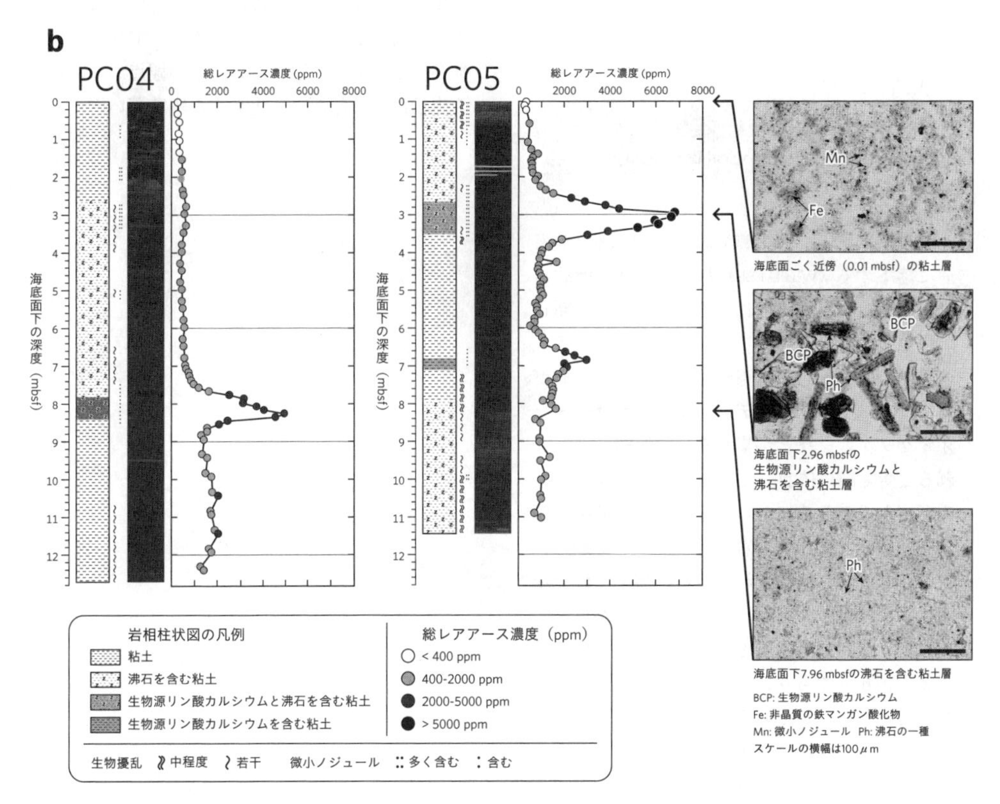

解説図2-15b 海洋底泥の中の超高濃度レアアース層 Iijima et al.（2016）より

2-16
バイオロギング（Bio-Logging）

動物にセンサーとデータロッガー、発信器などを取り付けて、その行動を記録する技術をいう。哺乳類、魚類、ウミガメ、鳥類などの行動範囲や移動経路、捕食行動などさまざまなデータの取得が行われ、海洋生態学に革命を起こしている（もちろん陸上でも）。

2-17
鯨骨生物群集
（Whale-Falls Biological Community）

鯨の遺骸（シロナガス鯨なら100トンもある）が深海に落下する（Whale-Falls）とそこでは局所的に大量の有機物が供給され、それを消費する新しい生態系がつくられる。たとえば、相模トラフの場合、まず、鯨の軟組織を食するヌタウナギ、コンゴウアナゴ、オンデンザメ、カグラザメ、オオグソクムシなどが集まる。軟組織が消費されると骨組織に依存して生きるホネクイハナムシ類が主役となる。さらに化学合成生態系と類似した生物群集がすみ着き、ハオリムシ類、シロウリガイ類が報告されている。海洋では、新生代における鯨の出現以前に、古生代から、すでに巨大な海棲動物が出現している。大型魚類や爬虫類などであり、これらの生物が遺骸生物群集を育んだのかということも面白い課題である。深海への生物の進出が、このような大型生物の遺体によって加速された可能性も指摘できる。

2-18
沈木生物群集
（Sunken Wood Biological Community）

木材が海底に沈んだ場合、それを栄養とする生態系が誕生する。海底の深さに大きく左右され、浅い海ではフナクイムシやニオガイなどが生息し、500m程度の海底ではキクイガイが卓越していることが分かっている。巨大な森林はすでにデボン紀〜石炭紀には存在していたので、その当時の海洋にもまた、流木そして沈木が多数存在していたに違いない。その観点から、この生物群集の起源と進化もまた興味深い。

3-1 砕屑粒子の粒度分類 (Grain Size of Clastic Particles)

砕屑粒子の大きさ(粒度:Grain Size)は礫(Gravel)、砂(Sand)、シルト(Silt)、粘土(Clay)に区分する。それに対応した集合体(岩石)の名前を解説図3-1に示した。粒度については、以下に示すϕ(ファイ)スケールを用いることが一般的である。

$$\phi = -\log_2 d$$

ここでdは粒子の直径(mm)である。ϕスケールは、粒子の分類は分別に用いられるフルイ目の大きさを基準としている。

このような粒度による分類は、何か本質的な意味をもつのであろうか。一つは、粒子の起源についての意味づけである。礫は、岩石そのものの破片であり、それが一つの鉱物であるということは、希である。砂からシルトは鉱物粒子と岩石粒子が混在しているが、粒子が小さいものほど、鉱物粒子そのものであることが多い。粘土は、粘土鉱物から構成されていることが多い。力学的な挙動においても粒度は意味をもつ。粘土鉱物は、お互いが引きつけ合う性質があり、これを粘着性粒子という。その他の鉱物粒子や岩石粒子は非粘着性である。

堆積岩全体では、泥岩(シルトと粘土粒子からなる堆積岩)が全体の70%以上を占めていると推定される。風化の生産物としては、粘土鉱物が圧

φ	粒径 (mm)	円磨した粒子		角ばった粒子
		砕屑物	集合体	
		巨礫 (boulder)	巨礫岩 (boulder conglomerate)	角礫岩 (breccia)
−8	256			
		大礫 (cobble)	大礫岩 (cobble conglomerate)	
−6	64			
		中礫 (pebble)	中礫岩 (pebble conglomerate)	
−2	4			
		細礫 (granule)	細礫岩 (granule conglomerate)	
−1	2			
		極粗粒砂 (very coarse sand)	砂岩 (sandstone)	
0	1			1mm
		粗粒砂 (coarse sand)		あら砂 (grit)
1	1/2			½mm
		中粒砂 (medium sand)		
2	1/4			
		細粒砂 (fine sand)		
3	1/8			
		極細粒砂 (very fine sand)		
4	1/16			
		シルト (silt)	シルト岩 (siltstone) / 泥岩 (mudstone) / 頁岩 (shale)	
8	1/256			
		粘土 (clay)	粘土岩 (claystone) / 泥岩 (mudstone) / 頁岩 (shale)	

解説図3-1 堆積粒子の粒度区分。平(2004)より

倒的に多く、それが地球の物質循環に主要な役割を果たしている。

3-2 バイオミネラリゼーション (Biomineralization)

生物が鉱物質の殻や骨格などをつくる作用を指す。たとえば、炭酸塩、リン酸塩、珪酸塩などの鉱物がある。このような鉱物質の殻や骨格は、化石として保存されやすい。バイオミネラリゼーションを行う生物は特にカンブリア紀に爆発的に進化し、化石の保存の記録が豊富になった。また、石灰礁（Calcareous Reef）あるいはバイオハーム（Bioherm）や生物性マウンド（Organic Mound）とよばれるような生物殻などの密集した地層もつくられた。さらに、バイオミネラリゼーションによって地球の物質循環にも大きな影響を与えるようになった。特に、石灰質の殻をもつ浮遊性有孔虫（Planktonic Foraminifera）や珪質の殻をつくる珪藻（Diatom）などが出現した中生代後期から、海洋に有孔虫軟泥（Foraminifera Oozeあるいは石灰質軟泥：Calcareous Ooze）や珪藻軟泥（Diatom Ooze）が堆積し、生態系や物質循環に大きな影響を与えたと考えられる。

3-3 扇状地（Fan）と扇状三角州（Fan Delta）

崖錐（Talus Cone）は急崖の下部に堆積した崖くずれの堆積物で、時に河川をせき止めて、一次的にダムをつくり、土石流（Debris Flow）の発生源となる。山地から平坦面に河川が流れ出た時に、土石流や泥流が急速に堆積して舌状の堆積体であるローブ（Lobe）をつくる。次のローブが堆積する場所は、前のローブの横に移動し、全体として扇形の地形（扇状地）をつくる。扇状地が成長すると、メインのチャンネルは安定してくる。急流が、海に直接流入する場合には、海岸から海底に扇状地状の地形ができる。これを扇状三角州という。通常の三角州よりは傾斜が急であり、構成する地層はより粗粒である場合が多い。

断層崖から扇状地がならぶ地形は、活動的な地殻変動を表すものであり、たとえばクンルン山脈の北側、タクラマカン砂漠にかけて見事に発達している（コラム1）。扇状地の末端では、地下水が湧き出しており、集落（オアシス）がつくられている。そのオアシスを繋いで貿易交路（例えばシルクロード）が出来上がった。

3-4 網状河川（Braided River）と蛇行河川（Meandering River）

河川の河道地形は大きく網状河川と蛇行河川に区分できる。前者は、より流れのエネルギーが大きく、地形を構成する粒度が大きく、かつ、運搬される粒子は主に転動（Rolling）して底面を流れるベッドロード（Bed Load）を主体とする。後者は、流れのエネルギーと粒度は小さく、粒子は懸濁状態で運搬されるサスペンジョンロード（Suspension Load）を主体とする。解説図3-4に模式的な地形概観（チャンネルの形状と安定性、砂州やベッドフォームなど）を示した。そもそも河川はなぜ蛇行するのか、というのは興味ある問題である。これには大きく2つの考え方があり、一つは、流れに湾曲点があると、そこを起点に下流に左右岸交互の浸食と堆積が起こり、蛇行が生まれるとする考えである。もう一つは、直線的な河道であっても螺旋状の流れにより左右交互に砂州が形成され、それが蛇行を促すというものである。河川地形の研究は、河川工学や環境科学においても重要な課題となっている。

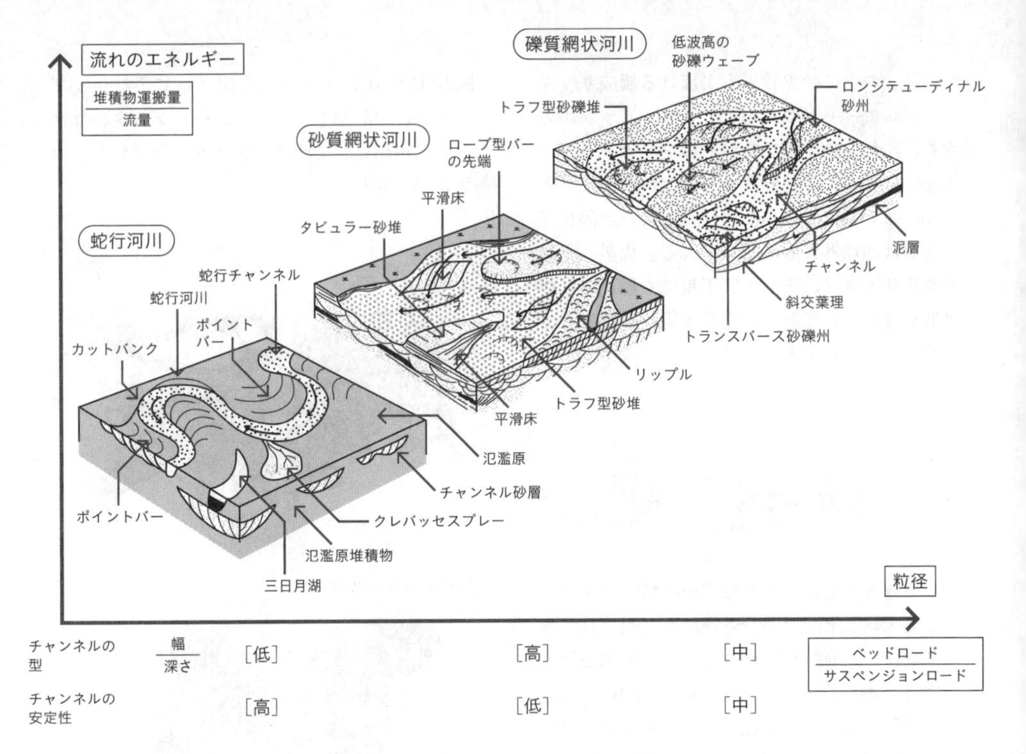

解説図3-4　河川地形の区分。平（2004）より

3-5
モレーン(Moraine)と氷河性堆積物(Glacial Deposits)

モレーンは、氷河によって削剥された岩屑・土砂が運搬される途中、あるいは流れの末端で堆積した地形をいう。土手状やダム状に巨礫から粘土までの淘汰の悪い堆積物が集積している。氷河によって削られた岩盤には削痕（Striation）がしばしば残っており、また、氷河の周辺の湖などには、季節ごとの縞状の堆積ラミナを残す氷縞粘土（Varve）が認められる。水中で堆積した氷河起源（氷山の運搬した粒子も含めて）の淘汰の悪い含礫泥岩については、ダイアミクタイト（Diamictite）とよばれることがある。氷山の落とした岩屑については、ドロップストーン（Drop Stone）とよぶ。ただし、ダイアミクタイトについては、淘汰の悪い含礫泥岩の一般記載名であり、必ずしも起源を指してはいない場合もあるので、注意を要する。過去数十年、各地で氷河の衰退が進んでおり、その歴史を編年するために、モレーンを始めとする近世の氷河性堆積物の研究が盛んになってきた。

3-6
砂丘(Sand Dune)

砂漠や海岸などで見られる大型の砂堆を砂丘という。砂丘は、三日月砂丘（バルカン・デューン：Barchan Dune）、横列砂丘（Transverse Dune）、縦列砂丘（Longitudinal Dune）に大きく分類できる。また、砂丘の上には風紋ともよばれる風成リップル（Eolian Ripple）がつくられている。リップルのうち、数十cmの波長を持つものをメガリップル（Mega-ripple）とよぶ。砂丘からは大規模斜交葉理（Large-scale Cross-Lamination）がつくられる。砂丘様の地形は地球外天体に認められる。火星、土星の衛星タイタン、そして冥王星にも砂丘らしい地形が認められており、惑星大気科学にとっても重要な研究対象となっている。

3-7 風成堆積物（レス：Loess）

風で運ばれて堆積した細粒の堆積物を指す。特に第四紀に氷河周辺や乾燥地から運ばれて各地に堆積した地層が知られている。中国ではそのような堆積物を黄土といい、厚さ100mに達し、黄河中流から上流域に高原（黄土高原）をつくっている。さらに細粒の粒子（風成ダスト：Eoliarm Dust）は、地球全体に広がっており、遠洋にも堆積し、赤色粘土（あるいは赤色軟泥：Red Clay）の主要成分になっている。中国の黄土層の研究は、第四紀アジアの環境変動復元に大きな貢献をしてきた。

3-8 三角州（デルタ：Delta）の地形

河川からの堆積が卓越したエロンゲート三角州（Elongate Delta）、沿岸の浸食が卓越したロベート三角州（Lobate Delta）、その中間型に分類できる。エロンゲート三角州では、河道と自然堤防（Natural Levee）が舌状に張り出したローブ（Lobe）が顕著である。デルタの海域における前縁部をデルタフロント（Delta Front）、さらに沖合の斜面から平坦部をプロデルタ（Prodelta）という。解説図3-8にエロンゲート三角州としてミシシッピデルタ、中間型としてニジェールデルタ、ロベート三角州としてナイルデルタを例示した。コラム1も参照。

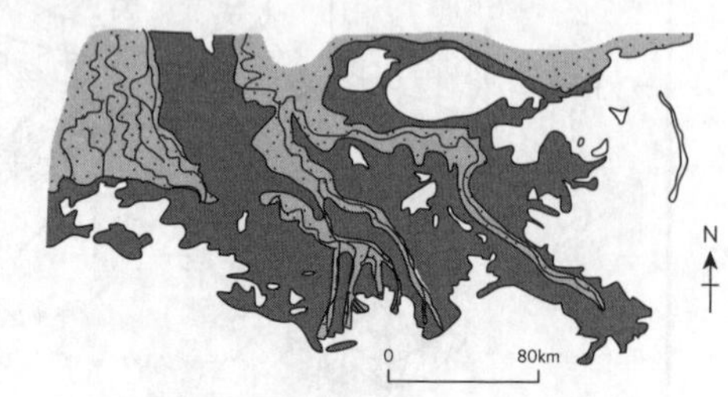

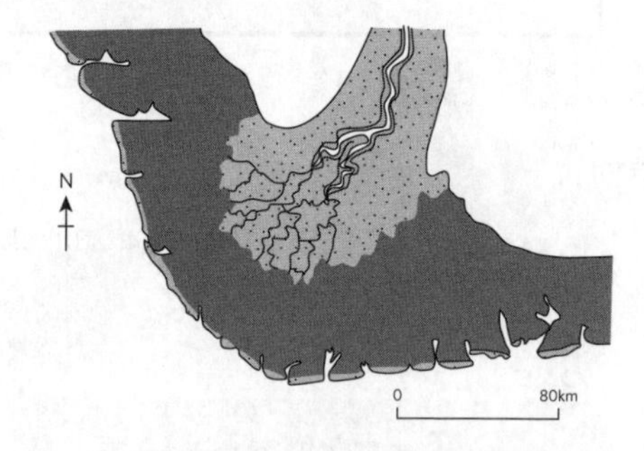

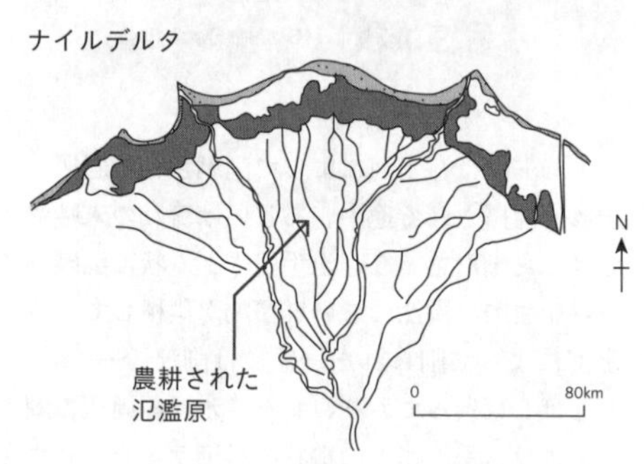

解説図3-8　三角州の分類。平（2004）より

3-9 サンドウェーブ(Sand Wave)

海底に見られる砂丘状の堆積地形をさす。砂丘と同様に流れに平行な縦列型、直交方向の横列型、三日月(バルカン)型がある。これらの堆積地形は、主に海流によって形成され、流れの強さや構成する物質の粒度によって変化するが、一般には解説図3-9に示したような分類がされており、これらは風成砂丘と類似している。また、乱泥流が自然堤防を越えて流れ出して形成される細粒物質からなるウェーブ状構造も知られている。これらは一般にセジメントウェーブ(Sediment Wave)とよんでいる(図3.14aを参照)。

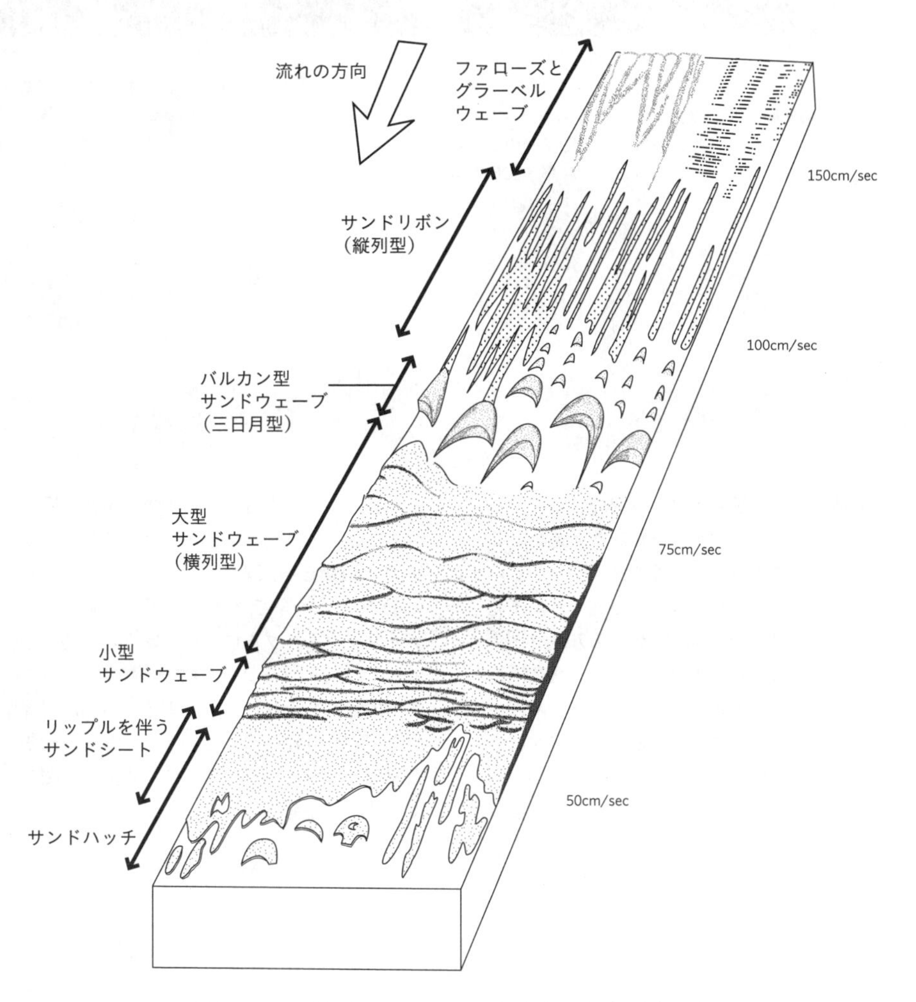

解説図3-9a 浅海域のサンドウェーブの形状。平(2004)より

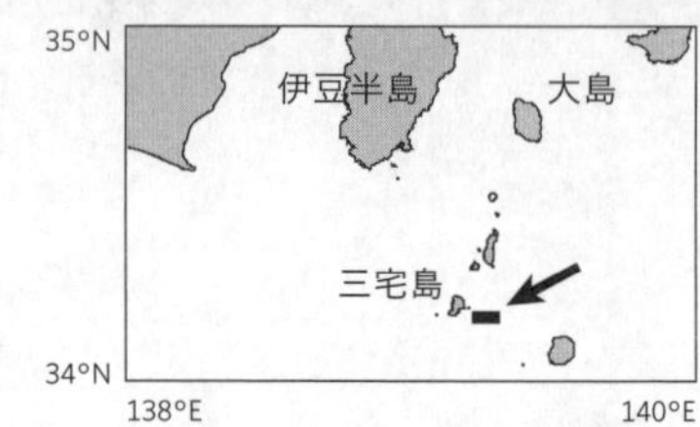

解説図3-9b ワダツミ サイドスキャンソナーで捉えられた、三宅島沖の三ヵ月型サンドウェーブ。平（2004）より

3-10 サブカ (Sabkah)

塩沼地や塩原を表すアラビア語で、特にペルシャ湾岸の環境を示すが、一般的な記述語としても用いられている。乾燥地の潮間帯、あるいは大潮や荒天時に海水が入る塩沼地では、蒸発岩（Evaporites)、炭酸塩岩、粘土、シアノバクテリア（Cyanobacteria）の繁茂がつくりだした有機物と堆積粒子がマット状に積み重なったアルガルマット（Algal Mat）堆積物などの層が形成されている。過去の炭酸塩岩層などにおいて、礁の内側の環境（Back Reef Environment）にて、サブカ堆積物がしばしば認められている。

3-11 ウーライト (Oolite)

魚卵状石灰岩ともいう。炭酸塩が核の周りに同心円状に取り巻く砂粒から構成されている石灰質堆積物と石灰岩を指す。バハマ堆（Bahama Bank）では、ウーライト質石灰砂（Oolitic Sands）がサンドウェーブをつくっているのが認められる（コラム1)。ウーライト粒子の起源は、無機的に形成された針状のアラゴナイト結晶が炭酸塩殻などの周りに吸着してできたと考えられる。なぜ吸着するのかについては、微生物が関与しているとする考えもある。

3-12 音響インピーダンス (Acoustic Impedance)

音響インピーダンスZは、

$$Z = \rho_f c_f$$

で表せる。ここでρ_fは地層の密度、c_fは弾性波（P波）速度である。インピーダンスは、交流回路における電圧と電流の比を表すが、より一般的には、波動・振動現象における波動の圧と流れの比、すなわち抵抗の度合いを表している。音響分野では、弾性体における弾性波の伝わりにくさを表す。

3-13 シーケンス層位学 (Sequence Stratigraphy)

三角州から海底扇状地にいたる一帯は、地球上で最も堆積物が厚く広く集積する場所である。すなわち地層がつくられる場所である。石油探査などのために行われた地震波探査などの解析から、この場所での地層形成は、海水準変動（Sea Level Change）に大きく影響を受けていることが分かってきた。海水準変動を基準として、一つの地層のかたまりをシーケンスとし、その相互関係から地層の起源を考察する手法をシーケンス層位学（層序学ともいう）という。

シーケンス層位学は、石油・天然ガス探査のために有効な技法であるだけでなく、地層の起源を定量的に解明する手法をもたらした。また、地質時代における海水準変動の歴史を編年する基礎データも提供した。

3-14 ベッドフォーム(Bed Form)と堆積構造(Sedimentary Structure)

水流、風、波などの作用で堆積物の表面にできる模様をベッドフォームという。また、堆積物の表面や内部にできる構造を総称して堆積構造という。堆積構造の中にはベッドフォームの移動や変化で形成されるものがある。解説図3-14bは流れとベッドフォーム、堆積構造についてまとめたものである。主なベッドフォームとしてリップル（Ripple）、砂堆（Dune）、平滑床（Plane Bed）、反砂堆（Antidune）などを示した。砂堆は、サンドウェーブ（Sand Wave）とよぶこともある。これらのベッドフォームは、フルード数が1より小さい領域（低フローレジーム）と大きい領域（高フローレジーム）での形成に区分できる。解説図3-14aには、砂堆の2つのタイプ（三日月型砂堆：Linguoidal Duneとトランスバース型砂堆（Transverse Dune）から形成されるトラフ型斜交葉理（Trough Cross-Lamination）と平板型（タビュラー）斜交葉理（Tabular Cross-Lamination）を示した。斜交葉理は、大型な場合には斜交層理（Cross Stratification）とよぶ場合があるが、明瞭な区分の境界はない。

ベッドフォームは、地層を調べる堆積学的な観点のみならず、漂砂量や河道の安定性といった水理学などの工学的観点、あるいは流体と固体の相互作用における自己組織化現象といった数理科学的な観点からも研究対象となっている。

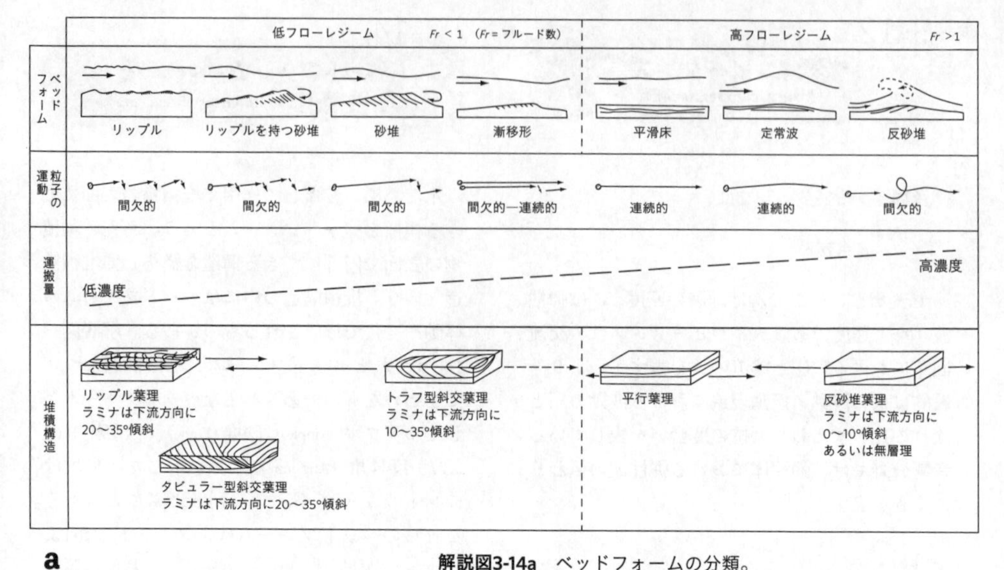

解説図3-14a ベッドフォームの分類。
F_r（フルード数）$=U/\sqrt{gh}$と定義でき平均流速Uと長波の速度$\sqrt{gh}$の比である。$F_r>1$であると上流に下流の振動が伝わらないので定常波ができる。平（2004）より

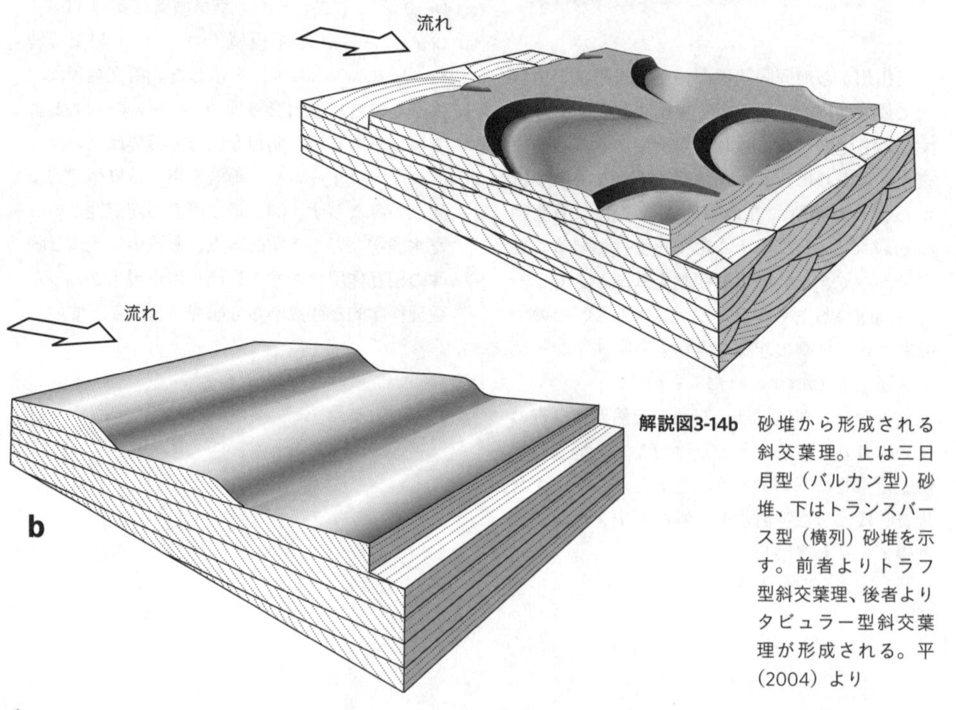

解説図3-14b 砂堆から形成される斜交葉理。上は三日月型（バルカン型）砂堆、下はトランスバース型（横列）砂堆を示す。前者よりトラフ型斜交葉理、後者よりタビュラー型斜交葉理が形成される。平（2004）より

3-15 複合リップル（Composite Ripple）

流れと波の両方の作用でつくられるリップル。干潟などでは、流れから波そして流れと刻々と環境が変化し、それに応じてリップルも姿を変えてゆくことが観察できる。

3-16 ハンモッキー斜交葉理（Hummocky Cross-Lamination）

浅海堆積物においては、一定方向へのラミナの傾斜を示さず、主に低角度のラミナのセットがくさび状に重なりあった堆積構造が認められる。ベッドの表面はゆるやかな凹凸をなし、その形状からハンモッキー斜交葉理とよばれている。荒天時に、うねりと流れが刻々と変わるために、一定の形状ではない複合したベッドフォームがつくられるためと考えられている。同様な堆積構造として、スウェール斜交葉理（Swaley Cross-Lamination）がある。ほぼ同意語である。

解説図3-16 ハンモッキー斜交葉理。模式的な図で厚さ1〜2m、横10m程度を表す。八木下（2001）より

3-17 生痕化石（Trace Fossil）

海底や土壌などで生物の活動の痕跡が地層中に保存された場合、これを生痕化石（Trace Fossil あるいはIchnofossil）という。巣穴、捕食痕、移動痕などが主なものである。生痕化石では、それをつくった動物の正体については判明できないものもあるが、砂浜や干潟で、石膏などの型取り材を流し込んで巣穴の形とそれをつくった動物の研究などが行われている。たとえば、オフィオモルファ（*Ophiomorpha*）とよばれている砂質堆積物中に見られる巣穴状生痕化石は、アナジャコ類の巣穴と類似していることが分かっている。よく観察されるものとしては、*Nereites*（這い跡）、*Helminthoida*（食い回り跡）、*Zoophycos*（棲み食い跡）、*Chondrites*（小型の棲み食い跡）などがある（解説図3-17）。

生痕化石には、生息環境を反映して、幾つかの種類が集合して発見されるものがある。これを生痕化石相（Ichnofacies）とよぶ。初期の堆積構造が生物活動によって破壊されている様子あるいはその作用を生物攪乱（Bioturbation）という。

先カンブリア時代の生痕化石は、動物の進化にとって重要な情報となるが、その同定は非常に難しい。動物の存在を示す生体化石が発見されているエディアカラ動物化石群を伴う地層からは、多数の生痕化石も発見されている。

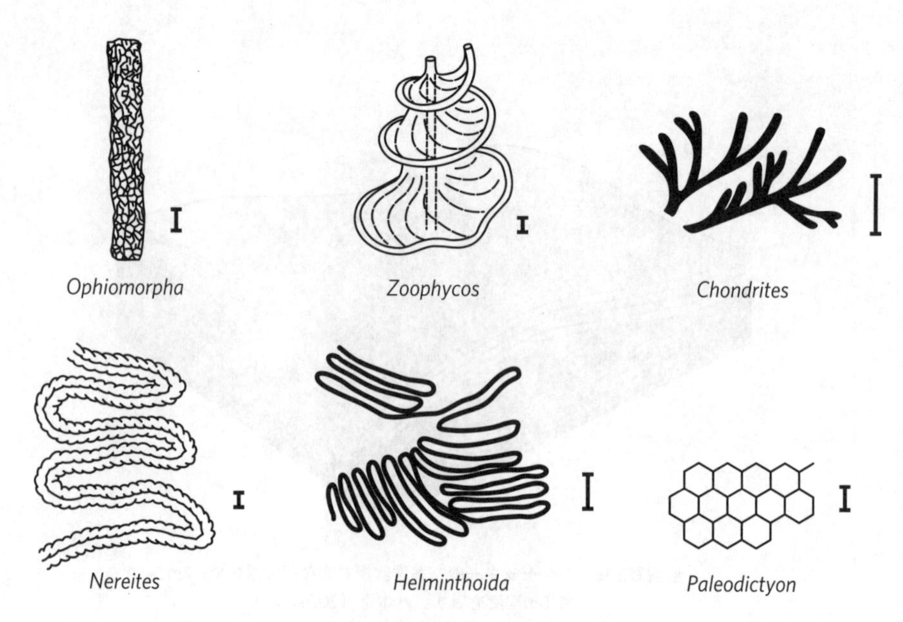

解説図3-17 生痕化石のいろいろ。図の右側のバーは1cmを示す。
勘米良・小谷・鎮西（1979）より

3-18 コンボリューション(Convolution)と排水構造(Water-escape Structure)

堆積直後に地震などの震動や間隙水圧の上昇などによって地層の変形が起こることがある。その代表的なものが、密度差によって波状に変形したコンボリューションである。一般に、上に密度の大きい流体、下に密度の小さい流体がある場合に、その境界で起こる不安定現象をレイリー－テイラー不安定性（Rayleigh-Taylor Instability）という。コンボリューションもそのような現象の一つである。また、急な堆積によって堆積面が剪断変形した火焔構造（Flame Structure）などがある。地層内部の間隙水圧が上昇すると、排水が起こる。これにより、皿状構造（Dish Structure）、ピラー構造（Pillar Structure）や砂火山（Sand Volcano）などができ、さらに全体が液状化（Liquefaction）を起こす。また、上の地層に砂が貫入して砂岩岩脈（Sand Dyke）がつくられる。

3-19 乱泥流(Turbidity Current)とボーマシーケンス(Bouma Sequence)

堆積粒子と水（海水）からなる混合流体は、粒子どうしが電気的に粘着する性質のある粘土鉱物と、粘着性はないが粒子どうしの衝突でエネルギーが伝達される砂のような非粘着性粒子との混合流体と考えることができる。一般に粒子の密度を増やしていくと、流体は、ニュートン流体（Newtonian Fluid：剪断応力と速度勾配が比例する）から非ニュートン流体（Non-Newtonian Fluid：剪断応力と速度勾配の関係が比例しない）となる（解説図3-19a）。とくに粘土鉱物を含む混合流体は、剪断応力が大きくなると急に流動性が増す擬塑性流体（Pseudo-plastic Fluid）の挙動を示す。乱泥流は基本的には、このような流動特性を持っていると考えられる。乱泥流堆積物（タービダイト）の単層は、堆積学者アーノルド・ボーマ（Arnold Bouma）によって提唱された特徴的な堆積構造の重なりを示す。これは、ボーマシーケンスとよばれている。解説図3-19bでは、二相混合乱泥流からタービダイトが堆積したとするモデルを示したが、詳しい流体力学的な理解はまだまだ不十分であり、かつ海底などでの現場観測が重要である。

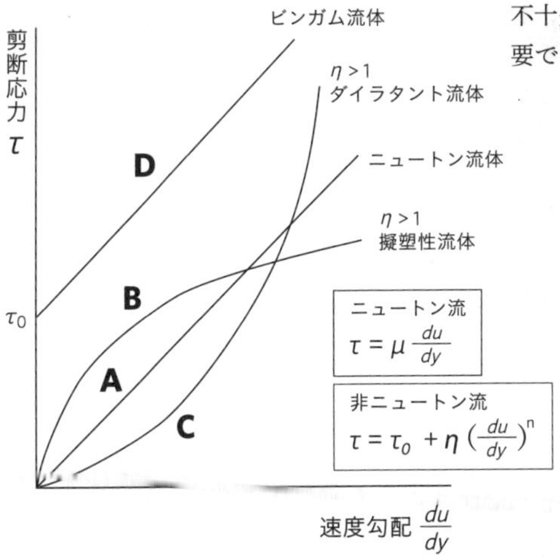

剪断応力 τ
ビンガム流体
$\eta > 1$ ダイラタント流体
ニュートン流体
$\eta > 1$ 擬塑性流体
D
B
A
C
τ_0
速度勾配 $\frac{du}{dy}$

ニュートン流
$$\tau = \mu \frac{du}{dy}$$

非ニュートン流
$$\tau = \tau_0 + \eta \left(\frac{du}{dy}\right)^n$$

解説図3-19a
ニュートン流体と非ニュートン流体。
平（1985）より

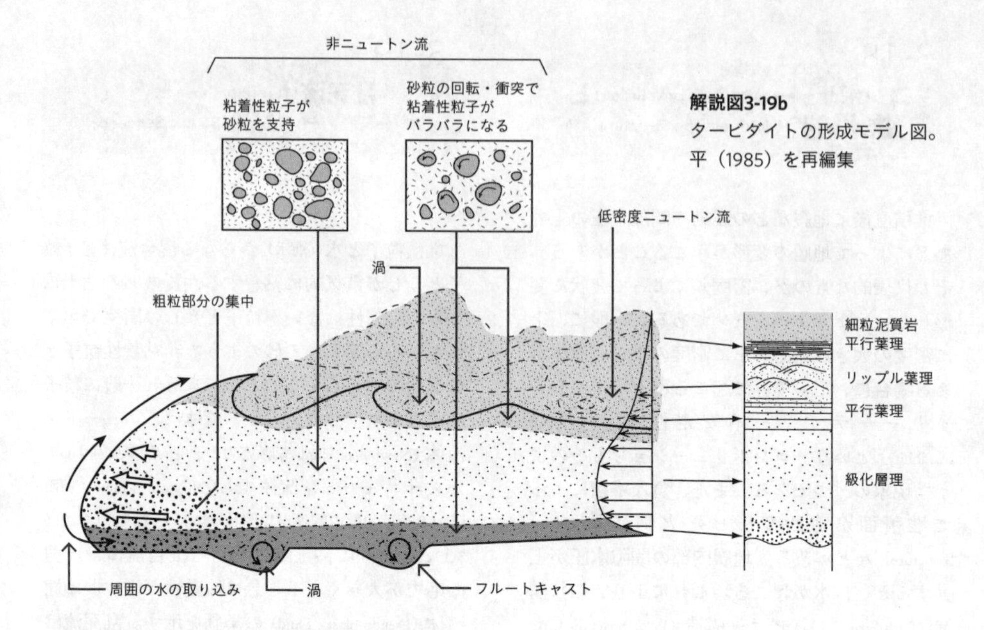

解説図3-19b
タービダイトの形成モデル図。
平（1985）を再編集

3-20 底痕（ソールマーク：Sole Mark）

特に砂層が堆積した時に、流れによって堆積面がまず浸食され、その痕を埋めるように砂が堆積し浸食面が保存されることがある。これを底痕とよび、代表的なものにフルートキャスト（Flute Cast）やグルーブキャスト（Groove Cast）がある。タービダイト単層の底面に、よく発達している。このような底痕は、明らかに流体の渦動の痕を残しているので、乱泥流と海底面（あるいは湖底面）の境界層では、乱流が発生していることを示している（解説図3-19b）。流れの方向（古流向）を知る指標として有用なだけでなく、流れの状態を示す重要な堆積構造である。

4-1
火山地形 (Volcanic Landform)

火山地形は、陸上火山ではよく分かっている。一般には、一回の噴火で形成された単成火山（Monogenic Volcano）と複数回の噴火や種々の構造運動、あるいは山体崩壊などの複雑な歴史を経てきた複成火山（Composite Volcano）に大きく分類できる（図4.3）。カルデラ（Caldera）は、空洞になったマグマ溜まりの陥没によって形成される円形の凹地であり、阿蘇火山がその例として有名である。一方、海底火山については、カルデラ地形（解説図4-1a）、スコリアや軽石のコーン、溶岩流・溶岩湖などの火山地形が知られているが、火山体の内部構造や詳しい火山地形の発達プロセスについては、あまり分かってはいない。陸上で認められる噴火様式については概ね適用できると考えられるが、深海では水圧によって水蒸気の爆発的な圧力解放は起こらないので、巨大噴煙柱を伴うような活動は考えにくい。しかし、数十〜数百mの水深では、爆発的な大規模噴火が起こりうる。1952年9月24日、海上保安庁水路部の海洋観測船第5海洋丸が明神礁噴火によって遭難。田山利三郎博士など31名の方が亡くなった。明神礁の9月23日の噴火（解説図4-1b）は、東京水産大学（当時）神鷹丸にて観測されており、海面がドーム状に盛り上がり、大爆発によって火山弾が放出され、噴煙は6000〜7000mに達した。八丈島において数回にわたって津波（最大波高0.9m）が観測されている。海底での超巨大噴火の理解はこれからの課題である。

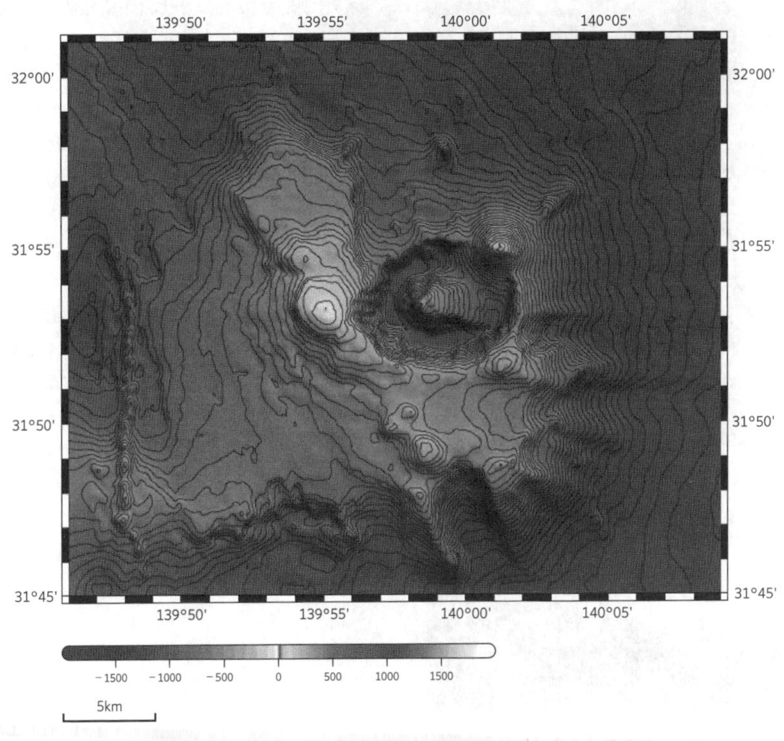

解説図4-1a　明神海山の海底地形図。海底火山データベースより

解説図4-1b 明神礁の噴火
海底火山データベースより

4-2 火砕流(Pyroclastic Flow)、山体崩壊(Gravitational Collapse、Landslide)、ブラスト(Blast)

火砕流（Pyroclastic Flow）は高温・高速のながれであり、上方に噴煙をともなっていることが多いので、流れの本体が見えにくく、これが大きな被害をもたらす原因の一つとなっている。図4.6に火砕流の発生メカニズムを示した。溶岩ドームの崩壊による発生（図4.6a）は、1991年の雲仙火山の火砕流がその例である。図4.4のサリチェフ火山の火砕流は、図4.6cの噴煙柱の崩壊に関連している可能性がある。図4.6bの山体崩壊・地すべりに起因する火砕流は、セントヘレンズ火山噴火の時に起こった。セントヘレンズ火山噴火（図4.7）では、山体内部のドームが貫入し、内部のガス圧の上昇によって山体崩壊（Gravitational Collapse）が起こり、ガスの爆発（ブラスト：Blast）によって山体の一部が吹き飛ばされ、衝撃波（Shock Wave）が周囲を襲い森林がなぎ倒され、地すべり崩壊した山体構成物は岩屑なだれ（Debris Avalanche）となって流れ下った。そして、巨大な噴煙が形成され、火砕流が流れ出した。これらは、数分の間に起こった複合したイベントである。その後の降雨によって泥流が発生した。それにしても、セントヘレンズ火山の崩壊の様子は、凄まじく、かつ、極めて貴重な映像である。

4-3 溶岩流(Lava Flow)

大きくパホイホイ溶岩（Pahoehoe Lava）とアア溶岩（Aa Lava）に分類でき、さらに流紋岩質溶岩では、溶岩ドーム（Lava Dome）がつくられる。溶岩流は分岐して舌状に流れ溶岩ローブ（Lava

Lobe）をつくる。溶岩は冷却された被覆の中にトンネルをつくって長距離流れることがある。溶岩トンネル（Lava Tunnel）である。また、溶岩流は、流れの側方で冷却された部分が堤防をつくり、あるいは溶岩トンネルの天井が崩落してチャンネル状に流れる（溶岩チャンネル：Lava Channel）ことがある。さらに、末端で広がって溶岩三角州（Lava Delta）をつくる。溶岩が急冷されると、流動部と固結部が不均質となり、固結部で破砕が起こり自破砕溶岩（Auto-brecciated Lava）となる。また水中では枕状溶岩（Pillow Lava）がつくられる。溶岩が水中で急冷される時に、急冷ガラス質が溶岩の周囲に堆積する。このような水中ガラス質火砕岩をハイアロクラスタイト（Hyaloclastite）という。溶岩流の地形は、惑星科学にとっても有用な知見をもたらす。

4-4 柱状節理（Columnar Joint）

厚く蓄積した溶岩流や溶結凝灰岩（Welded Tuff あるいはIgnimbrite）では、内部に対流が起こり、冷却時に柱状節理（Columnar Joint）がつくられる。しかし、詳しいメカニズムについては、よく分かっていない。柱状節理は世界各地で奇観・名勝となっている。日本では、福井県の東尋坊や兵庫県の玄武洞が有名である。

4-5 火砕堆積物（Pyroclastic Deposits）

スコリア（Scoria）、軽石（Pumice）、降下火山灰（Ash Fall）、テフラ（Tephra）及びそれらが固結した凝灰岩などの分類を解説図4-5に示した。フィールドでは、同意語として火砕物（Pyroclastics）、火砕粒子（Pyroclastics Particles）が使われている。

粒径サイズ	未固結の火砕堆積物	固結した火砕堆積岩
< 1/16 mm	細粒火山灰	細粒凝灰岩
1/16 − 2 mm	粗粒火山灰	粗粒凝灰岩
2 − 64 mm	ラピリテフラ	ラピリ凝灰岩
> 64 mm	火山岩テフラ 角礫テフラ	集塊岩 （火山弾を含む） 火山角礫岩

解説図4-5　火砕堆積物分類。平（2004）より

4-6 ペレの毛（Pele's Hair）とペレの涙（Pele's Tear）

ペレは、ハワイの火の女神。ハワイ島のキラウエア火山では、噴火とともにマグマが引き延ばされて、毛髪状あるいは涙状のガラス片となって溶岩の上や隙間に堆積している。これらは、ハワイに限ったことではないが、特にハワイ島の火山で顕著であるため、このような名前が付けられた。

4-7 マウナケア（Mauna Kea）、マウナロア（Mauna Loa）、ウァラライ（Hualalai）、コハラ（Kohala）、キラウエア（Kilauea）

これらは、ハワイ島を構成する5つの楯状火山である。マウナケアは“白い山”という意味で、マウナロアは“長い山”という意味である。マウナケアの冠雪と、長大な尾根をもつマウナロアの特徴をよく表している。これらの火山のうち、現在、活動的であるのは、マウナロアとキラウエアである。マウナロアの直近の活動は、1984年であり、溶岩流が東海岸のヒロの近郊まで到

達した。2020年5月には、キラウエア火山東麓レイラニ・エステーツ地域で火山活動が起こり、住民が避難し、多くの被害が出た。現在、ホットスポットの最も活動的な地点は、ロイヒ（Loihi）海底火山といわれており（図4.11、図4.15）、ここから次の楯状火山が成長してくるのかもしれない。

4-8 オアフ（Oahu）島の火山地形

オアフ島は、約200万年前に形成された楯状火山であり、北東側のコオラウ山脈（Koolau Range）、南西側のワイアナエ山脈（Waianae Range）は当時の溶岩から形成されており、露頭では溶岩ローブや溶岩トンネルそして岩脈も観察される。一方、若い火山も存在しており、パンチボール（Punchbowl）、ダイヤモンドヘッド（Diamond Head）、ハナウマ湾（Hanauma Bay）、ココクレーター（Koko Crater）などは約30万年前から5万年前の活動で形成された。これら若い火山の成因については、よく分かっていない。オアフ島からモロカイ（Molokai）島、マウイ（Maui）島にかけては、火山体が海底では連続しており、これらが、現在のハワイ島のような楯状火山の複合体をなしていた可能性がある。モロカイ島からオアフ島の北部海底には、山体崩壊によって崩れ落ちた巨大な破片が存在する（図4.11）。大きいものは差し渡し20km以上ある。これらがどのように崩壊したのか（たとえば短時間に崩壊したのか）、そのメカニズムは分かっていない。モロカイ島には、巨大津波（駆け上がり高度にして100m以上）の痕跡と思われるものが残っており、この巨大崩壊との関連が議論されている。

4-9 広域応力場（Regional Stress Field）と火山地形（Volcanic Landform）

ある面にかかる力を応力という。応力場は、主応力（Principal Stress）の3成分で表すことが行われており、それぞれ最大主応力（$\sigma 1$）、最小主応力（$\sigma 3$）、中間主応力（$\sigma 2$）という（用語解説1-4を参照）。広域的にある一定の方向や大きさを示す応力場が観測されるような場合には、これを広域応力場という。地下深くでは、岩石の荷重が大きいため、$\sigma 1$はほぼ垂直方向であるので、地質現象の中には、水平面でみた時の応力の方向と大きさ（これを水平応力という）に依存するものも多い。火山の形と広域応力場の関係を明らかにしたのは、故中村一明先生の功績である。火山の形はマグマの上昇過程に大きく依存している。マグマが上昇してくる場合に、その応力場に応じて、一番仕事量の少ない方向を選んで火道をつくる（すなわち、その方向に岩脈が形成される）。たとえば、$\sigma 1$が垂直である場合には、火道（岩脈）の方向は水平最大圧縮応力の方向と平行となり、火山体もその方向に長軸を持つ楕円形となる。このようなマグマのつくる岩脈の方向と応力場の関係は、他の流体の移動においても適用できると考えられ、石英脈や砂岩岩脈にも応用されている。

5-1 伊豆衝突帯(Izu Collision Zone)

伊豆・小笠原島弧と本州島弧の衝突変動地帯を指す。本州に対して衝突・付加された御坂山地、丹沢山地、伊豆半島、そして変動の南端部をなす銭洲海嶺が地形要素として含まれる。伊豆衝突帯は、海洋性島弧地殻が衝突・付加して、あらたな大陸地殻を形成している場所であり、地球の初期のテクトニクスや大陸の進化を考える上で非常に重要な地帯である。第7章を参照。

5-2 紀南海山列(Kinan Seamounts)

四国海盆(Shikoku Basin)の中央に位置する十数個の海山の列。年代は1400万年前から700万年前を示し、四国海盆の拡大最終段階からその後も活動が続いた。膠州海山、紀伊海山、第1紀南海山、第2紀南海山などからなる。四国海盆は、伊豆・小笠原島弧と九州・パラオ海嶺(Kyushu-Palau Ridge)の間に開けた背弧海盆(Backarc Basin)である。その拡大は約2500万年前から始まり1500万年前に終了した。拡大は、当初はほぼ東西方向に起こったが、後半には北東―南西方向へと変化し、その時に拡大軸付近では、複雑な海底地形がつくられ、同時に紀南海山列の活動が始まった。紀南海山列の一部は、南海トラフにて、陸側斜面と衝突、さらに付加体の下に潜り込んでいると考えられ、それが、この地域の地震の発生メカニズムとどのような関係にあるのか、重要な課題の一つである。

5-3 トラフ充填層(Trough-Fill Sediment)と付加体の地質構造(Geological Structure of Accretionary Prism)

海溝に堆積した地層(海溝充填層あるいはトラフ充填層)は、断面で見るとくさび形をしているので、これをトレンチウェッジともいう。くさびということでは、付加体(Accretionary Prism)もAccretionary Wedgeということがある。付加体の形成にいたる変形が起こる領域は、海溝堆積物に変形が始まるプロトスラスト帯(Proto-thrust Zone)、最初の顕著なスラストが発達する前縁スラスト帯(Frontal Thrust Zone)、前縁スラスト帯が次の段階のスラスト群に切られて重なるアウト・オブ・シーケンス・スラスト帯(Out-of-Sequence Thrust Zone)に区分できる。アウト・オブ・シーケンス・スラストのうち、顕著なものを巨大分岐断層(Splay Fault)ともよんでいる。これらのスラストの下面は、水平断層(デコルマ:Décollement)に収束している。デコルマ面の下の地層をアンダースラスト層(Underthrust Sequence)という。さらに付加体の陸側には、進行中の付加体形成以前に存在していた島弧基盤があり、それをバックストップ(Back Stop)と呼び、その形状が付加体の地質構造形態に影響を与える。付加体の地質構造は、衝上断層・褶曲帯の地質構造(解説図1-15a)と類似している。前縁スラスト帯はスラスト・インブリケーションであり、アウト・オブ・シーケンス・スラスト帯、分岐断層はデュープレックスに相当する。しかし、一般にプレート沈み込みにともなう付加体は成長が速く、より流体の移動などが活発に起こっている。

5-4 海底疑似反射面 (Bottom Simulating Reflector：BSR)

一般的には、海底から地層の構造とは関係なく、ある深さの所に出現する顕著な地震波反射面をさす。原因としては、ガスハイドレートの存在あるいは温度・圧力と関係する鉱物の相転移がある。ガスハイドレートでは、メタンハイドレートの相転移（上位で固体、下位で流体）面と一致していることが多い。また、鉱物の結晶構造の変化も反射面をつくり出すことがある。たとえば、珪藻などの殻をつくるオパールがアモルファス（Amorphous：Opal A）構造からより密度の大きいクリストバライト（Cristobalite：Opal CT）構造に変わる時に音響インピーダンスの変化が起こり、反射面が認められる。日本海周辺の女川層相当層でそのような変化が認められている。

5-5 国際深海科学掘削計画 (IODP：International Ocean Discovery Program)

深海の科学掘削計画は、長い歴史の中で輝かしい成果を上げてきたまさに国際共同研究の典型的な成功例である。その始まりは、1968年の「グローマー・チャレンジャー(Glomar Challenger)」による大西洋の掘削であり、海洋底拡大説の検証に成功したことは科学の金字塔となった。この時期の計画は、当初、米国主体で実施され、Deep Sea Drilling Project（DSDP）とよばれた。1976年以降、日本などの各国も参加した国際計画となり、International Phase of Ocean Drilling（IPOD）となった。1985年からは、掘削能力と船上研究設備を充実させた掘削船「ジョイデス・レゾリューション（JOIDES Resolution）」を使った国際深海掘削計画Ocean Drilling Program（ODP）に発展した。これは、2003年まで継続され、地球環境の変動、地球内部ダイナミックスなどの分野で大きな貢献を行った。2003年から、日本、米国、欧州が主導する新たな枠組み、統合国際深海掘削計画（IODP：Integrated Ocean Drilling Program）として発足し、深海科学掘削史上、初めてライザー掘削装置を搭載した船型プラットフォーム「ちきゅう（Chikyu）」が、2007年より導入され、さらに2013年10月からは、財政分担の仕組みなどを変更し、国際深海科学掘削計画（IODP：International Ocean Discovery Program）となった。IODPは若手研究者がのびのびと研究を発展させる機会を提供している。日本でJ-DESC（日本掘削科学コンソーシャム）が研究計画の策定・乗船者の推薦・支援を行っている。

5-6 西南日本外帯 (Outer Zone of Southwest Japan)

西南日本の地質構造は、中央構造線（Median Tectonic Line）を挟んで、太平洋側の外帯と日本海側の内帯に分けることができる（図7.7参照）。外帯は、四万十帯、秩父帯、三波川変成帯などの付加体とそれに貫入した第三紀の花崗岩類などから構成される。一方、内帯は、外帯より古い付加体とその変成帯（丹波帯、三郡変成帯など）、大量の白亜紀花崗岩や流紋岩質凝灰岩（たとえば濃飛流紋岩）からなる。四国海盆に一部分布する中新世の砂層は、主に、石英、堆積岩片から構成されており、火山岩片が少ないことから主に外帯から供給されたと考えられる。一方、南海トラフ軸の砂層は、外帯の岩石と大量の火山岩類の粒子からなり伊豆衝突帯から供給された。

5-7 熊野酸性岩類(Kumano Acidic Rocks)

紀伊半島の南東部に分布する花崗斑岩(Granite Porphyry)を主体とする巨大な岩体(300㎢)で、形成年代は1500万～1400万年前である。周辺には、ほぼ同じ時期に形成されたと考えられる大峯花崗岩類、古座川弧状岩脈、潮岬火成岩類、また、北側に室生火砕流堆積物などが存在している。これらは、巨大なカルデラ(長径120kmと推定されている)と溶岩湖、そして火砕流の火道などを表していると考えられ、その噴火は我々の想像を超える巨大なものであった。同時期には、西南日本一帯で火成活動があり、室戸岬のハンレイ岩、足摺岬の花崗岩類、九州の大崩山や屋久島の花崗岩類が存在している。また、瀬戸内の屋島などにも同時期の安山岩類(板状のものは打つと高い音を発するのでカンカン石とよばれている)が発達している。これらの特異な火成活動の原因についてはよく分かっていないが、日本海の拡大、拡大途中の四国海盆の沈み込みなどと関連した島弧下マントルの熱イベントによると思われる。

5-8 輝炭反射率(Vitrinite Reflectance)

堆積物中の木片の石炭化度合い(輝炭含有量)は、熱履歴と関係している。すなわち、高温にさらされた場合、あるいは、比較的低温でも長い時間をかけると、石炭化が進む。つまり石炭化度合いは、熱と時間の双方によって決まる。石炭化度合いは、反射顕微鏡を用いて、光の反射率(輝炭反射率)を測定して計測できる。堆積物の年代が分かると、その木片が履歴した最高温度を推定できる。この方法によって、過去の熱史の復元が可能である。地層の熱履歴が示す構造は、埋没の歴史や構造運動、あるいは後の火成活動に大きく左右されるので、地質年代や地質構造そのものとは異なる様態を示すこともある。このような構造を熱構造(Thermal Structure)という。

5-9 放散虫化石(Radiolaria)

放散虫は海洋に生息する原生生物の一群。珪質殻をもつものが多く、化石としてよく保存される。古生代初期からの出現が化石で確かめられており、チャートや珪質頁岩から産する。フッ酸を用いた抽出法が1970年代後半から1980年代に普及し、日本列島の地質の解明に大きな役割を果たした。

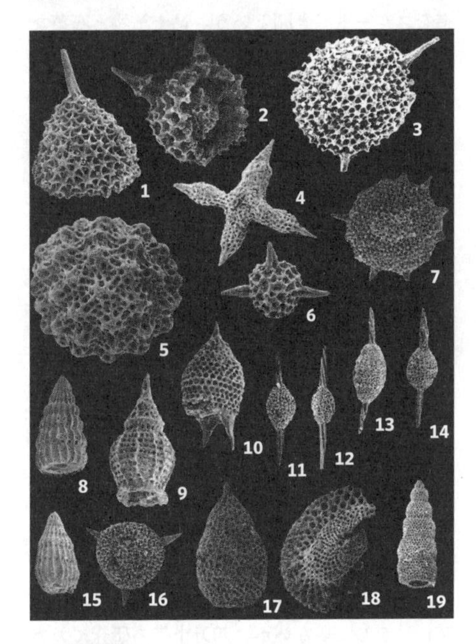

解説図5-9
四万十帯から発見された放散虫化石(走査電子顕微鏡写真)。大きさはNo.12の化石が0.2mm程度。岡村(1980)より

5-10 ジオペタル構造（Geopetal Structure）

岩石やノジュールの空隙に、空隙を伝わって到達した堆積物あるいは間隙流体から沈殿した物質が水平に堆積した構造を示す。枕状溶岩などの空隙に遠洋性堆積物が堆積した例も多く知られている。ジオペタル構造は、地層や岩塊の過去の水平面の復元にも利用できる。

5-11 スレートへき開（Slaty Cleavage）

変成作用によって泥質の岩石が粘板岩（Slate）になり、それにともなって発達している片理構造をスレートへき開という。粘土鉱物と石英などが一部に溶解をともなって一定方向に配列しており、その方向に岩石が割れ易い。褶曲構造が同時に発達している時には、褶曲の軸面と平行にスレートへき開が認められる場合があり、これを軸面へき開（Axial Plane Cleavage）という。

5-12 メランジュ（Mélange）

もともとは、混合を意味するフランス語が起源（お菓子に使うメレンゲも同じ）。さまざまな種類の岩石が複雑に混じりあった地質体を指す。地質図（たとえば2万5000分の1縮尺程度）上で描ける広がりをもつ地質体であるというのが一般的である。記載用語であり、成因については、特に意味付けをしていないが、四万十帯の研究においては、プレート収束域での剪断変形運動にともなって形成されたテクトニック・メランジュ（Tectonic Mélange）を意味している。四万十帯におけるメランジュの構造について解説図5-12に示した。これは、剪断作用による岩石の破砕と変形（延性変形と塑性変形が混在）を表しており、プレート境界断層帯での変形構造そのものであると考えられる。白亜紀四万十帯のメランジュでは、S—CファブリックとＲ1剪断面、そしてブロックやレンズの形、それらが破砕された時にできた線状構造（カタクラスティック線状構造）から剪断の方向が推定できる。

5-13 海洋プレート層序（Oceanic Plate Stratigraphy）

中央海嶺での海洋底拡大とその後のプレートの冷却と沈降、そして沈み込み帯への接近にともない、海洋底上には特徴ある地層が堆積する。これを海洋プレート層序という。代表的な例としては、中央海嶺のマグマ活動による枕状溶岩やハイアロクラスタイトに続き、石灰質のプランクトン化石が堆積する。これらは、ナンノプランクトン、有孔虫などからなり石灰質軟泥（Calcareous Ooze）を構成する。石灰質軟泥の一部は、枕状溶岩の空隙に堆積し、ジオペタル構造をつくる。やがて、海洋底が炭酸塩補償深度（圧力が高くなって、炭酸塩が溶解してしまう深さ：Carbonate Compensation Depth：CCD。水深4000m程度、ただし海域、時代によって変動する）より深くなると（プレートの冷却による沈降）、放散虫化石が卓越するようになり、層状チャート（Bedded Radiolarian Chert）が堆積する。プレートが海洋の中心部の生物生産性の低い場所を通過する時には、風成粒子（ダスト）を主体に粘土が堆積し、赤色粘土層（赤色軟泥：Red Clay）となる。やがて沈み込み帯に近づくと陸地からのシルト粒子、放散虫あるいは珪藻などのプランクトン類、そして火山灰が堆積する。これは半遠洋性泥岩（Hemipelagic Mudstone）と火山灰の互層であり、四万十帯では、

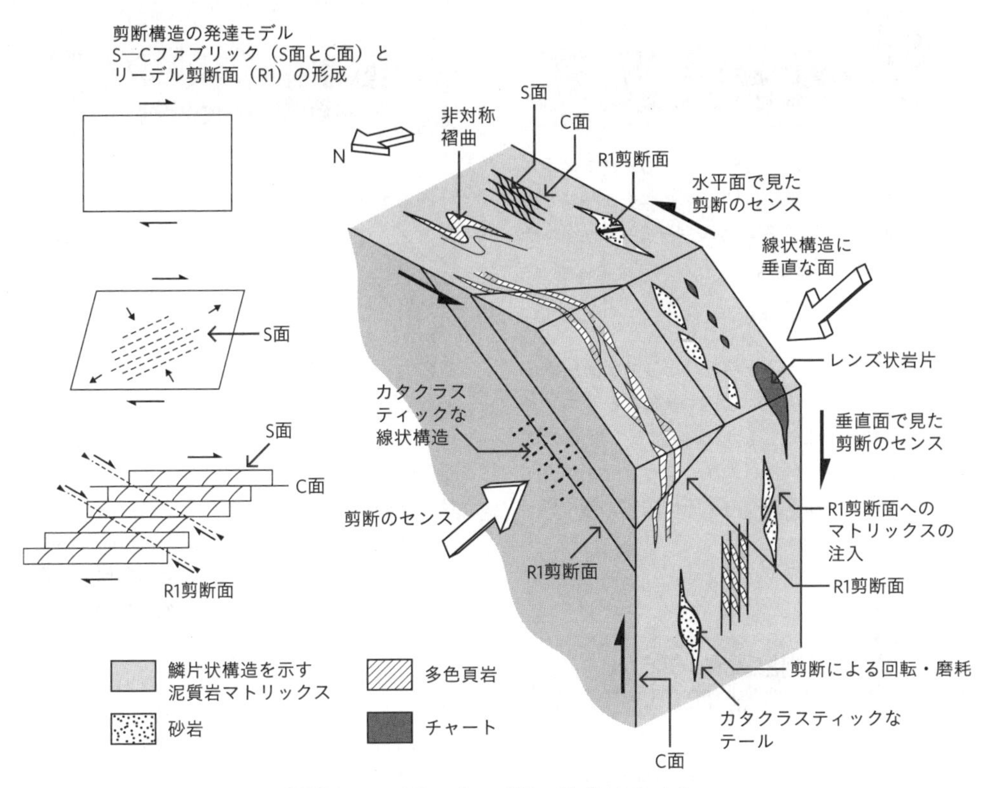

解説図5-12　メランジュの構造。平（2004）より

多色頁岩（Varicolored Shale）とよんだ。海洋では、まず、海溝海側斜面で細粒のタービダイト、海溝の中軸チャンネルで粗粒のタービダイトに覆われる（図5.6）。海溝ではプレートが沈み込んでゆくので、海側から陸側へと傾斜し、軸流チャンネルは海溝の陸側縁を流れることが多いからである。海洋プレート層序は沈み込むまでの海洋底の年代、海域の生物生産、海底扇状地の存在などによって大きく変化する。プレート運動によって消滅してしまったジュラ紀以前の海洋底の環境やテクトニクスは、付加体に取り込まれた当時の海洋プレート層序から復元できる。

5-14 シュードタキライト（Pseudotachylite）

断層運動にともなう高温の摩擦熱によって母岩が溶解し、運動の停止とともに急冷し生成された、黒色で緻密な脈状の断層岩。通常、破砕鉱物片と極細粒基質部（しばしばガラス質である）で構成されており、流動構造が発達している場合が多い。中央構造線などの断層帯で見つかっており、また、四万十帯でも発見され“地震断層の化石”として注目されている。

6-1
地震のマグニチュード
(Magnitude of Earthquake)

地震の大きさ、すなわち、放出されたエネルギーの大きさを示す尺度をマグニチュードという。地震が放出するエネルギーをE、マグニチュードをMとすると、

$$\mathrm{Log}_{10}E = 4.8 + 1.5M$$

と表せる。マグニチュードが1だけ増加するとエネルギーは31倍、2だけ増加するとエネルギーは1000倍となる。地震を起こす断層の面積と地震時のすべりが大きいほど、マグニチュードは大きくなる。その関係は図6.22に示す。

6-2
衛星測位観測システム
(Satellite Geodetic Monitoring System)

人工衛星を用いて地上の電子基準点の位置を計測する地殻変動の観測システムを指す。衛星は、全地球測位衛星システム(GNSS：Global Navigation Satellite System)を利用している。測定精度は、2つ以上の衛星を使ったディファレンシャル技術を用いれば、誤差数cm以下に上げることができる。このような測位システムは、日本では国土地理院が全国に1300ヵ所の電子基準点を設置し、連続測位による地殻変動観測を行っている(GEONET)。海底の変動は、衛星測位では計測できないので、まず船の位置を衛星測位で決定し、そこから海底の音響測位ステーションと音響通信を繰り返し行い、位置を決定する技術が用いられている(音響測位観測)。

6-3
摩擦係数(Friction Coefficient)と摩擦熱(Frictional Heating)

ある物質と物質の間の摩擦抵抗力は、アンモントン－クーロンの摩擦法則による。すなわち、

$$\tau = \mu \sigma$$

がなりたち、ここにτは摩擦抵抗力、σは垂直応力、μは摩擦係数である。摩擦係数が0.5であるというのは、垂直応力の半分の力で物質を滑らせることができるということを示している。垂直応力は、滑り面に水が存在している場合には、その間隙水圧pだけ減少しているので、($\sigma - p$)となる。これを有効応力(Effective Stress)という。摩擦すべりが起こっている状態での運動エネルギーは、分子どうしの衝突を引き起こし、運動エネルギーが熱エネルギーに変わり摩擦熱が発生する。断層での摩擦熱は、同じ運動エネルギーであるなら、摩擦係数が大きいほど、また、断層の幅が小さいほど(運動の起こっている範囲が狭いほど)、発熱温度は高くなる。ただし、断層運動では、断層を構成する岩石に含まれる水や気体などの状態によって空間的にも時間的にも大きく摩擦係数が変化することが考えられ、実態は極めて複雑である。

6-4
ひずみ速度(Strain Rate)、速度強化(Velocity Strengthening)、速度弱化(Velocity Weakening)

岩石が変形してひずみが生じている時に、変形の速さ(ひずみ速度)によって、摩擦抵抗力が変化することがある。これをひずみ速度依存性という。ひずみ速度が速くなると、摩擦抵抗が増加するような物質の挙動を速度強化(Velocity

Strengthening)、減少するような物質の挙動を速度弱化（Velocity Weakening）という。一般に変形によって間隙が減少し粒子間の接触が増すような物質は前者であり、反対の挙動を示すものは後者である。このような挙動もまた、間隙水圧の上昇や発熱による気体の膨張など、さまざまな現象と複雑に関係している。海溝近傍のプレート境界断層は、変形によって流体が散逸して粒子間の接触面積が増える速度強化現象が支配的であり、地震を起こしにくい場所（非地震発生帯）であると考えられていた。しかし、東北地方太平洋沖地震では、透水性が低く摩擦係数の極端に小さい粘土層（図6.8参照）が存在し、同時に摩擦熱の発生により間隙流体圧が上昇して断層の速度弱化を起こしたと推定されている。

6-5 洗掘（Excavation）

流水によって、堤防などの構造物の表面や基礎部分が浸食され流出することをいう。東北地方太平洋沖地震の津波によって、海岸堤防を乗り越えて海水が流入し、堤防の陸側の基礎部分が浸食された。この結果、一部では堤防の決壊が発生した。現在でも、その痕が残っている場所では、水の威力をまざまざと見せつけている。

6-6 ヒンジゾーン（Hinge Zone）

プレート境界地震（海溝型地震）では、上盤プレートに、海側の隆起を起こす領域と内陸側の沈降する領域が生じる。この2つの領域の境界域をヒンジゾーンあるいはヒンジラインとよんでいる。四国では、ヒンジゾーンは、ほぼ高知市から土佐湾の海岸線に沿って東西方向に延びたラインにある。ヒンジゾーンのやや内陸側では、地盤沈下の影響で、池や内湾が発達している。このような場所では津波の堆積物が保存される傾向にあり、高知大学グループの調査はヒンジゾーンに沿って行われている。

6-7 沖積層（Alluvium Deposits）

沖積層そしてそれ以前の洪積層（Diluvium Deposits）は古い地質学用語であり、特に洪積層は、ヨーロッパでノアの大洪水の時代に堆積した礫層と思われていたための命名であるので、今は、あまり使われていない。一方、沖積層はその後に堆積した地層であるが、今は、2万5000年前の最終氷期最盛期（Last Glacial Maxima）に海水準（Sea Level）が約120m低かった時代から、それ以降、特に完新世に堆積した湿地や内湾の泥層、河口の砂層などを含んだ地層を指す。沖積層の作る平野を沖積平野という。日本では、都市の軟弱地盤層として知られている。

6-8 放射性炭素年代測定（Radiocarbon Dating）

大気上層において中性子と窒素原子核との衝突から炭素14（^{14}C）が生成される。その半減期は5340年であり、炭素12と炭素14の比から年代を測定する。測定の対象は、貝殻などの炭酸塩鉱物、植物化石（有機物）などである。解説図6-9では、浦安ボーリングコアに含まれる貝殻の年代を示してある。地表下9mより上の地層では、貝殻の年代は、地層の重なりと無関係であり、これは、東京湾に堆積していた数百年前から現世の砂を掘り出して、埋立砂として土地造成を行ったことを示している。9mより下の地層は、年代測定ができないほどに時代が若い。これは、1960年代の海底面の下の現世の地層を示している。

6-9 地盤の剪断強度（Shear Strength of Soil Foundation）と標準貫入試験（Standard Penetration Test）

地盤の工学的性質を調べるには、剪断試験機などを用いて剪断強度を測定することが重要である。一方、現地における剪断強度を知る方法として標準貫入試験（N値の測定）がしばしば用いられる。標準貫入試験では、ボーリング孔において、140ポンド（63.5kg）のドライブハンマーを30インチ（76cm）落下させ、ボーリングロッドの先端に取り付けられた標準貫入試験用サンプラーを30cm打ち込むのに必要な打撃数（N値）を計測する。この他に貫入試験としては、ある荷重をかけたロッドが標準量貫入するための回転数を測定するスウェーデン式サウンディング試験などが用いられている。解説図6-9には、千葉県浦安市の住宅地におけるボーリングコアのデータを示す（図6.18のコアと同じ地点）。このデータから液状化層の剪断強度が低いことが読み取れる。

N値のデータは、各地のデータベース化もされている。地質学は、工学の分野と連携を深め、国土の開発や防災により多く貢献すべきである。

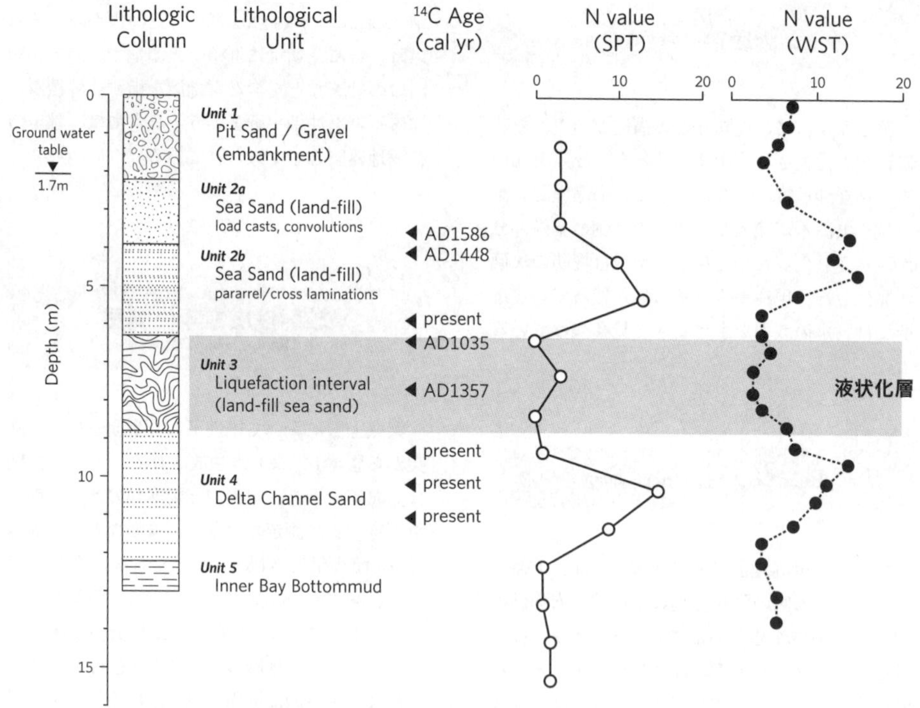

解説図6-9 浦安コアの柱状図。WSTはスウェーデン式サウンディング試験、SPTは標準貫入試験。平ら（2012）より

7-1
マグマオーシャン(Magma Ocean)と原始地殻(Proto Crust)

地球形成時に微惑星などの小天体の衝突があり、その最後に大きな天体どうしの衝突(ジャイアント・インパクト:Giant Impact)があった。その頃、地球はほぼ全体が溶融してマグマオーシャン(Magma Ocean)がつくられており、衝突によって宇宙空間へ飛ばされた物体は再び集合して月になったと推定される。マグマオーシャンが冷えて、最初の地殻が形成された。その地殻を原始地殻(Proto Crust)とよぶ。原始地殻がどのような性質のものであったかはよく分かっていない。というのもその後のさらなる天体の衝突や対流運動によって破壊・消滅してしまったからである。月の高地には、主に長石(Feldspar)の一種である灰長石(Anorthite)からなる斜長岩(Anorthosite)が見つかっている。その起源は、月のマグマオーシャンが冷える時に浮き上がった軽い鉱物である斜長石から形成されたと考えられている。地球の原始地殻も斜長岩と類似したものの可能性がある。

7-2
C3植物(C3 Plants)とC4植物(C4 Plants)

植物の光合成(Photosynthesis)において二酸化炭素から有機物をつくり出す炭素固定(Carbon Fixation)には2つの反応がある。カルビン―ベンソン回路を用いるものと、ハッチ―スラック回路を用いるものである。前者では最初に合成される化合物は炭素を3つもち、後者では炭素を4つ持っているので、それぞれC3炭素固定(C3 Carbon Fixation)、C4炭素固定(C4 Carbon Fixation)という。C4植物は、雑穀類や草本類(多くはイネ科植物)であり、高温や乾燥、貧栄養土壌などの環境に耐えることができるので、その出現によって草原がつくられ、大型哺乳動物が大きな群れをつくるサバンナが出現し、地球環境に大きな影響を与えたと考えられる。C4植物が繁栄を始めたのは、約800万年前からである。人類はイネ科C4植物(麦やトウモロコシなど)を栽培し、農業を発展させ、文明を築いた。

7-3
シアノバクテリア(Cyanobacteria)

旧名で藍藻とよばれていたが、藻類ではなく、原核生物である。藍色細菌ともいう。酸素発生型の光合成を行い、海、淡水、陸などに広く分布している。単細胞単体のものから、群体的に集まり、糸状の細胞列をなすものなどが知られている。サブカのアルガルマットやストロマトライト(Stromatolite)など堆積粒子と混合した構造をつくることがある。シアノバクテリアは、地球史で、酸素大気をつくるという極めて重要な働きをしたと考えられる。また白亜紀の海洋無酸素事件(OAE:Ocean Anoxic Event)の時、生物生産を担ったのはシアノバクテリアである。

7-4
アカスタ片麻岩類(Acasta Gneiss)

カナダ、北西準州(Northwest Territories)の州都イェローナイフ(Yellowknife)の北300kmに露出する花崗岩質片麻岩類。年代は40.3億～35.8億年前で現在、地球で最も古い岩石である。38億～35億年前の岩石は、グリーンランドのイスア層群(Isa Group)、オーストラリアのピルバラクラトン(Pilbara Craton)、南アフリカのカプファールクラトン(Kaapvaal Craton)などが知られている。

7-5 ピルバラクラトン(Pilbara Craton)

オーストラリア北西部にある先カンブリア時代の安定地塊。古い時代に活動を終えた安定地塊は、地形の起伏が少ないので、楯状地(シールド:Shield)ともいう。世界には、南アフリカ、カナダ、グリーンランド、南極などに先カンブリア時代の安定地塊が存在する。このうち、ピルバラクラトンは、比較的、後の変形が少なく、変成度も低く、初生的な地層記録が保存されている。ピルバラクラトンは、大きく分けて2つの地質要素からなる。それは、25億年より古いグリーンストーン—花崗岩帯(Greenstone-Granite Belt)とそれより若い火山岩—堆積岩からなるマウントブルース超層群(Mount Bruce Super Group)である(コラム1参照)。この地層群は、洪水玄武岩(Flood Basalt)や縞状鉄鉱層(Banded Iron Formation)、赤色岩層(Red Beds)、ダイアミクタイト(Diamictite)を含む氷河性堆積物(Glacial Deposits)などから構成され、先カンブリア時代の最も重要な地層群の一つである。

7-6 氷河時代(Glacial Age)と全球凍結(Global Glaciation/Snow Ball Earth)

地球史では、大陸氷床が大規模に発達した氷河時代が何回か訪れている。最初の時代は、マウントブルース超層群に記録がある約24億5000万年前から22億年前の間で、これをヒューロニアン氷河時代(Huronian Glaciation)という。その後には、原生代末期の約7億3000万年前から6億3500万年前にスターチアン氷河時代(Sturtian Glaciation)およびマリノアン氷河時代(Marinoan Glaciation)が知られている。その後は、古生代のオルドビス紀の氷河時代(Ordovician Glaciation)、石炭紀にゴンドワナ大陸で発達したゴンドワナ氷河時代(Gondowana Glaciationあるいは南アフリカの地層名をとってKaroo Ice Age)、そして第四紀の氷河時代(Quaternary Glacial Age)がある。このうち、先カンブリア時代の氷河時代では、氷はほぼ地球全体を覆ったとする考えが出されており、これを全球凍結、あるいはその時の地球をスノーボールアース(Snowball Earth)という。

7-7 真核生物(Eukaryote)

生物は構成する細胞の違いから、大きく原核生物(Prokaryote)と真核生物に分類できる。原核生物は、さらに真正細菌(Bacteria)と古細菌(アーケア:Archaea)に区分できる。真核生物と原核生物の違いは、細胞に核が存在しているかどうかによる。また、真正細菌と古細菌は、細胞膜を構成する脂質の構造などが異なることによる。古細菌の多くは、メタン菌や高熱菌などのように極限環境に生息している。極限環境生物をエクストリーモフィル(Extremophile)という。地球史の中で、これらの生物がどのように進化してきたのか、まだ分からないことが多いが、おそらく真正細菌、アーケア、真核生物の順に出現したと推定される。2020年にJAMSTECの研究者(井町寛之)らが、深海から真核生物に特有とされた遺伝子をもつアーケアの培養に成功し、進化の謎に挑戦している。初期の真核生物の化石と思われるものは、細い(1mm程度の幅)ひも状に巻いているグリパニア(Grypania)や、アクリターク(Acritarch)とよばれている有機物化石である。グリパニアはある種類の藻類と考えられ、これは21億年前から出現している。真核生物の発生は地球生命史研究の最大の課題の一つである。

7-8 超大陸の歴史 (History of Supercontinent)

地球史を通じて、大陸地殻は増大してきたと考えられる。最初は小さい大陸塊であったものが衝突を繰り返しながら、島弧地殻などが付加して次第に成長してきた。もっとも最初の大陸塊の例としては、オーストラリアのピルバラクラトン（Pilbara Craton）や南アフリカのカプファールクラトン（Kaapvaal Craton）がある。約20億年前までに、オーストラリア、南アフリカ、インドなどの合体したウル（Ul）大陸、南アメリカや北アフリカの合体したアトランティカ（Atlantica）大陸、南極、北米、グリーンランドなどの合体したアークティカ（Arctica）大陸などが存在していたと推定できる。これらの大陸は約10億年前に合体し、地球史で最初の超大陸ロディニア（Rodinia）がつくられた。この時の造山運動をグレンビル造山運動（Glenville Orogeny）という。ロディニア超大陸は再び分裂してゴンドワナ（Gondowana）大陸とローレンシア（Laurensia）大陸となり、古生代後期に合体して超大陸パンゲア（Pangea）をつくった。ロディニア分裂のときに東アジアの大陸塊である中朝地塊や揚子地塊も分裂し、これらは古生代にローレンシアに衝突したと推定される。この時のイベントで日本列島を構成する古期岩石類がもたらされたとする仮説もある。

超大陸の分裂には、大陸内部に上昇してきたマントルのスーパープルーム（Super Plume）が関係しているとされている。ロディニア超大陸の分裂に、現在の南太平洋のマントルプルームの最初の大規模な活動が係わっていた可能性が指摘されている。

7-9 動物の進化 (Evolution of Animals)

動物がいつ頃から出現したのか、については、現在、エディアカラ生物群（Ediacaran Biota）の出現（約6億年前から約5.4億年前まで繁栄）が、オーストラリアやカナダ、ロシア、中国から発見されている。

カンブリア紀になると、動物の爆発的な進化が起こり（5億4200万年前から5億3000万年前）、軟体動物、腕足類、節足動物（三葉虫）などが出現した。カンブリア紀中期のバージェス頁岩（Burgess Shale：カナダのブリティッシュ・コロンビア州）では、奇妙な形をした動物化石が報告されており、その中に脊椎動物の先祖と思われるものも含まれている。このような多様な動物の出現が比較的短い時間になぜ起こったのか、さまざまな議論が展開されている。

7-10 人新世 (アントロポセン：The Anthropocene)

人間の社会・経済活動の発展は、今や地球規模となり、この星の営みに極めて大きな影響を与えつつある。人間活動の加速度的な発展は、産業革命時代に石炭の利用が拡大したことから始まり、さらに、1950年代からは、石油・天然ガスそして原子力というエネルギーの革命が起こり、人口の爆発、都市の拡大、森林の伐採、コンクリート、プラスチック、肥料などの生産増大など、環境の破壊・改変が地球規模で起こった（解説図7-10）。その痕跡は、今や、地質記録として残されてきており、完新世（Holocene）から人新世（じんしんせい、または、ひとしんせい：Anthropocene）という地質時代に入ったと考えることができる。人新世は、地質学にとってもまったく新しい研究対象ということができる。他の地質時代と異なるのは、人間活動という従来とはまったく異なる地質営力が記録を残しつつあるということである。人間活動に対して、地球とその生態系がどのような影響を受け、また、応答してきたのか、その解読には、これまでとは違った視点や分解能が必要とされている。今、人新世の地質学を新たにつくり出すことが求められている。

解説図7-10
人新世の地球変化
a：氷河時代からの大気CO_2濃度の変化。近年の変化が突出している。スクリップ海洋研究所 The keeling Curveより
b：1750年以降における社会・経済活動の指標の変遷
c：1750年以降における環境指標の変遷
b、cはSteffen et al.（2015）より

a：第四紀における大気二酸化炭素濃度の変動

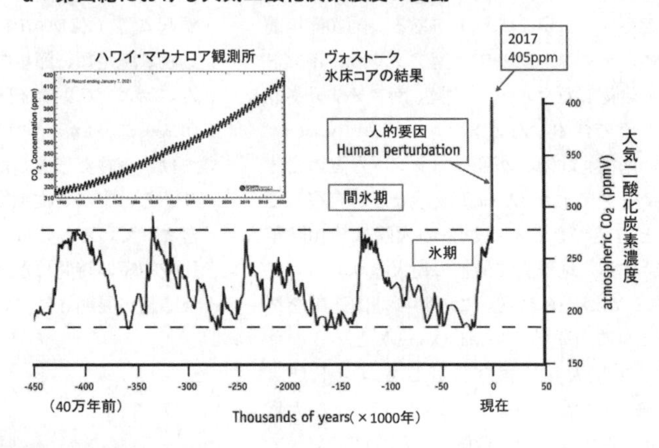

b：人新世における社会・経済

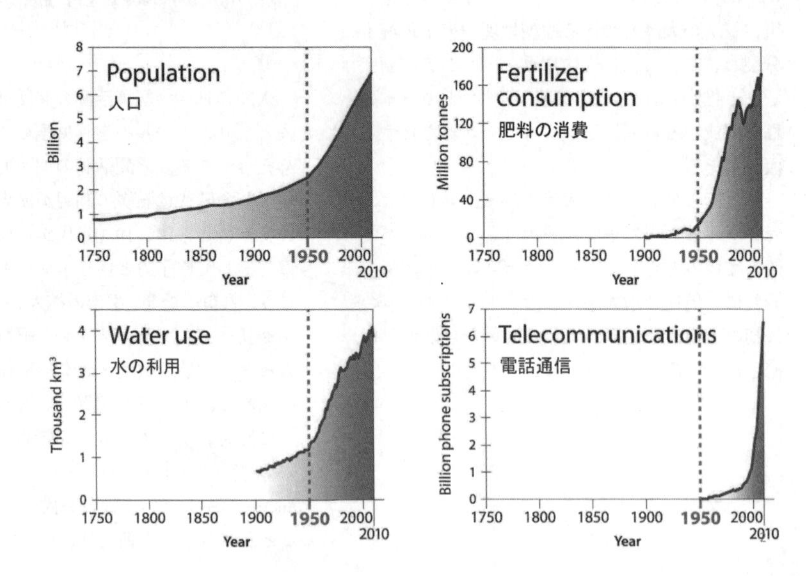

c：人新世における地球の変化

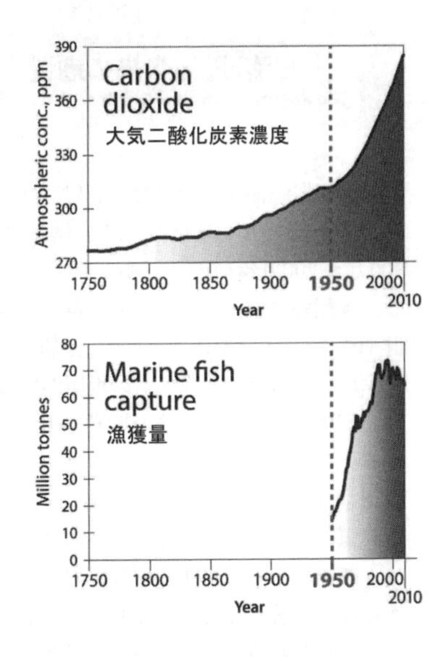

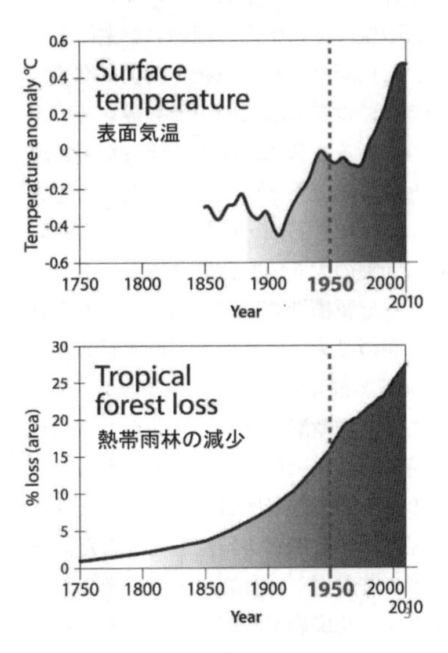

7-11 幌満カンラン岩体（Horoman Peridotite）

北海道日高山脈南部のアポイ岳付近に露出するカンラン岩体。大きさは8km×10kmで、厚さは3km程度。カンラン石、斜方輝石、スピネルなどから構成されており、超塩基性岩の層状構造をなしている。島弧地殻下数十kmの上部マントルの一部が日高山脈の形成時に持ち上げられたものと考えられている。

7-12 珪質有機質頁岩（Siliceous Organic Shale）

黒色あるいは黒褐色の有機質頁岩は、しばしばシリカ（珪質分：SiO_2）を大量に含んでいる。たとえば、日本海側に分布する女川層では、クリストバライト質シリカを含む硬質頁岩（Hard Shale）からなり、有機炭素（Organic Carbon）を数％含有している。シリカの起源は、珪藻殻と推定されており、オパール（Opal）からクリストバライト（Christobalite）への続成作用（Diagenesis）によって生じたものである。この地層は、日本海側の石油・天然ガス田の根源岩となっている。

7-13 日本海側の石油・天然ガス田（Oil and Gas Fields of the Japan Sea Coastal Zone）

秋田から新潟の沿岸及び日本海の海底には石油・天然ガス田が知られており、1960年代には生産の最盛期があった。その後、生産は減少し、今、稼働しているのは、新潟県岩船沖のガス田のみであるが、日本の近代化に貢献した貴重な資源であった。この石油・天然ガス田は、2つの地質学的な要因によって形成された。まずは、石油の根源岩として女川層及び相当層の有機質硬質頁岩の存在がある。中東などの世界の巨大油田では、中生代や古生代の根源岩を主体としているが、女川層は、新第三紀中新世に堆積した地層であり、世界の油田の中でも最も若い根源岩の一つである。日本海拡大に伴った閉鎖海盆の形成と高い熱流量という環境で石油の生成が進んだ。さらに、石油・天然ガスは、根源岩から移動し間隙の大きい貯留岩に集積する。それを促すのが地質構造の形成である。日本海側では、日本海の拡大に伴う地溝の形成があり、その後、300万年前頃からインバージョン・テクトニクスにより逆断層と地層の褶曲がつくられた。この時に石油・天然ガスの移動が起こり、逆断層でのし上がった凝灰質砂岩やタービダイトを含む船川層・北浦層が貯留岩となった。また、逆断層で基盤岩が根源岩の上位に衝上し、グリーンタフや花崗岩が貯留層となっている特異な例も知られている。日本海側の石油・天然ガスの移動は現在進行形で起こっている可能性があり、この現象をモニターすることは、地質学的に極めて興味深い課題となりうる。

7-14 三浦・房総半島の地質
(Geology of the Miura and Boso Peninsula)

神奈川県三浦半島の地質は、伊豆衝突帯の発達史の一部として理解できる。解説図7-14aは、300万〜200万年前の伊豆衝突帯の復元図である。本州弧においては、四万十帯の上に安房層群（15Ma〜3Ma／Ma：100万年前）、上総層群（2.5Ma〜0.1Ma）からなる前弧海盆の地層が堆積していた。安房層群と上総層群の境界は黒滝不整合である。その前面には、嶺岡コンプレックス及び保田ユニット（三浦半島では葉山ユニット）からなる前弧隆起帯が存在している。これらの地層群は、蛇紋岩や玄武岩類、硬質頁岩、砕屑岩などからなり、著しく変形しており、古第三紀付加体と考えられる。その前面に三浦層群が分布する。三浦層群は、15Ma〜3Maの付加体と陸側斜面堆積物からなる。さらにそれ以降の陸側斜面堆積物としては、房総半島の千倉層群があり、

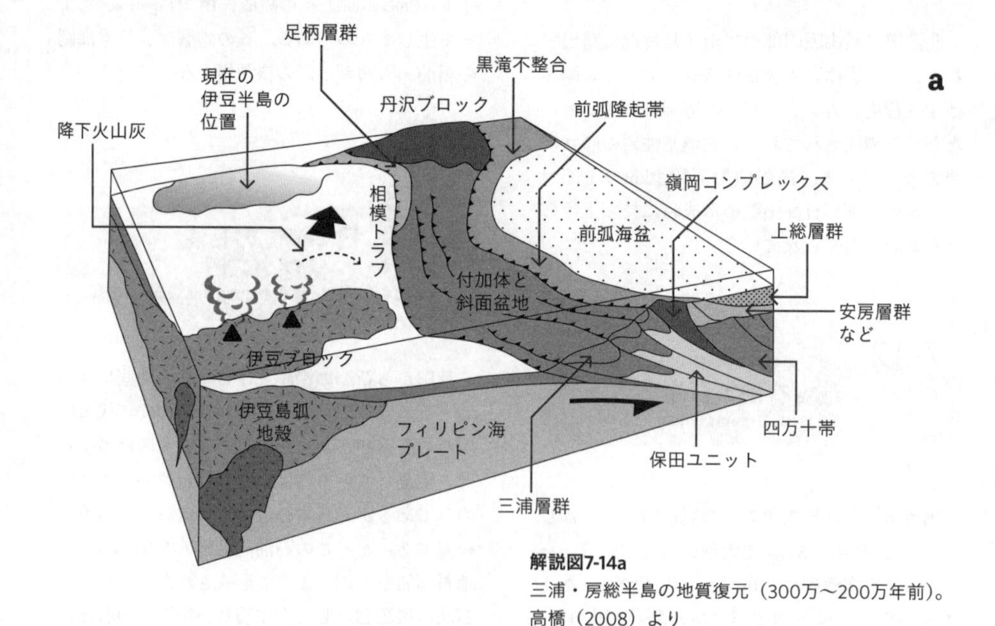

解説図7-14a
三浦・房総半島の地質復元（300万〜200万年前）。高橋（2008）より

シロウリガイ化石を産出する。三浦半島では、三浦層群は三崎層と初声層からなる（解説図7-14b）。三崎層は、泥岩とスコリアの互層からなり、伊豆・小笠原島弧からの火山砕屑物を多く含む地層が、当時の相模トラフプレート境界で付加されて形成された。初声層は、斜面の海盆上で堆積した地層であり、再堆積した泥岩片や風化したスコリアを含み、大規模な斜交葉理が発達している。三崎層と初声層の関係は、三浦半島先端に位置する城ヶ島にて観察できる（解説図7-14c）。城ヶ島と三浦半島を分ける水道には、背斜軸（剣崎背斜）があり、城ヶ島北部では、三崎層はオーバーターン（逆転傾斜）している。三崎層を不整合で覆い初声層が重なっている。付加体をつくる逆断層により、三崎層は著しく変形・隆起し、さらに浸食・再堆積が進み、黒潮の流れの影響を受けるようになり斜交葉理が発達した（初声層）。城ヶ島は、付加に伴うプロセスを観察できる格好の場所となっている。

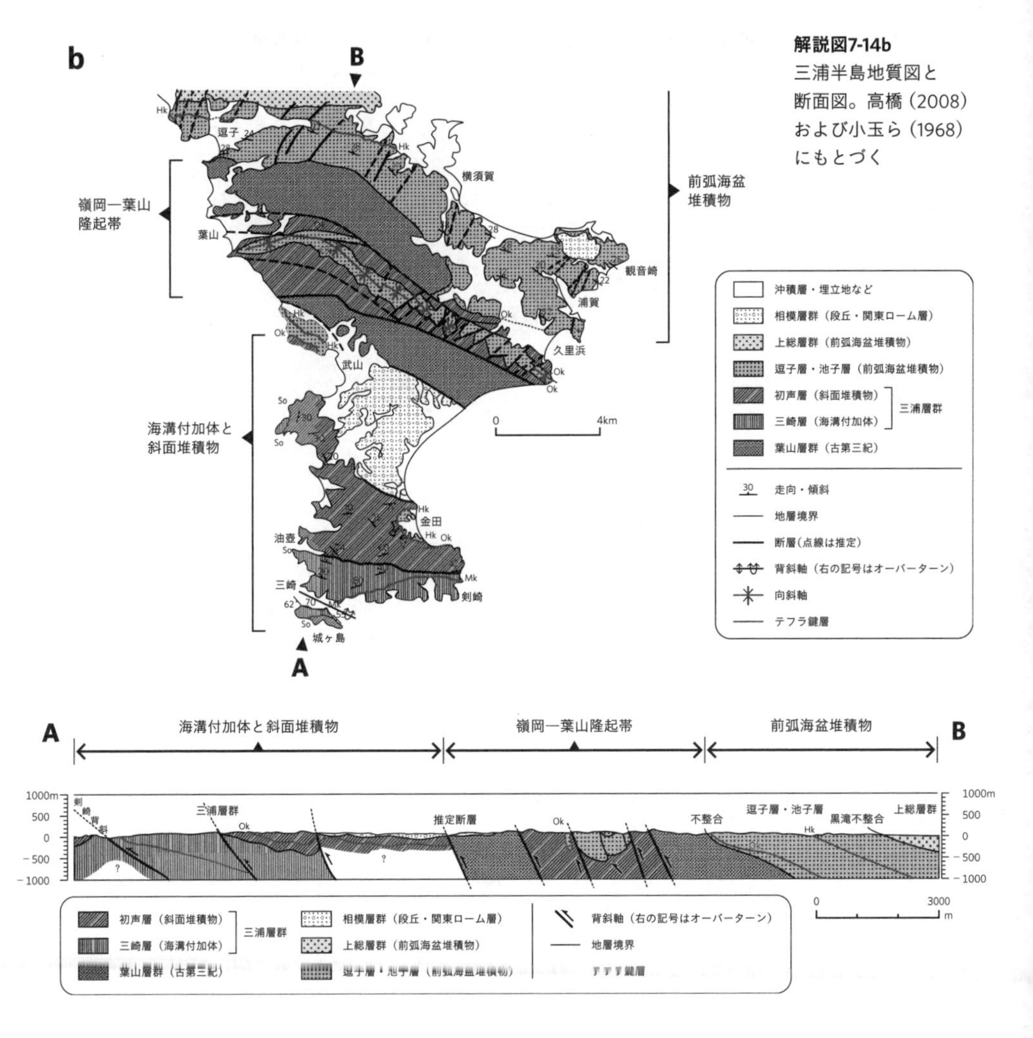

解説図7-14b
三浦半島地質図と断面図。高橋（2008）および小玉ら（1968）にもとづく

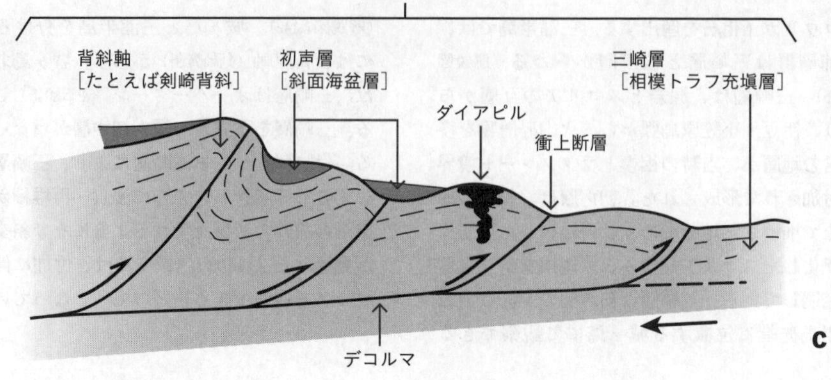

解説図7-14c 剣崎背斜から城ヶ島の地質構造形成のモデル図。
Yamamoto, Mukoyoshi and Ogawa（2005）より

8-1 孔内検層（孔内計測：Borehole Logging）

掘削孔において、さまざまな計測を行い、地層の状態を検出する技法。掘削孔の形状、地層の物性や構造、間隙水の特性、温度などを測定する。物性としては、主に、電気伝導度（比抵抗）、自然ガンマ線、中性子密度などを測定して、地層を構成する岩石の密度や、粘土鉱物の量、間隙の大きさなどを推定する。掘削した後にツールを入れて計測する方法と、掘削と同時に測定する方法（掘削同時検層、LWD：Logging While Drilling）がある。全体を大きく把握できる反射法地震波探査、孔内計測、コア分析、そして露頭研究を統合して、地層の解析を総合的に行うことができる。これをCore-Log-Seismic-Outcrop Integration：コア―検層―地震波―露頭統合という。

8-2 アルゴフロート（Argo Floats）とアルゴ計画（Argo Project）

海洋の表層から2000mまでの深さ、温度、電気伝導度（塩分に相当）（これらをCTD：Conductivity-Temperature-Depthという）を計測する自動浮沈型漂流観測装置がアルゴフロートである。船舶から放流し、自ら沈降・上昇を繰り返して、衛星を通じてデータ伝送する。データ伝送は10日に一回であり、4年間ほど稼働できるので、一台で150回ものデータ伝送ができる。浮力の調節は、ブラダー（Bladder）とよばれる袋を油圧で膨らませて行う。エネルギー源はリチウム電池である。これを世界の海洋に3000基ほど稼働させ、グローバルな海洋観測を行っている計画がアルゴ計画である。アルゴ計画は、世界の海洋観測に革命的ともいえる進歩をもたらした。

8-3 水中グライダー（Underwater Glider）、ウェーブグライダー（Wave Glider）、セールドローン（Sail Drone）

アルゴフロートの浮力調節装置（浮力エンジンともいう：Buoyancy Engine）を滑走体に付けて、沈降・上昇する時に翼を動かせば、水平方向の推力を得ることができる。このようにして水中を滑走するものを水中グライダーという。一方、ウェーブグライダーは、波の運動を推力に変える自走装置（解説図8-3a）で、水面のフロート部と水中のグライダー部とに分かれている。水中グライダー部には可動羽が付いていて、波による上下運動を推力に変えている。フロート部には太陽電池パネルを装備し、データ伝送を行う。また自動帆走型のドローンを用いて海面付近のデータを取るセールドローン（解説図8-3b）も開発されている。これらは、いずれも低エネルギ

解説図8-3a　ウェーブグライダー
Liquid Robotics社製をJAMSTECが運用。

解説図8-3b　セールドローン
Sail Drone社が観測データ
サービスために運用。

ーで長距離を走行できるシステムである。次第に普及しつつあり、海洋観測も無人化が進んでいる。

8-4
ピストンコアラー（Piston Corer）ボーリングマシーン（Boring Machine）

天秤に500kgから1トン程度の錘とパイプを装着し、パイプの中にピストンを入れて、天秤錘の着底と同時にパイプが落下するようにする（解説図8-4a）。ピストンはワイヤーの長さを海底の位置に調節してあるので、パイプが海底下の地層に突き刺さってコアを回収することができる。ピストンコアラーは最大50m程度の深さまでコアリングが可能である。堆積物のコアリングには、ピストンを用いないグラビティー・コアラー（Gravity Corer）、表層の軟らかい部分をできるだけ不攪乱で採集するマルチプル・コアラ

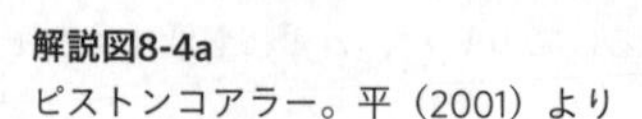
解説図8-4a
ピストンコアラー。平（2001）より

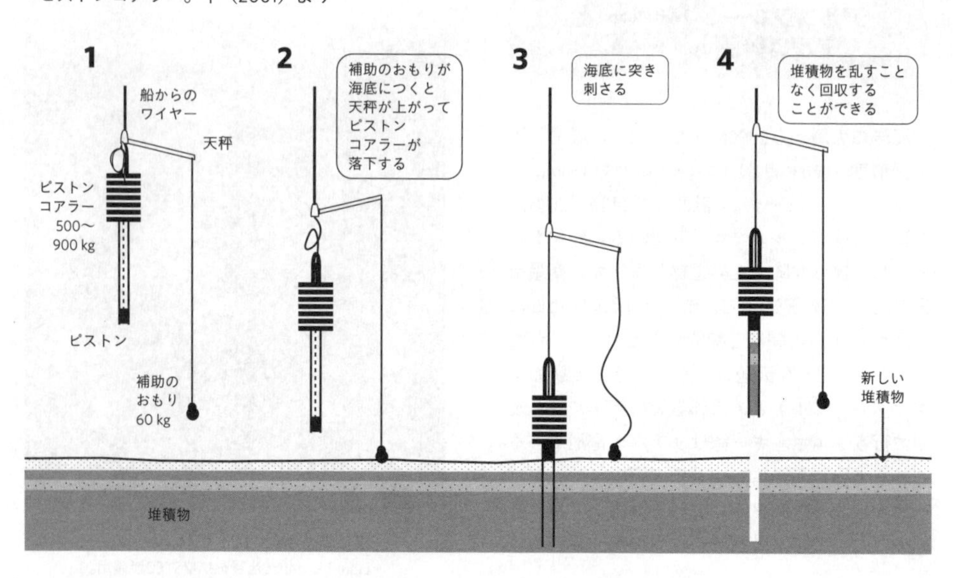

ー（Multiple Corer）などが用いられる。一方、船上掘削装置を用いないで硬い岩石やより深くの地層を掘る装置として、海底設置式のボーリングマシン（BMS：解説図8-4b）がある。これは同軸ケーブルで電力を供給し、海底で動力を使い、自動的にパイプを繋いで掘削を行うロボットである。資源探査などに使われている。

解説図8-4b
海底設置式ボーリングマシーン（BMS）
CELLULA ROBOTICS社製

8-5 地球シミュレータ（Earth Simulator）

海洋研究開発機構が運用しているスーパーコンピュータ。NEC製のベクトル型計算機で、2015年3月から第三世代が稼働中である。初代は、2002年3月に運用を開始し、実行性能は35TFLOPSであり、当時、世界最高性能を保持した。現在運用中のものは、初代機に比べて約40倍の実行性能の1.3PFLOPSである。地球シミュレータは、気候変動、海流、地震・津波、流体力学などの分野で活躍している。

8-6 高知コア研究所（Kochi Institute of Core Sample Research）

2003年に高知大学の海洋コア総合研究センターとして設立、JAMSTECが共同運営に参加し、2005年にJAMSTECの担当部分を高知コア研究所として発足させた。断層物性、同位地球化学、地球深部生命の研究分野がある。特筆すべきは、「ちきゅう」を含めた深海掘削のコア試料が集められていることである。西太平洋とインド洋海域の掘削コア、およそ120kmが保管されている。世界的には、大西洋（南極海）のコアがブレーメン大学、東太平洋と南大洋のコアがテキサスA&M大学の保管所に収められている。高知コア研究所では、先端的なコアの研究の他に、リクエストに応じたこれらのコアの配布も実施している。まさに、コア研究の世界的な拠点である。